中国科普大奖图书典藏书系

# 茫茫宇宙觅知音

甘本祓◎著

长江出版传媒 | 湖北科学技术出版社

**图书在版编目（CIP）数据**

茫茫宇宙觅知音/ 甘本祓著. —武汉：湖北科学技术出版社，2014.7(2017.7 重印)
（中国科普大奖图书典藏书系/叶永烈　刘嘉麒主编）
ISBN 978 -7 -5352 -6610 -1

Ⅰ. ①茫…　Ⅱ. ①甘…　Ⅲ. ①航空工程 - 普及读物②航空工程 - 普及读物 Ⅳ. ①V -49

中国版本图书馆 CIP 数据核字（2014）第 058252 号

责任编辑：谭学军　　封面设计：戴　旻

出版发行：湖北科学技术出版社　　电话：027 -87679468
地　　址：武汉市雄楚大街 268 号（湖北出版文化城 B 座 13—14 层）　　邮编：430070
网　　址：http://www.hbstp.com.cn

印　　刷：仙桃市新华印务有限公司　　邮编：433000

700 ×1000　1/16　23.5 印张　2 插页　312 千字
2014 年 7 月第 1 版　　2017 年 7 月第 3 次印刷
定价：38.00 元

# 总序

ZONGXU

我热烈祝贺“中国科普大奖图书典藏书系”的出版！“空谈误国，实干兴邦。”习近平同志在参观《复兴之路》展览时讲得多么深刻！本书系的出版，正是科普工作实干的具体体现。

科普工作是一项功在当代、利在千秋的重要事业。1953年，毛泽东同志视察中国科学院紫金山天文台时说：“我们要多向群众介绍科学知识。”1988年，邓小平同志提出“科学技术是第一生产力”，而科学技术研究和科学技术普及是科学技术发展的双翼。1995年，江泽民同志提出在全国实施科教兴国的战略，而科普工作是科教兴国战略的一个重要组成部分。2003年，胡锦涛同志提出的科学发展观则既是科普工作的指导方针，又是科普工作的重要宣传内容；不是科学的发展，实质上就谈不上真正的可持续发展。

科普创作肩负着传播知识、激发兴趣、启迪智慧的重要责任。“科学求真，人文求善”，同时求美，优秀的科普作品不仅能带给人们真、善、美的阅读体验，还能引人深思，激发人们的求知欲、好奇心与创造力，从而提高个人乃至全民的科学文化素质。国民素质是第一国力。教育的宗旨，科普的目的，就是为了提高国民素质。只有全民的综合素质提高了，中国才有可能屹立于世界民族之林，才有可能实现习近平同志最近提出的中华民族的伟大复兴这个中国梦！

新中国成立以来，我国的科普事业经历了1949—1965年的创立与发展阶段；1966—1976年的中断与恢复阶段；1977—

1990年的恢复与发展阶段;1990—1999年的繁荣与进步阶段;2000年至今的创新发展阶段。60多年过去了,我国的科技水平已达到"可上九天揽月,可下五洋捉鳖"的地步,而伴随着我国社会主义事业日新月异的发展,我国的科普工作也早已是一派蒸蒸日上、欣欣向荣的景象,结出了累累硕果。同时,展望明天,科普工作如同科技工作,任务更加伟大、艰巨,前景更加辉煌、喜人。

"中国科普大奖图书典藏书系"正是在这60多年间,我国高水平原创科普作品的一次集中展示,书系中一部部不同时期、不同作者、不同题材、不同风格的优秀科普作品生动地反映出新中国成立以来中国科普创作走过的光辉历程。为了保证书系的高品位和高质量,编委会制定了严格的选编标准和原则:一、获得图书大奖的科普作品、科学文艺作品(包括科幻小说、科学小品、科学童话、科学诗歌、科学传记等);二、曾经产生很大影响、入选中小学教材的科普作家的作品;三、弘扬科学精神、普及科学知识、传播科学方法,时代精神与人文精神俱佳的优秀科普作品;四、每个作家只选编一部代表作。

在长长的书名和作者名单中,我看到了许多耳熟能详的名字,备感亲切。作者中有许多我国科技界、文化界、教育界的老前辈,其中有些已经过世;也有许多一直为科普事业辛勤耕耘的我的同事或同行;更有许多近年来在科普作品创作中取得突出成绩的后起之秀。在此,向他们致以崇高的敬意!

科普事业需要传承,需要发展,更需要开拓、创新!当今世界的科学技术在飞速发展、日新月异,人们的生活习惯和工作节奏也随着科学技术的进步在迅速变化。新的形势要求科普创作跟上时代的脚步,不断更新、创新。这就需要有更多的有志之士加入到科普创作的队伍中来,只有新的科普创作者不断涌现,新的优秀科普作品层出不穷,我国的科普事业才能继往开来,不断焕发出新的生命力,不断为推动科技发展、为提高国民素质做出更好、更多、更新的贡献。

“中国科普大奖图书典藏书系”承载着新中国成立60多年来科普创作的历史——历史是辉煌的，今天是美好的！未来是更加辉煌、更加美好的。我深信，我国社会各界有志之士一定会共同努力，把我国的科普事业推向新的高度，为全面建成小康社会和实现中华民族的伟大复兴做出我们应有的贡献！“会当凌绝顶，一览众山小”！

中国科学院院士
华中科技大学教授 杨叔子 二〇一二 九、廿八

# 序

## 甘本祓回来了

陈芳烈

30年时间过去了。一本蓝灰色封面、纸张已经发黄了的书，至今仍珍藏在我的书柜之中。那便是甘本祓先生所著的《茫茫宇宙觅知音》。每次看到那本书，都会勾起我对那个年代科普创作的许多回忆，其中也包括与本祓先生因笔墨而结成的友谊。

20世纪80年代，是我国科普创作的黄金时期。我与甘本祓先生可谓是同一“战壕”里的战友。因为我们都热心于科普写作，而且写的也多是电子和通信方面的内容。本祓兄创作热情高昂，是同时辗转于报刊、图书、广播等多种媒体的高产作者之一。他写的不少科普作品，如《生活在电波之中》、《茫茫宇宙觅知音》以及《谁是电波报春人》等，脍炙人口，堪称那个年代的精品佳作。

“求新”是甘本祓作品的一个重要特色。他善于抓住科技发展的脉络，以通俗诱人的笔法，对发生在我们身边的许多重大科学事件进行解读，使人们在获取知识的同时，引发出对科学的浓厚兴趣。《茫茫宇宙觅知音》便是很好的范例。

从古到今，浩瀚无边的宇宙，始终牵动着地球人的万千思绪，引发了人们无数美好的想象。在茫茫宇宙中寻觅“知音”，也变成了人类挥之不去的“情结”（有人称它是“外星情结”）。在《茫茫宇宙觅知音》中，甘本祓便紧紧抓住了人们对宇宙生命的好奇以及解开宇宙太空之谜的强烈愿望，把人类远征太空、寻觅“知音”的壮举，如一幅幅壮丽的画卷展现在读者面前。这里既有知识的铺陈，也有想象力的驰骋，亦真亦幻皆成文章，使人读后不由思绪起伏，多了一份亲近科学、探求未知世界的渴望。

在甘本祓的科普作品里，不仅有对人类创造科学奇迹的讴歌，也不乏对其负面影响的人文关怀和哲理性思考。它告诉人们，环境的恶化将会造成全球气候变暖的灾难性后果；提醒人们在享受电波带来声色盛宴的同时，要警惕它对人类健康可能造成的威胁。这些今天看来已是十分急迫的警示，却出现在30年前甘本祓的科普作品里，不能不说，这是很难得的意识超前。

甘本祓是率先垂范科学与人文交融的作者之一。在他的科普作品中，常以生动形象的比喻、诗一般的语言来诠释现代科学技术，使人读来兴味盎然，备感亲切。如在《谁是电波报春人》一文中，他是这样开头的：“春，给人以幻想的启示；春，给人以美的陶醉；春，唤起人们对新事物的热爱和向往……”他在营造了一个“春”的意境之后，便将笔锋一转直入主题：“当你在这科学的春天里学习和工作的时候；当你从收音机的喇叭声中、电视机的荧光屏上感受到春的气息的时候；当你伴随着电唱机、录音机放出春的旋律翩翩起舞的时候，你可曾想到过与这一切相联系的电波的传播？你可曾思考过那千百个为电子科学而献出青春的科学家们所给予你的启示？你可曾问过：谁是电波报春人？”甘本祓的文章便是这样让科学的传播变得生动、有趣，让读者在不知不觉间随他进入“桃花深处”的。这不仅是甘本祓作品的一种风格，更是一种境界。今日，当我们还在为科普读物“叫好不叫座”而忧虑时，重读甘本祓的科普作品会给我们以诸多启示。或许，从它那里我们会找到变艰涩为浅近，化枯燥为生动的可供借鉴的途径。我想，30年后重印《茫茫宇宙觅知音》，恐怕这也是着眼点之一吧。

甘本祓先生作品之深刻，来源于他深厚的专业功底。20年的教学实践以及日后那段科研经历，都为他的科普创作奠定了坚实的基础，使他在电子科普领域里能驾轻就熟、游刃有余。甘本祓先生作品之生动，得益于他深厚的文化积累以及他对科普作品通俗化的深刻理解。他的科普作品的魅力不只在于取材、构思之新颖，还在于他能巧妙地把科学性、新闻性、故事性融为一体，使科学知识的传播如春风细雨一般，悄然浸润每个读者的心扉。

“甘本袚回来了！”封笔20多年的他，挥毫再续科普前缘，是科普界之幸事。

“甘本袚回来了！”除了岁月在他的两鬓留下了些许霜痕之外，似乎一切都没有变：浓重的乡音、风风火火的办事风格，还有那不减当年的创作激情。《生活在电波之中》和《茫茫宇宙觅知音》的相继再版，唤起人们对20世纪80年代活跃在科坛的、年轻的甘本袚的记忆，使我们有机会再一次领略他独特的创作风采。而当他再一次带着积淀丰厚的新作和奔放的创作热情回到我们中间的时候，我想，他一定还会再续与电波的前缘，再写《茫茫宇宙觅知音》的续篇，再谱写现代电信这一“青春的事业”……

我翘首以待。

2014年春节于杭州

(本文作者系著名科普作家、编辑家，人民邮电出版社原总编辑、中国科普作家协会原副理事长)

他用真挚的人文情怀，让读者心扉开放；再以科学的理性光芒，把人们心田照亮。仿佛听见，《茫茫宇宙觅知音》唱着他当年的理想：与读者一道，欣赏科学，体验探索，激情原创。

——王直华（著名科普作家、《科技日报》原副总编辑、
中国科普作家协会原副理事长）

这是一部关于电波、人类和宇宙的精彩之作。作者集微波专家、资深科普作家和诗人于一身，其作品内容严谨、形式生动、充满激情。

——松鹰（国家一级作家、全国成绩突出的科普作家、
世界华人科普作家协会理事长）

# 目 录

## 第二篇 滚滚红尘报警讯



## 第三篇 漫漫征途创奇迹

## 第四篇　花花世界传秘闻

# 前　　奏

2012年11月16日，突然接到一封原湖北少年儿童出版社副社长何龙的电邮，说他已转任湖北科学技术出版社社长，并要与中国科普作家协会联袂编辑出版《中国科普大奖图书典藏书系》。由王麦林、王梓坤、王绶琯、杨叔子、杨振宁、张景中、章道义担任顾问，由叶永烈、刘嘉麒任编委会主任，由卞毓麟、石顺科、何龙任编委会副主任。希望我选一本书共襄盛举。于是，就有了这本《茫茫宇宙觅知音》新版。

2010年4月何龙社长（右）与作者夫妇于武汉

之所以选上它，是2012年9月回京之时，与科普界老友重续前缘有关。在一次科学普及出版社发起的"老出版人"联谊会上，我居然与多年不见的好友、人民邮电出版社原总编辑、中国科普作家协会原副理事长陈芳烈意外相逢。想当初，20世纪80年代，我们俩在电子科普上是最密切的合作者。我们一起编辑丛书，一起为《无线电》、《电子世界》、《电信科学》、《知识就是力量》、《国际新技术》等杂志提高质量和扩大发行量出谋划策……一别20多年，真有说不尽的别短离长。其中，他说了这样一段（与本书有关的）话：

“由于长期在出版界工作，书自然很多，一定时间要清理一下书柜，但有一本书始终留在书柜中，那就是《茫茫宇宙觅知音》，你应该继续写，把新的探索成果充实进去”。

2012年10月陈芳烈（右）与作者于北京

会后，那天傍晚我突然接到一个电话。一听，是赵震东打来的，我与他也是好多年不曾联系了，原来是陈芳烈打电话告诉了他与我意外重逢之事。于是，约好次日见面。

想当初，他在《知识就是力量》杂志社工作时，我与他是热线联系。那时我是人到中年，而他还是个小伙子，如今他却也华发丛生了。我们谈了许多，其中他也说到与本书有关的话：

“这些年，常常有人问我：‘科普文章怎样写？’我就拿出《茫茫宇宙觅知音》对他说:‘照这样写就行了。’”

其实,他对《茫茫宇宙觅知音》可以说真是“情有独钟”。因为,从这篇文章的编辑加工,登上《知识就是力量》杂志;到汇集成册,收入《知识就是力量丛书》;再到推荐评奖,最后把文章和书的奖状送到我的手中,都是他一手操办的。

1986年10月,在庆祝《知识就是力量》杂志创刊30周年大会上,他代表杂志编辑部发言中,还这样提到:“……当《第二颗心脏》、《茫茫宇宙觅知音》等文章发表后,读者来信像雪片似地飞来……”

这本《茫茫宇宙觅知音》新版,就是在原版的基础上,又加进了几篇短文,它们也大多是得过奖的或曾经收入进一些专题佳作选中的文章。这样组成一个新版《选集》。它有两个特点:

一个是,选的都是写给一般读者看的科普文章,没有选那些写给专业人士或行业管理人员扩展知识看的科普文章(虽然我也曾写过不少这类文章),因为后者我认为普及性不强,一般读者看了会觉得专用名词太多、枯燥乏味。

另一个是,都是我20世纪80年代写的文章(由于旅居国外,琐事繁忙,这20来年,我封笔了)。科学技术,“一日千里”,如今来出“新版”,改不改?添不添?颇费思量。我重新审视了一遍。最后决定:既然是旧著的“选集”,而且是“大奖图书典藏”。为了尊重历史,为了遵循书系的宗旨,也为了对读者负责,我认为应当原汁原味地呈献给读者。所以,所有的文字除错别字和个别计量单位外,基本不改。就这样让文章去经受一下时代前进的考验。对也好、错也罢,深入也好、肤浅也罢!插图则由于30年前的印刷质量不佳比较模糊,而改用现在找到的、较清晰的插图,以改善读者的阅读效果。同时,由于不少插图是新的,因而做了比较详尽的解释。一来帮助读者领会插图的含义;二来也提及该图所涉及的科技新发展,以扩充(30年前写的)原文的时代感。

科学技术的发展是无限的,每个人的认识水平却极其有限。科普文章，甚至是学术论文，都会打上时代的烙印。在发表的当时，它具有知识性、代表性、先进性，甚至新闻性。但是，随着岁月的流逝，它首先失掉新闻性，继而失去（或部分失去）先进性。但是，却应保留代表性。因为，它应当能代表（反映）写作当时的科技水平，不论高低，它都是历史事实；同时，它还应当保留一定的知识性，因为，科技是“站在巨人的肩膀上前进”，现代科技是在过去科技的基础上发展起来的。就像我们上小学时，学算术觉得也很新鲜、很难，但学了高等数学后，却不能说算术就没用了，它还是基本知识。一篇科普文章或学术论文，能否经得起时代前进的考验，就看它还有没有保留那点知识性。即使是错了，也应是准确反映那个年代的、真实的认识水平，纠正错误，就是科技的进步。比如，经典物理中，曾经认为空间存在着一种似是而非的“以太”，最后它被电磁场的理论和实践否定了，人们的认识得以升华，物理学也进入一个更高的境界。

本着这样的认识，我们来简述一下本书所收集的文章，作为阅读正文的前奏或导读。

概括说来，本书文章分为四个部分：

第一篇，是本书的标题，也是主题曲：《茫茫宇宙觅知音》。这是作为宇宙中、生活在精巧而蔚蓝色星球上的、自称为“人类”的智慧生物的我们，一个永恒的探索。看了这篇文章，会让你对当年进行的探索有所了解。这个探索现在仍在继续着，而且会一代、一代地进行下去。

想当初，我写这篇文章之时，没有互联网，资料也不多，这个主题还是个坊间议论、学者探讨的“稀罕”问题。但因为我对这个问题着迷，就下功夫去搜集、整理，写了这么一篇抛砖引玉的文章。30 多年过去了，虽然飞碟依然若隐若现，“宇宙人”仍然无踪无影，但在各方面却都有很大进展。

在这篇文章一开始提到的、截收“宇宙人”发出的无线电信号的“奥兹玛”计划，在它 50 周年纪念之时，2010 年 11 月 15 日，世界多国的天文学家，又共同商定：启动了一个名为“多萝西”的计划，继续搜寻“宇宙人”发来的天外之音。

在这篇文章中讲到的人类探月，更有了新的进展。中国人真的实现了“嫦娥奔月”的千年梦。于2003年3月1日正式启动“嫦娥探月工程”。整个计划分为：无人月球探测、载人登月和建立月球基地三个阶段。正在进行的是第一阶段。在这个阶段，决定分“绕、落、回”三步走：即第一步实现绕月飞行，第二步实现在月球上软着陆，第三步实现探月器从月球安全返回。

2007年10月24日，发射“嫦娥1号”，实现了绕月飞行，获取了月面三维立体图像、月面元素和物质类型分布、月壤厚度以及地球与月亮间空间环境等资料，并于2009年3月1日按指令撞向月球“丰富海”内的预定撞击点。

2010年10月1日，又发射了“嫦娥2号”，它在圆形和椭圆形两种绕月轨道上进行了高分辨率的环月探测后，又于2011年4月1日离开月球，前往距地球150万千米的“日地拉格朗日L2点”。在那里观光了一年后，又于2012年4月15日，离开该点，前往“有撞击地球危险的”4179号小行星进行探测，在2012年12月13日16时30分与该小行星“擦身而过”（最近的距离仅为3.2千米，这在动辄亿万千米的宇宙中，是个“太小”的距离）。而后随着自身燃料的耗尽，它将消失在茫茫宇宙之中。

一年后，肩负着“落月”重任的“嫦娥三号”又启程了！它于2013年12月2日凌晨1点30分，在西昌卫星发射中心，由“长征三号乙”运载火箭发射升空。它由着陆器和被称为“玉兔”的月球车组成，总重约3.8吨。12月14日21时11分，嫦娥三号着陆器成功实现在月面软着陆，着陆点在月球的“虹湾地区”。12月15日4时35分“玉兔”从着陆器中慢步走出、踏上月球，开始它长达90天的自动巡视探测之旅。至此，“绕”、“落”均已实现，下一步就是“回”了，让我们等待"嫦娥"带回奇珍异宝的佳音吧。

在这篇文章中提到的火星探测也有了惊人的进展，2012年8月6日，美国“好奇号”火星探测车已平安降落在火星赤道附近一个名叫“盖尔陨坑”的区域。成为人类迄今在其他星球上登陆的、最精密的移动科学实验室。而令人感兴趣的是，这个火星探测车的名字还是由美国的6年级华裔小学生马天琪命名的。她在美国航空航天局举行的为火星探测车命名的比赛中夺冠。

在这篇文章的最后，我们说到“旅行者1号”和“旅行者2号”两艘飞船，它们于1977年发射，带着我们人类的希望、决心和祝福飞向太空，去寻觅知音。36年过去了，它们的观感怎样、状态如何？可以告慰的是，这些年来，它们在那亿里迢迢的征途上，有着丰富的见闻，让人类对整个太阳系的认识有了一个质的飞跃。如今，它们已是有史以来飞行距离最远的人造飞行器，现在(2014年1月)飞得最快的“旅行者1号”离地球已经190多亿千米，而且正在以第三宇宙速度飞离太阳系，据美国航空航天局的专家估计，它们的同位素电池可用到2025年，让我们等待着聆听它们不断发回的一则则天外奇闻吧！

总之，如果把本书的这篇“旧闻”与现时的新闻一起看，你就能对整个探索的来龙去脉有一个完整的印象。而按照陈芳烈的建议，我也打算把《探索宇宙人》这个课题继续写下去。

第二篇，是讲与环境保护、生态文明建设有关的科技问题：《滚滚红尘报警讯》。这也是人类迫切需要、而且将永远探索下去的课题。本篇讲两个问题：一个是：《来自大气层的警报》，介绍环境污染导致的“温室效应”和对臭氧层的破坏；另一个是：《微波的警讯》，介绍微波对人体的危害及其防护。

先说说第一个问题。时至今日，气候变化的威胁，已经让全世界目瞪口呆、吃尽苦头。遗憾的是，当年（1979年），当我写这篇文章的时候，这两件事却还只是在学者们中间议论，在报刊上也只偶尔占据不太醒目的篇幅。既不是广为人知，更没有引起政府首脑们重视。一直到十几年后，1992年6月4日，“惊慌失措”的世界各国的首脑们，才在巴西的里约热内卢，开了个“联合国环境与发展大会”，制订了一个《联合国气候变化框架公约》，决心限制二氧化碳等“温室气体”的排放。然后，又拖拖拉拉地议论了5年，于1997年12月11日，在日本京都，公布了一个《京都议定书》，到2012年，它的"有效期"就已到期了，可是定下的目标却没有达到，联合国只好于年底(2012年12月8日)，再召近200个国家在多哈开会，决定将其再延长8年。即使这样，大家却还在争论不休，这个嫌"减排"太多，那个嫌"负担"太重，还有的干脆想退出、不干了。恐怕，一直到有一天，高涨的海水淹到了政客们的脖子的时候，他们才会后悔：哎呀！真该早点行动！

至于可怜的臭氧层，它已经在南、北极都有了"大洞"，许多国家也在惊呼自己上空的臭氧层在变薄，人们也越来越多地害怕紫外线晒出的疾病。可是，也是到了1985年3月，联合国才在奥地利的首都维也纳召开了一个有28个国家参加的会议，制订了一个《保护臭氧层维也纳公约》。又过了两年，1987年9月16日，才又在加拿大的蒙特利尔，由46个国家签了一个《关于消耗臭氧层物质的蒙特利尔议定书》，决心逐步禁止氟利昂、哈龙等"消耗臭氧层物质"的排放。虽然这个《蒙特利尔议定书》的命运比前面说的那个《京都议定书》的"运气"要好一点，大家也未"吵架"。但据专家们估计，就算现在禁绝了一切"消耗臭氧层物质"，过去已经排放的物质可能还要对臭氧层继续伤害几十年。人类可以派"嫦娥"奔月，却无法派"女娲"补天。南极上空的臭氧洞，恐怕要到2065年才有望"自然"修复了。

再讲讲第二个问题。想当初，在写这篇文章之时，微波还鲜为人知，微波炉也未上市，"手机"这个词，连专业人士也还没有听过，人人拿个比巴掌还小的无线电话机到处打电话，更是个"天方夜谭"。但专业人士已经开始议论和研究这个问题了。作为在微波领域工作的我，已经预感到：总有一天，微波的应用将广及各行各业，乃至家庭和个人。这一天终于在新世纪来临之时，以超快的速度来到了。如果今天，你的手机丢了，你的电视看不见了，你的网络上不去了，你一定会惊呼：这日子怎么过呀！可是，你可曾想到，这些宝贝靠什么工作？正是微波！那么，与你日夜相伴的微波，就那么可爱么？它会不会伤害你？你应当怎样防止它的伤害。本文就是一个入门。当然，这是30年前的老"皇历"了。虽然还不算太过时，但如今大伙儿都在议论纷纷、专家们也都在加紧研究，成了一个相当“时髦”的课题。但正是由于大家都关心：厂家关心销量，政府关心影响，联合国关心准确性，老百姓关心危害性……就搞得：新闻不少、结论不多，矛盾不少、办法不多！对于那些用惯了的“伙伴”，人们一方面爱不释手，另一方面却又紧张兮兮。借用莎士比亚的名句来形容，人们对于这些微波设备，正可谓“吵吵闹闹地相爱，亲亲热热地怨恨”。欲知当今的研究进展，可以上网查查。而我作为一个在微波这个行道干了几十年、对微波事业有着深深的爱的人，我也与大家一样，面对目前的景象，也处在一种“让我欢喜让我忧”的复杂意境之中。最近，在老友们的鼓励下，也正在写另一本科普书，打算将那个老“皇历”更新。希望能较全面地介绍一下电磁波段的污染问题。即使开不出什么“灵丹妙药”，至少也得争取让人们“心中有底”吧。

第三篇，也是讲电波，但不是揭“弊”，而是说“利”，是介绍电波的历史以及广泛的应用：《漫漫征途创奇迹》。

这个问题既老又新。说它“老”，因为人们已议论了上千年、摆弄了上百年；说它“新”，因为时至今日，人们竟已把它的产品奉为“时尚”，男女老少中“粉丝”云集。《谁是电波报春人》是歌颂那些“开山祖师”；《信息社会的基石》、《青春的事业》、《电子的挑战》和《科技的魅力》是赞美过去取得的成就和展望未来的美好前景。而“今天”正是“过去”的“未来”。30年前写这些文章的时候，还感到新鲜的东西，不少已变得陈旧；但同样也还有一些东西，至今还相当“稀奇”；甚至还有些东西，还需要人们加倍努力。

欲望无边，学海无涯，人类的需求是永无止境的，而为满足人类的需求，科技就要不断创新。在信息社会中，信息产业是当之无愧的核心产业，而电波产品则是理所当然的、冲锋在前的排头兵！这个领域，值得探讨的课题太多，有许多文章值得去写，而我也会继续在这方面做出努力。

第四篇，包括了本书的其余文章，基本上是一个命题：电波在秘密战线和军事领域的应用：《花花世界传秘闻》。

用科学技术武装间谍，用间谍盗窃科学技术情报，这是国际斗争中一个悄悄进行的闹剧。前三篇文章:《黑间谍小姐之死》、《卫星机密盗窃案》和《深空谍影》,介绍的就是这类热热闹闹、偷偷摸摸的问题,这种问题不论新老,只要没有看过,就会有人想看一看。

另两篇文章:《神秘的战争》讲的是电子对抗或曰电子战;《志在蓝天建奇功》讲的是航天飞机。

前者是第二次世界大战以后发展起来的领域。时至今日已上升为关键地位,成了战斗、战役以至整个战争胜负的决定因素之一。扩展一下就是信息战,而现代战争说穿了也就是信息化条件下的战争。所以,“打赢一场信息化条件下的局部战争”已经成了军队建设和训练的基本目标和方针。这篇文章讲的是一些“故事”,寓意却是一个现实:一次成功的电子战,胜过百万雄兵。

后者说的是美国用了十年时间、花了100亿美元、费尽心力研制的心肝宝贝:航天飞机。介绍了它的研制过程和雄心壮志。可惜的是,它如今已经“寿终正寝”了。从1981年4月12日第一艘航天飞机“哥伦比亚号”发射,到2011年7月21日,“亚特兰蒂斯号”航天飞机着陆,宣告为期30年的美国航天飞机项目正式画上句号。这30年间,一共有5艘航天飞机:“哥伦比亚号”、“挑战者号”、“发现号”、“亚特兰蒂斯号”和“奋进号”。总计升空135次。其中有两次事故:一次是1986年1月28日,“挑战者号”发射不久,助推火箭凌空爆炸而毁,机上7名宇航员全部遇难;另一次是2003年2月1日,“哥伦比亚号”在返航着陆前解体坠毁,也是7名宇航员全部罹难。

看看这篇文章,也算是回首往事,了解一下这个在人类科技史和航天史上的一个里程碑式的成果,或许会给有志创新的人一些启示。

最后两篇文章是《新武器的幽灵》和《电磁波谱之战》。

前者是介绍美苏两国在研发新概念武器初期的钩心斗角,以及有关这些武器的基本概念。在30多年前,这一切都还是既神秘、又新鲜,若隐若现,所以我把它们比为“幽灵”,在经过了30多年之后,这些“幽灵”是否已经来到人间？消息仍然十分混乱。因为如今,在西方的报道中,又多了一个发源地：中国。

后者则是更加全面地巡视了电磁波谱各段在过去与未来战争中的应用。20多年前我在这篇文章中下了这样一个结论：未来军事技术的主攻方向是电磁武器；未来的战场是软、硬电子战争奇斗艳的战场。20多年后，这个趋势已更加清晰和明显。

30年前的《茫茫宇宙觅知音》第一版封面

我认为，一个科普作者的知识是极其有限的，浩如烟海的科技经典也只不过道出了自然奥秘的万一，更何况一篇科普文章。因此，科普作品要给人的不仅是它所涉及的那部分科技知识，而且是一种精神。一种热爱科学、忠于科学、为科学而献身的精神。科普作品的魅力或者说精髓，就在于能否将科学家或专业工作者的成就和探索热情传递给读者，让读者去学习他们的探索精神，去应用他们的探索成果，进而去创造和探索新的课题，把人类的科技水平向前推进。

所以，当一个科普作者，把他的作品，献给他所深爱的读者之时，绝不是一种“施”与“受”的关系。而是希望与读者一起，来欣赏前人的科技成果，来体验科技进步所付出的艰辛，来唤起更加高涨的探索热情。我当然也是这样。因此，我要高呼：

幻想是美好的，而探索则更加美好……

DIYIPIAN

# 第一篇

# 茫茫宇宙觅知音

MANGMANGYUZHOUMIZHIYIN

**“旅行者 1 号”飞船已进入星际空间** 正在长征途中的“旅行者 1 号”飞船，是 37 年前（1977 年）人类派往宇宙寻觅知音的使者，科学家认为：它已于 2012 年 8 月 25 日飞出了太阳系，进入星际空间，成为第一个进入星际空间的人造物体。它如今（2014 年 1 月）离故土（地球）已 190 多亿千米。正以每年 5.4 亿千米的速度在星际飞行。

# 热情幻想 痴心解谜

多少年来，人们仰望蓝天，思绪万千。那洁白晶莹的月球，那繁星万点的银河，那无边无涯的宇宙，强烈地吸引着充满探索精神的人们。他们不相信：在这茫茫的宇宙中，人类竟是这样的孤单。决心要找一找那些神秘星球上的主人，会一会居住在太空里的知音。于是，人们热情地幻想着、研究着、探索着……

## 幻想与现实

多少则美妙的传说，多少篇迷人的神话，描绘着天外的仙山琼阁，叙说着牛郎织女的恋情。诗人们也纵情幻想，写下了动人的诗篇：

老兔寒蟾泣天色，云楼半开壁斜白；
玉轮轧露湿团光，鸾佩相逢桂香陌。
黄尘清水三山下，更变千年如走马；
遥望齐州九点烟，一泓海水杯中泻。

这是唐代诗人李贺的《梦天》。诗人在这里幻想他飞上了月宫，见到了神话中的玉兔和蟾蜍（癞蛤蟆），看到了半开的月宫白光斜射；还看见了玉轮般的月亮辗过露水，连光也沾湿了；而且在那桂花飘香的月中小径上，竟碰上了系带鸾佩的仙女。这仙女是不是传说中的嫦娥,他没有说。但他想象中月球上是有“人”的,这“人”是住在远离地球的天上,不是凡人,自然是仙人了。后四句是说在天上人的眼中,人世间千年沧桑犹如跑马一样就过去了,遥望中国的九州,小得像九个烟点,而汪洋大海则如杯中之水。

千百年过去了,比起这丰富的诗情画意来,人们对于月球、对于宇宙有了更丰富的认识。但是,这首诗所代表的、古今中外的、一个共同的认识却没有改变,即在茫茫的宇宙之中,是有着与人类相似的高级生命的。不过古人多出于神话或迷信,称之为“仙人”;而现代则根据科学的推论和幻想,称之为“宇宙人”(或“外星人”)罢了。

不少科学家都认为,在我们所处的银河系中,像太阳系这样的恒星家族,就大约有两千亿个,难道就没有与地球相似、适合生命生存的行星?再进一步,偌大的银河系,却也不过是宇宙海洋中的一个小岛,在那些更为神秘的河外星系里,难道就没有高度文明的天地?一句话:人们相信“宇宙人”是一定有的!

美国著名的天文学家弗兰克·德瑞克说:“我们确信,地球上形成生命的最重要的化学过程是化学定律的一般性结果。我们可以预料,在宇宙中很多地方都有这种化学过程发生。”德国科学家维恩赫尔·冯·布劳恩也说:“我认为,在无穷无尽的太空中,不仅存在动物、植物,而且还存在智慧动物,是绝对可能的。是的,我甚至确信这一点。”

甚至有人作了这样的估计,在银河系中,大约有一百万颗行星上,住着有高度文明的“宇宙人”。

这是信口开河么?不是。

在晴朗的夜里,我们看到的万点繁星,几乎全是恒星。在眼睛看来,它们都是一个个光点,但是从望远镜看去,一半以上是由几个恒星组成的多体星座,天文学上叫做“聚星”或“聚星系统”。另外较少的一类是单体星座,天文学上叫“单星”。在这些数以亿计的恒星中,有一些恒星是像我们的太阳一样有行星围着它转的。但是,聚星的行星,由于受多个恒星的作用，轨道多半不稳定。反之，单星的行星，则不论它们的位置远近，轨道都是稳定的。只有在这种行星上，温度才不致变化太大，才适于生物生存。太阳就是这种有行星的单星。而我们居住的地球，正是这种轨道稳定、温度适宜于生物生存的行星。有一种理论认为，天文学上称为"F、G、K 型单星"的恒星，就可能有适合生物生存的行星。而银河系中大约 5%的恒星是"F、G、K 型单星"。换句话说，在那里也许我们能找到智慧生物。在天文学上用光年来表示星体之间的距离，"一光年"就是光走一年的距离。而光在真空中每秒钟走 30 万千米。因此，一光年就差不多是 $9.46\times10^{12}$ 千米的距离。而距我们最近的几个"F、G、K 型单星"在哪里呢？一个是波江座ε星，它距离地球 10.8 光年；另一个是印第安座ε星，它距离地球 11.4 光年；再一个是鲸鱼座γ星，它距离地球 11.8 光年。

看来，"宇宙人"是这样的遥远和渺茫。可是，有时候又使人觉得他们近在咫尺。不是吗？现实生活中有着一个又一个令人费解的谜。

## 电波之谜

**詹斯基(Karl G. Jansky)和他的接收天线** 他用它发现了来自半人马座的宇宙射电辐射，揭开了射电天文学的序幕，因此而永载史册。上图为天线；右图是他正在解释他的发现。

1931年，美国贝尔电话实验室的青年工程师卡尔·詹斯基在研究来自外界的无线电干扰时，发现了一个奇怪的干扰信号，它几乎每天都在同一个时间出现。干扰源像一颗星星一样，当地球上的接收机随地球自转时，它的强度就以23小时56分为周期重复着。当银河在中天时，干扰最强。可见，这干扰信号不是来自地球，而是来自太空，来自银河系。后来查明，它是来自半人马座的无线电辐射。

1937年美国的无线电工作者阿玛托尔·格罗特·雷伯制成了第一台射电天文望远镜，并用它发现了第一批宇宙射电源。于是，一门新的边沿科学正式诞生，它的名字叫：无线电天文学（或射电天文学）。

**雷伯(Grote Reber)和他于1937年制成的第一台射电天文望远镜** 他用它发现了第一批宇宙射电源，正式宣告了射电天文学的诞生。上图是他正在操作的情景；下图为天线。

射电天文望远镜，其实就是一种特殊的无线电接收机。它接收来自太空的无线电噪声。这些来自宇宙的电波产生的原因，有些可以解释，有些尚待研究，而还有一些却令人生疑：是不是“宇宙人”拍来的电报？也许是约我们派人前去联欢？也许是要到地球上来旅行观光？

为了进一步探索这个问题，人们一方面努力发展射电天文望远镜，另一方面却耐心地组织截收“宇宙人”可能发出的电信号。

1959年美国制定了一个科研

计划——“奥兹玛”计划。就是在西弗吉尼亚的格林班克射电天文台，进行世界上第一次认真地尝试：截收“宇宙人”发出的无线电信号。人们盼望着，能从这些枯燥的宇宙射电噪声之中，分辨出令人兴奋的电报：

“远方的知音，你们并不孤独，请加入我们的银河俱乐部吧！”

当然，这电报也许并不这样直观，它或许是一串数学公式、某些元素（例如铀）的原子量，或许是其他任何可以让我们足以判断出是智慧生物加工过的电信号。人们最初选择的星系就是前面提到过的、人们估计可能有高级生物的两个星系：波江座ε星和鲸鱼座γ星。科学家们在“奥兹玛”一期计划和1972—1975年的“奥兹玛”二期计划中，对地球附近的650多颗星进行了截收。结果却是一无所获。

但是，人们并未灰心，探索仍在继续。远在美国东南面的波多黎各，有一个阿雷西博天文台，那里的射电天文望远镜，能收到距离地球几百光年到三万光年之遥的、智慧生物可能发来的信号。此外，类似的工作也在苏联、加拿大和日本等国开展着。

可是，那些远在天边的“宇宙人”什么时候对着我们这“小小的”太阳系发射信号呢？他们用的是什么频率呢？他们发射多长时间呢？他们的信号是什么形式的呢？又是哪一个方向的“宇宙人”在向我们发报呢？截收他们的信号，这真是大海捞针啊！会有效果吗？

有人说：有！

1977年9月，国际无线电通信咨询委员会在日内瓦开会，就有人提出：检测到一些来自宇宙的异常信号。1978年6月，在日本东京再次开会时，日、美代表又正式提出了《关于接收宇宙高等动物发来的电波》的报告书。

可是，这些异常信号到底是不是“宇宙人”发来的呢？还是个谜！

既然想象中的“宇宙人”，已经聪明得可以向遥远的地球发电报联系，那么他们的文明至少和我们相当，甚至要先进得多。我们的宇宙飞船早已向太空出发了。那么，比我们还聪明的“宇宙人”，为什么不驾驶着飞船到我们这个美丽而可爱的地球上来访问一下呢？

## 有人说：他们来了

1978年10月23日晚，月白风清，繁星满天。澳大利亚飞行员瓦伦迪奇就在这晴朗的夜空中飞行。突然，他惊慌地向基地报告："一个绿光闪闪的庞然大物向我袭来！"不一会儿，无线电中传来了爆炸声，从此人、机杳无音信。这被认为是一桩典型的所谓"飞碟"事件。

人们将地球上空出现的不明飞行物称为"UFO"（这是英文Unidentified Flying Object"不明飞行物"的字头缩写，有人音译为"幽浮"）；而将其中疑为"宇宙人"乘坐的飞船的UFO称为"飞碟"，因大多数传说呈碟状，故得此名。

有关"飞碟"的报道，最初出现在1947年夏。6月24日，美国人阿诺德乘飞机在华盛顿州雷尼尔山上空飞行时，发现9个碟子形的怪物，在前方约40千米处，闪闪发光，由北向南飞来。从此飞碟的传说此起彼伏。一则则回忆，一幅幅照片，一个个生动离奇的描述。直到这几年居然有人说看到了"宇宙人"！

**阿诺德看到9个闪光的飞碟**　阿诺德是一个消防设备经销商，1947年6月24日下午3点，他在美国华盛顿州雷尼尔山上空飞行时，发现有9个闪闪发光的碟形怪物，在前方约40千米处、由北向南飞。由于他广为宣传、详细描述了当时情景，并发表文章和给军方写信求证，从而使此事成为早期一个有关飞碟的经典案例，流传于世。

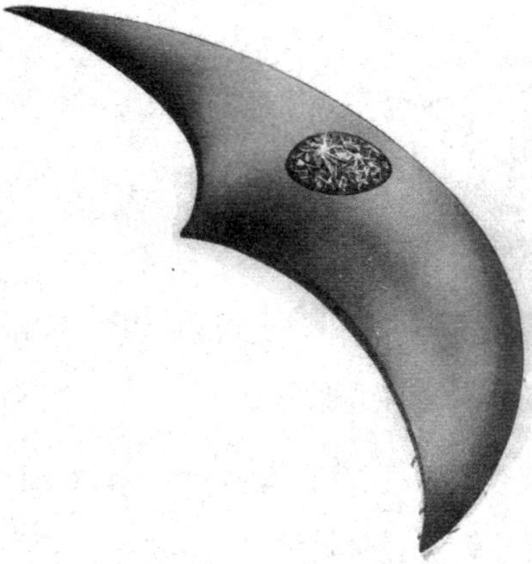

阿诺德看见的飞碟形状示意图

阿诺德（Kenneth Arnold）

国际飞碟观察组织主任曼塞尔说："我现在每天接到40封报告发现飞碟的信。有一件事特别使我感兴趣：一个大型飞碟，从里面走出34个脸色苍白的生物，讲着一种喉音语言，并在他们的火炬照耀下在地上搜寻着什么。"

多么奇妙！可是，谁又能使那一幕奇景再现呢？谁又拿得出一个俘获的飞碟或它的一部分来展览呢？因此，有人将信将疑；有人坚决反对，说这是无稽之谈。为此，美国空军成立了由37位专家组成的"飞碟调查委员会"，从1947年起到1969年，对12618件UFO事例作了调查分析，最后总结出一篇有800多页的研究报告：《不明飞行物的科学研究》，并发表了一份"蓝皮书"。结论是："飞碟不是宇宙人开来的外星船。"

然而，人们并不都相信他们的解释。相反世界上更多的人关心着飞碟的来历。报道越来越多，研究的个人和团体也越来越多。法国有"不明飞行物研究会"，分析过15000多个报告。日本成立了"空中飞碟研究会"。苏联成立了"地球大气圈外智力活动联络委员会"。美国的飞碟研究组织最多，例如"空中现象研究组织"、"美国飞碟联合俱乐部"、"全国空中现象调查委员会"、"飞碟与未阐明的天空事件研究学会"和"不明飞行物情报检索中心"等等。真是名目繁多！这些组织还出版定期或不定期刊物，召开会议。1979年，美国、加拿大、英国、法国、比利时、联邦德国、丹麦、挪威、芬兰和瑞典还成立了联合研究机构，并确定了用计算机来观测的计划。

FACT SHEET

USAF Fact Sheet 95-03

**Unidentified Flying Objects and Air Force Project Blue Book**

From 1947 to 1969, the Air Force investigated Unidentified Flying Objects under Project Blue Book. The project, headquartered at Wright-Patterson Air Force Base, Ohio, was terminated Dec. 17, 1969. Of a total of 12,618 sightings reported to Project Blue Book, 701 remained "unidentified."

The decision to discontinue UFO investigations was based on an evaluation of a report prepared by the University of Colorado entitled, "Scientific Study of Unidentified Flying Objects;" Are view of the University of Colorado's report by the National Academy of Sciences; previous UFO studies and Air Force experience investigating UFO reports during the 1940s, '50s and '60s.

As a result of these investigations, studies and experience gained from investigating UFO reports since 1948, the conclusions of Project Blue Book were: (1) no UFO reported, investigated and evaluated by the Air Force was ever an indication of threat to our national security; (2) there was no evidence submitted to or discovered by the Air Force that sightings categorized as "unidentified" represented technological developments or principles beyond the range of modem scientific knowledge; and (3) there was no evidence indicating that sightings categorized as "unidentified" were extraterrestrial vehicles.

With the termination of Project Blue Book, the Air Force regulation establishing and controlling the program for investigating and analyzing UFOs was rescinded. Documentation regarding the former Blue Book investigation was permanently transferred to the Modern Military Branch, National Archives and Records Service, Eighth Street and Pennsylvania Avenue, N.W., Washington, D.C. 20408, and is available for public review and analysis.

Since the termination of Project Blue Book, nothing has occurred that would support a resumption of UFO investigations by the Air Force. Given the current environment of steadily decreasing defense budgets, it is unlikely the Air Force would become involved in such a costly project in the foreseeable future.

There are a number of universities and professional scientific organizations that have considered UFO phenomena during periodic meetings and seminars. A list of private organizations interested in aerial phenomena may be found in Gale's Encyclopedia of Associations. Interest in and timely review of UFO reports by private groups ensures that sound evidence is not overlooked by the scientific community. Persons wishing to report UFO sightings should be advised to contact local law enforcement agencies.

Point of Contact

News media requiring Project Blue Book files should contact the National Archives Public Affairs Office, (202)-501:.5525. Public queries should be addressed to the Project Blue Book archivist at (202) 501-5385. For queries not related to Project Blue Book, contact the National Archives receptionist at (202) 501-5400.

**美国空军飞碟调查结论**　这是美国空军针对飞碟(UFO)调查发表的“蓝皮书”，提供了对1947—1969年的12618件飞碟事件的调查分析结论。

人们的研究热情，来源于这样的信心：地球绝不是宇宙中唯一的得天独厚的星体，在那茫茫的宇宙中，一定会有类似人的或更高级的生物。他们为什么不能派飞船访问地球呢？人们不能否定这个提问。何况还有更多的谜，使人迷惑不解。

## 令人迷惑的史迹

被称为宇宙航行之父的德国赫尔曼·奥伯特教授曾经说过："我认为别的星球上的高级智慧生物，在以前曾经访问过我们的地球是可能的。"苏联学者赛依采夫教授也说："是的，我确信，别的星球上的生物曾经到过地球，因为他们在我们的地球上留下了许许多多痕迹，我们还不能解释它们。"

世界上最大的建筑是什么？人们不约而同地回答：金字塔。它是谁建造的？人们又不约而同地回答：古代的奴隶。可是，如今却有人提出疑问。

就以举世闻名的埃及最大的一座金字塔为例吧。据传它是国王胡夫的陵墓，它落成时高达 147 米，现在它已经低了 10 米。方形的底边，每边长 230 多米，底面积有 53000 多平方米，由 230 万块石头砌成，每块石头平均重 2.5 吨。史书上说，这些石头是从尼罗河对岸的山中运来的。埃及国王驱使大批奴隶、农民分批服役，每批 10 万人，时间 3 个月，花了 30 年才修建成这个陵墓。但是，当时既没有吊车，也没有卡车，用什么来运送巨石呢？人们分析是用滚木，然而据说当时那里并没有那样多可供这种运输的木料。即使有，要把这许多石块搬出山、运过河，再垒到 100 多米的塔上，也是很难想象的。在美洲，在文明的古国墨西哥，也有许多巨大的金字塔，其中一个的体积甚至比上面说的胡夫金字塔还大 50 多万立方米。更令人惊讶的是，在这高高的塔上，还建造了巨大的神庙。它们是谁建造的呢？人们说是古玛雅人。可是，多心的人，仍然怀疑这些古代人的能力。人们说，就算他们（古埃及人、古玛雅人）能搬动这几吨重的石头。那么，还有些更重的石头又是怎样搬运的呢?

**埃及的胡夫金字塔** 埃及最大的金字塔,位于开罗西南的吉萨高地。

**墨西哥的玛雅金字塔** 玛雅金字塔与埃及金字塔的最大差别是其顶有庙。

在埃及有许多巨大的石像和石碑,都是由整块石头雕成,重达1千多吨。现在世界上都还没有一辆吊车能把它们吊起,更不用说运走了。在修建阿斯旺水坝时,人们曾经搬过类似的石碑,是把它锯开,再用几辆吊车同时吊,仅搬动180米,竟用了3年的时间!那么,古人如何行事呢?何况,还有更大的呢！

在黎巴嫩的巴勒贝克有一些古希腊人和古罗马人建造的神庙，它们都坐落在人造台基上。而这台基是世界上曾经加工和运输过的最大的石头，有的竟有20米长，4.5米高，4米宽，重约2000吨。据考察，这石基比它上面的神庙历史要长得多。它又是如何运来的呢？

有人说，这不是地球上的人，而是“神”，即来自外星的“宇宙人”。这些“宇宙人”是什么样的呢？

**“太阳城”的朱庇特神庙遗址** “巴勒贝克”(Baalbeck)为阿拉伯语，意为“太阳城”，位于黎巴嫩首都贝鲁特东北约85千米的贝卡谷地。“朱庇特”(Jupiter)是罗马神话中的神王。

**巴勒贝克的巨石** 这块被称为“孕妇”的巨石，长21.5米，高4.8米，宽4.2米，估计其重超过千吨。

在南太平洋上有一个小岛，属于智利。但是，离智利海岸有3000多千米，叫“复活节岛”。可是当地的人仍叫它“马塔基特拉尼”，即眼朝天看之意。为什么要朝天看呢？因为要看“鸟人”，据传古代有“鸟人”降临过，该岛居民奉其为神。如今岛上尚有石碑上刻着“鸟人”图腾，每年还举行“鸟人节”。这个岛上有上千尊巨大的石人雕像，其重量从几吨至几百吨，是从几十千米外的采石场加工后搬来的。据分析，当时岛上不可能有搬石头的奴隶，而且也没有搬运的痕迹。于是，人们解释说：这是“宇宙人”为自己塑的像，是他们自己搬来的。用当地的传说来说，就是：过去那里有两个具有神力的牧师，是他们搬运了这些石头、雕刻了这样的石像。后来有一天他们不见了，于是留下了这些石像和采石场上那些未完工的石头。

类似的“宇宙人”的形象还出现在世界许多地方。在意大利发现的史前壁画上，也画着戴着头盔的“神”，头盔甚至还有类似天线的痕迹。

**复活节岛上的巨石雕像**　岛上的石像多为半身像。有的成排，有的零散，有的光头，有的戴着几吨重的帽子。

在撒哈拉沙漠的塔希里山中发现的壁画上，同样画有戴头盔的人。画上还有类似行星际站的圆盘，从中爬出的人就穿着戴头盔的密封服。就像今天在太空漫步的宇航员一样。墨西哥的古玛雅人遗址也有戴着头盔的石像，而那里画上的“神”是在“核桃”形的框子里，头戴头盔，其上还画着小天线模样的东西，而且还正在掌舵。有的甚至脚还踏着踏板，“核桃”形框子的末端还喷出一束束火焰。玛雅人说：“这是飞神，他来自别的星球，后来又回去了。”

**你看，像不像戴头盔的宇航员？** 在意大利伦巴第平原上的梵尔卡莫尼卡谷地(Val Camonica, Italy)，有许多史前岩雕。其中这一幅，酷似宇航员的形象，据考这是公元前7000年的岩雕。

在亚洲、在美洲、在澳洲、在非洲，到处都有令人迷惑的史迹，都有似是而非的“宇宙人”踪影。可是，人们仍禁不住地要问：为什么能从外星飞临地球的“宇宙人”，光干这些笨重的石匠活呢？他们没有留下别的痕迹吗？

又有人出来说，也有。

人们在土耳其的名城伊士坦布尔发现了18世纪时土耳其将领从东方带回的神秘的地图。最古老的是公元1世纪时的产品，而它还可能是更古老地图的复制品。上面画着欧洲和非洲的一部分以及中美洲和南美洲。它同今天从宇宙飞船上看到的变了形的地球一模一样。还有，那上面画的南极洲，

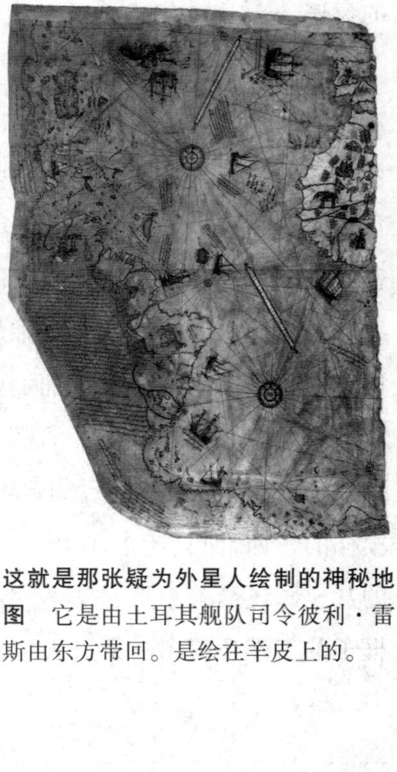

**这就是那张疑为外星人绘制的神秘地图** 它是由土耳其舰队司令彼利·雷斯由东方带回。是绘在羊皮上的。

我们是19世纪起才知道的，而且至今仍然研究得很不够。可是这地图却早得多。人们认为这只能是从宇宙空间观察到，而后才绘制的。

照这样说来，“宇宙人”是真的来过地球了。有人说：是的。这些人中有代表性的就是苏联物理学家卡桑采夫，他说：“对于别的星球上的高级智慧生物曾否到过地球的问题，我的答复是肯定的。”而且，还有人补充说，这些人拥有特殊的电磁力工具，他们就是靠这个本领来搬运成百吨、成千吨的重物的。现在，甚至还有人说他们搬动了舰船和飞机呢。

## 魔术式的海域

在大西洋中，有一片神秘的海域。从美国的佛罗里达半岛的南端，到百慕大群岛和波多黎各岛之间，形成一个三角形区域。人们称它为“魔鬼三角区”，或“死三角”。因为，从16世纪以来海难迭有发生。仅20世纪中，就有100多条船、30多架飞机、1000多名船员、乘客和驾驶员消失在这谜一般的区域中。

魔鬼三角区地理位置

1925年4月8日，日本远洋货轮“来福丸号”进入了这一海域。突然基地收到该船发来的一封电报：“危在眉睫，迅速救援，已无法逃脱。”从此，它就失踪了。

1971年10月，一架美国“星座号”飞机，在此海域的上空追逐飞碟。突然一声巨响，亮光耀眼，飞机四崩五裂，机毁人亡。

一封封莫明其妙的电报，一桩桩恐怖神秘的案件，使人们充满了疑虑、猜测和幻想。不少人提出了包括次声波、反旋风、自然激光和磁异常等各种特殊地球物理现象在内的推测，但是确切的证据在哪里？另外还有许多人认为：这是“宇宙人”干的。这一派中最有代表性的人物是美国天文学家杰塞普博士。他认为是“宇宙人”在这个三角海域，极大地强化了磁场后，把人、机或船作为“猎获物”，移到另一世界去了。这些“宇宙人”乘飞碟而来，“魔鬼三角区”是他们的基地。

为了验证杰塞普的理论，美国海军于1943年在他的指导下进行了一次代号为“费城试验”的工作。他们在一艘驱逐舰上，装了两台磁力发生器，给军舰施以强磁场。据说试验中舰上人员的身体受到强磁场相当大的影响。试验后，有的人经过特殊治疗恢复了健康，有的人发疯了，还有的人死了。但是，那“魔鬼三角区”之谜并没有揭开。也许杰塞普博士还打算继续验证这个问题。然而，令人遗憾的是，他却于1959年4月29日神秘地死去了。他是死在停在迈阿密的达德公园里的自己的小汽车里。关于他的死也有种种猜测，我们这里就不去说它了。

总之，电波之谜、飞碟之谜、金字塔和石像之谜、壁画和魔鬼三角区之谜……在人们的脑海里翻腾着。

许多人想把它们串成一线，线头就是生活在茫茫无际的宇宙中的“宇宙人”。可是，“宇宙人”在哪里？他们是什么样子？强烈的探索欲望激励着千千万万的人们。他们坐不住了，他们决心行动起来，去寻找这远方的友人，结束这人类的寂寞。他们提出了这样的论点：“我们想象不出还有什么更值得干的事业，这项事业将会给人类带来极为美好的明天。”

**奔月** 这是1969年7月16日凌晨，阿波罗11号从美国佛罗里达州南端的、肯尼迪航天中心的“39A”发射台升空时的情景。它满载着人类的热望，奔向月球，首次实现了人类登月的千年梦想，为此而永载史册。

# 登月探星　寻踪觅迹

幻想是思维的翅膀，科学才使人真正飞翔。在美丽富饶的地球上，人们始终没有正式接待过乘飞碟飘然而降的贵客，也抓不到在魔鬼三角区捣乱的凶手。坐等既然不行，那就飞出去吧！走，上月球去，到火星去，到银河系去，去看看那九天之外的“文明世界”，去看看“宇宙人”究竟是什么样的月貌花容……

## 原来如此

“他们皮肤是红色的，秃顶圆额，前胸外突，下面是两条瘦骨伶仃的细腿。身上穿着装饰品一样的皮铠甲。只有眼睛和地球人大不相同，由许多棱面组成的眼珠向外突起。”这是美国作家加米尔顿笔下的“宇宙人”。

“他们头部高出躯体，身躯具有伸缩性，有伸出体外的肢体。也许有两条、四条或更多成偶数的腿”。这是天文学家奥德威笔下的“宇宙人”。

“他们像章鱼一样，从身上伸出八只触须一样的手臂”；“他们像海参、像乌贼”；“他们像我们、又不像我们”……

议论万千、众说纷纭，谁也说服不了谁。因为，百闻不如一见。到地球以外的星球上去找找吧，也许那里隐居着未来的知音。

哪里是上天的第一站呢？人们很自然地想到了美丽的月球。美国为此制订了一个庞大的计划——“阿波罗登月计划”。他们为此奋斗、忙碌了11年。从1961—1969年，美国宇航员为准备登月进行了20次试验飞行。

**阿波罗11号的三位宇航员** 从左起为阿姆斯特朗（Neil A. Armstrong, 指令长）、柯林斯（Michael Collins, 指令/服务舱驾驶）、奥尔德林（Edwin E. Aldrin, 登月舱驾驶）。

1969年7月16日早晨四点，准备了多日的三名宇航员阿姆斯特朗、奥尔德林和柯林斯被从床上叫醒，早饭后，他们被送到肯尼迪角的发射场，登上了有36层楼那样高的“阿波罗飞船”。

随着一声巨响，他们乘坐的“阿波罗11号”飞船开始了人类第一次奔月之行。7月19日进入绕月飞行的轨道。次日，柯林斯留在绕月飞行的指令舱（名为“哥伦比亚”）中，阿姆斯特朗和奥尔德林进入登月舱（名为“鹰”）飞上了月球。他们带去了一个特制的不锈钢牌匾，放在月面着陆的地方。

**人类放在月球上的第一块牌匾** 匾上有三个宇航员和时任美国总统尼克松的签名。签名的顺序上排从左到右是：阿姆斯特朗、奥尔德林、柯林斯，下排正中是尼克松。

该匾上面写着：

来自行星地球的人
在此首次踏上月球
公元1969年7月
我们为了全人类而内心宁静地来此

他们在月球上生活了21小时36分钟。在那里放了一台“月震仪”，一个“激光反射器”。搜集了岩石和月面尘土的样品。

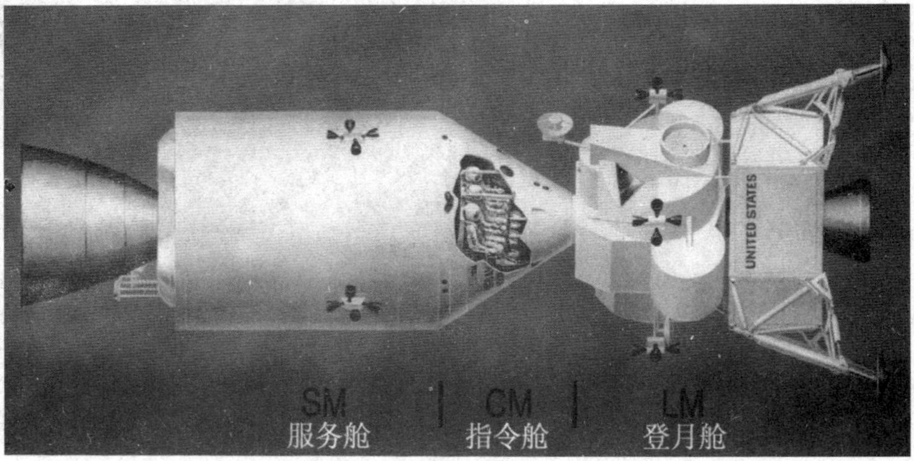


**阿波罗宇宙飞船结构示意图** 剖面显示三位宇航员在指令舱中的位置。

这两个人类第一次派往月球的使者，在那里既没有见到翩翩起舞的嫦娥，也没有见到捧酒相迎的吴刚。没有蟾蜍，没有玉兔，也没有桂花树。

**在月球上** 左为奥尔德林，右为登月舱，中为仪器和国旗。此照片是阿姆斯特朗拍摄的。

其实，这一切早在预料之中。长期的天文观测早已查明，月球上没有空气、没有水，当然也不会有人。但是，人们总还想亲自去发现一点非常原始的生命。现实否定了这个愿望，在“阿波罗11号”之后，“阿波罗12号、14号、15号、16号、17号”又多次把人送上了月球。到1972年12月19日“阿波罗17号”在太平洋溅落为止，整个阿波罗登月计划宣告结束。人类终于死心塌地的承认，月球只不过是一个“死星”，一个没有任何生命的宁静而寂寞的世界。在那里有着人类活动的广阔天地，但却没有人类所要寻觅的知音。

于是，人们寄希望于火星。

## 火星传奇

与月球不同，对火星的长期天文观测，曾使人欣喜若狂。科学家作过诱人的推测，小说家写过迷人的幻想。

在太阳系的九大行星（编辑注：2006年8月24日于布拉格举行的第26届国际天文联合会中通过的第5号决议中，冥王星被划为矮行星，从太阳系中被除名）中，火星是靠地球最近的在地球外侧的行星。它的直径比地球小一半，但是行动却没有地球精干。它懒洋洋地绕太阳转着，转一圈比地球多一倍的时间。所以，它的一年是地球的两年长。它自转倒还积极，只比地球慢半个来小时，因而和地球有差不多的“作息时间”。它对太阳的倾角也与地球差不多，也就有一年四季的变化。只不过它的一季就要顶地球上的半年。

在这个“小地球”上，有没有“人”呢？

几百年来，人们议论纷纷。有人发现两极的极冠，冬大夏小，疑是冰雪聚溶；星面上色彩一年一度的变化，好似植物的枯荣。1877午，意大利天文学家沙帕雷利观察到火星上散布着规则的线条，他认为那是一些天然的水道。于是取名为canadi（河渠）。这个词翻译成英文时被译成canal（运河）。

一字之差，天壤之别。20世纪初，美国哈佛大学的天文学家洛厄尔宣称：这些运河是智慧生物开凿的，为的是把极冠的水引来灌溉荒漠里的庄稼。

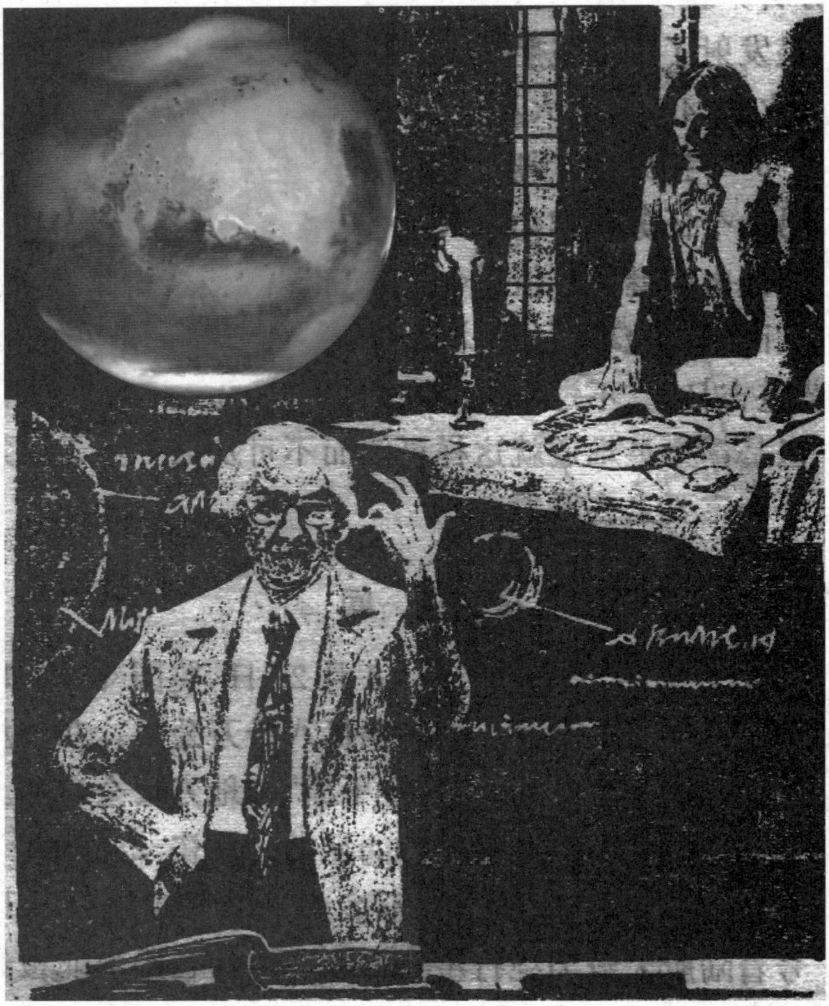

**令人兴奋的遐想** 极冠冬大夏小，疑是冰雪聚融；季节色彩变化，好似植物枯荣；暗色规则线条，酷似水流河道。如此“美景”，怎不让地球人充满遐想……

于是，火星人登场了，在科学幻想小说中，他长着四条胳膊，钢筋铁骨般的身躯，挥舞令人恐怖的刀剑，有着呼风唤雨的本领……

人们还观察到，火星有两个小小的卫星，它们的轨道也很低，与地球上发射的人造地球卫星有些相似，这难道也是“火星人”的功勋么？

地球的子孙们,多么想和火星上的“仙人”握手言欢,交流一下异地的文明啊!

## 侦察员的功勋

于是,美国派出了“水手号”飞船,苏联制出了“火星号”游艇,美制的“海盗号”飞船更饱览了火星的风云。

1965年,“水手4号”飞船在距火星约1万千米的地方飞过,发回了22张照片,这是人类第一次在比较近的距离看到火星的容颜。

4年以后,“水手6号”和“水手7号”在更近的距离(3000多千米)拍摄了200来张照片,并进行了复杂的科学测量。它们虽然带回来一些消息,但是这样走马观花,看得“太不过瘾”。人们决心绕着火星不停地看,甚至打算在火星着陆。

1971年5月30日,“水手9号”出发飞向火星。当时:从地面上的望远镜看到火星表面是清澈的。可是,当11月13日它进入围绕火星转的轨道、成为火星的第一个人造卫星时,火星却风云突变,刮起了黄烟滚滚的尘暴。似乎是“火星人”决心保守火星的秘密,不让人类窥视。所以,虽然“水手9号”的轨道最低点仅有1300千米,却什么也看不清。有好几个星期,传到美国喷气推进实验控制中心的电视屏幕上的图像相当模糊。直到12月,情况才逐渐好转。而到了第二年的2月中旬,它发回来的资料已使科学家能够十分详细地把火星上85%的表面情况绘成地图了。

正当火星上尘暴刮得最凶时,苏联的“火星2号”于11月22日在火星上着陆,成了第一个登上这个神秘行星的人造物体。但是它并没有向地球发回任何消息。接着12月2日,“火星3号”再次在火星上降落。但是发射装置只工作了大约20分钟,就又音讯渺茫了。1973年7—8月间苏联又连续向火星发射了四艘飞船。即“火星4号、5号、6号、7号”,其中“火星4

号”、“火星7号”没有按原计划进入火星轨道。“火星5号”按原定计划进入了火星轨道，并给火星照了相。它的另一个任务是作为在火星上着陆的“火星6号”和地球之间的无线电中继站。但是“火星6号”降落后却与它失去了联系，从而也与地球隔绝音讯。看来苏联的火星探测总没有碰上“黄道吉日”。不过，这时人们已不认为是“火星人”在捣鬼了。但是，火星难道就这样可望而不可即么？勇于探索的人类决心一定要上去看看。

## 异星见闻

1975年另外两艘飞船出发了。8月20日，美国“海盗1号”起飞，飞行了整整11个月，行程6.8亿千米，在火星赤道北约1400千米的称为“黄金平原”的地方安全着陆。它是在四个“河渠”的交叉处。而它的兄弟“海盗2号”也于1975年9月9日接踵而来。走了差不多1年，次年9月3日，在离开1号着陆舱大致为绕行星半周的距离，在距离北极约1400千米的“乌托邦平原”着陆。

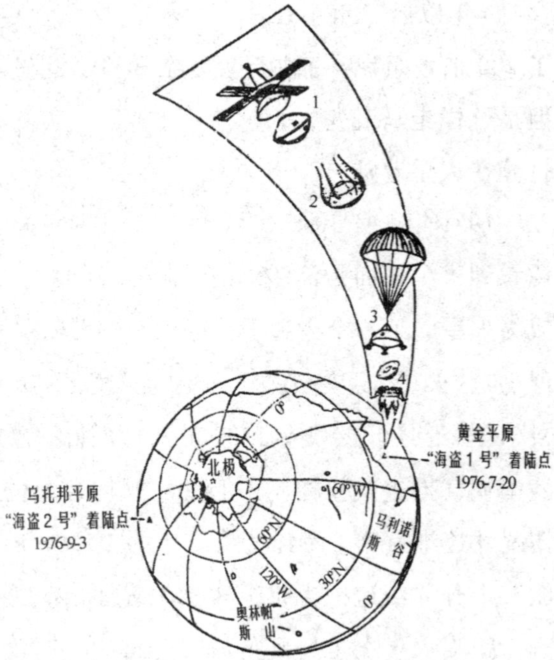

“海盗号”着陆过程和着陆点示意图

这两个远征火星的尖兵，个子不大，又只有1.5米宽，但是却满载精密仪器，用于研究火星表面特征、分析土壤、测量风速、确定大气的成分、探测火星的星震以及寻找生命的踪迹。着陆舱的母体飞船围绕火星运行，从上空拍摄火星的照片、测量大气的湿度、测量火星大气和表面的温度。并且把着陆舱得到的全部资料和照片用无线电发回地球。

**“海盗”肖像** 美国1975年发射的“海盗1号”和“海盗2号”是一对孪生兄弟，个子矮小、却全身珠光宝气。在释放着陆舱后，母体飞船还将围绕火星运行，进行测量和转发着陆舱收集的资料，向地球汇报。

**“海盗号”的着陆舱**

这一系列的侦察飞行，使人们的幻想破灭了。它们在火星上不仅没有发现“火星人”，甚至没有找到任何生命的踪迹。火星只不过是一个干燥、荒芜、寂寞、寒冷、毫无生气的旷野，满布着沙丘、岩石和火山口。传说中的“运河”只是些排列成行、间隔很近的火山口。引起幻想的“极冠”，只不过是二氧化碳冷凝的干冰。它像撒哈拉大沙漠那样干燥，像南极洲那样寒冷。它日出的天色像地球上日落时的晚霞，而它的日落却使人联想到地球上白天的万里晴空。它的峡谷使地球上最大的峡谷看起来像一条小沟，而它的最高山峰却有珠穆朗玛峰的 3 倍。它的大气基本上是二氧化碳。它的一部分看起来像古老的月亮，而另一部分看起来却又像当年新生的地球。

下面是科学家们利用“海盗 1 号”到达火星表面第一天发回的资料写出的第一份气象报告：

> 傍晚，从东方吹来微风，子夜后，转为西南风，最大风速每小时 25 千米。温度从拂晓后的−122°F 变到−22°F……气压稳定在 770 毫巴。

但是人们没有绝望。最近研究表明，在火星赤道以南有两个地区，水蒸气比火星任何其他地方要多 10 ~ 15 倍。美国天文学家休格宁指出，地球上的许多生物是可以在这样的条件下生存的。这两个地区可能是火星上仅有的有生命残留的地方。

这“生命”当然是低级的，绝不会是“火星人”。那么，宇宙中何处能遇知音呢？正是：

> 月中嫦娥是虚构，火星找人也枉然。
> 要想会见外星客，还得飞上多少年？

那么，这样的探索是否还有价值呢？人们明确而肯定地回答了这个问题。其中，美国麻省理工学院的一篇长篇学术报告颇有代表性。它的序言中有这样一段话：“这个问题应得到人类学家、艺术家、律师、政治家、哲学家、理论家各方面人士的长期和认真的关心；甚至还需要一切有头脑的人们，不管他们是不是某方面的专家，大家共同来关心这个问题。我们每一个人都应考虑一下这种探索将带来的结果。我们相信这种探索是可行的，无论探索到、还是探索不到‘宇宙人’，其结果都至为重要。我们敢不敢放手去干？对于我们这些写文章的人说来，问题已经一步一步地变为：‘我们竟然还敢拖延这项工作吗’？！”

**火星容颜**　这就是“海盗2号”看到的“残酷”现实，它遗憾地向地球人报告：火星，这个地球人幻想和热望了多年的“火星人”之家，只不过是一个干燥、荒芜、寂寞、寒冷、毫无生气的旷野。

# 派出使者　天外飞鸿

宇宙是无限的，人们对宇宙的探索也是无限的。登上了月球，窥视了火星，也探索了比地球更靠近太阳的热得要命的金星和水星。“知音”呵，却还是无踪无影。飞吧，继续地飞吧，飞向木星、土星，飞向天王星、海王星，飞向更遥远的冥王星，到太阳系外面去旅行……

## 开路先锋

“到太阳系外面去旅行。”这种话说起来轻巧，干起来却困难重重。别的先不说，就说这悠长的旅程吧。围着地球走一圈不过4万千米。这在人们日常的旅途数字中，已经是够大的了。神话中的孙悟空，神通那样广大，一个筋斗也不过翻十万八千里。可是，太阳系的范围就有上百亿千米长。就是以每秒十几千米的宇宙速度跑，也得跑上好多年。在这样亿里迢迢的征途上，会见到什么稀奇古怪的事物？会有什么样的惊险遭遇呢？于是人们派出了开路先锋。

1972年3月2日，美国发射了第一艘长途跋涉的星际飞船——“先锋10号”。它是一艘用原子能电池作为动力的小飞船。它打算首先侦察离地球6.3亿千米的木星，仅这一段路程就得走一年零九个月的时间。1973年12月3日，它在离木星13万千米的距离上经过。这样就使人类第一次在比较“近”处看到了太阳系里的老大姐。它比地球大1300多倍。“先锋10号”由于受到这个巨大行星的影响而加速前进，继续它飞向太空的亿里征途。1980年，它已飞越离开我们地球27.2亿千米的天王星。1983年6月中旬，在考察木星差不多10年之后，它又飞经海王星。那时，它会骄傲地向地球母亲汇报：“我是人类历史上第一个飞离太阳系的孩子！”

“先锋10号”整装待发

随后，“先锋 10 号”将凭惯性在星际飞行，驰向金牛座，若无意外，将在 200 万年后接近金牛座α星（又名“毕宿五”，距地球 68 光年），科学家希望它能在这颗恒星的 5 颗行星中遇上知音。

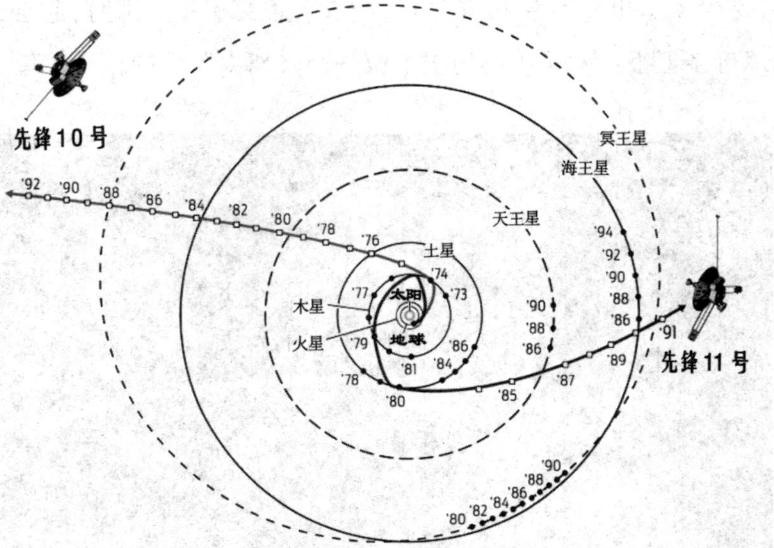


开路先锋的途程

另一个开路先锋——“先锋 11 号”，也于 1973 年 4 月 5 日出发。它也是个小家伙，只有 259 千克重。1974 年 12 月 4 日，它从离木星更近的距离（34000 千米）处飞过。与“先锋 10 号”不同，它在此来个急转弯、以每小时 16 万多千米的高速向土星飞去。又经过四年零九个月的奔波，1979 年 9 月 1 日，在距土星可见云顶 21000 千米处飞过，行程 32 亿多千米。使它有幸成为第一艘飞经土星的飞船。然后，再来个急转弯，朝与“先锋 10 号”相反的方向飞离太阳系，驰向银河系中心的盾牌座，这是个更加遥远的旅途，因为其主星——盾牌座α星（又名“天弁一”）算是离地球“最近”的了，却也有 174 光年。

当我们为这两位开路先锋一路顺风而庆幸之际，我们还要着重谈谈，它们不仅使我们对木星大开眼界，对土星的知识至少猛增了 1000 倍，而且，肩负着探索地球外生命的重要使命。

"先锋号"飞越木星

人们曾对土星的第六个卫星——土卫六,抱有与火星类似的幻想。因为,人们认为它与地球有点类似。土星有点像恒星,它自己放出的能量比从太阳接收到的还多。而土卫六比它的九叔(水星)个子还大。这次"先锋11号"在飞近它时,测得了很有价值的数据,并拍了5张"极好"的照片。分析指出土卫六的大气层和地球早期孕育生命时相似,其主要成分是氮,其他还有氩、甲烷和氦等。因此,有些人认为土卫六上比火星更有可能找到地球外的生命线索,这生命当然不是"宇宙人"或动物,而是原始的生命的线索。到底有没有呢?开路先锋忙于赶路,顾不得回答这个问题了,这任务还是留给以后到达的"后来人"吧。

画家笔下的土星和它的最大的卫星——土卫六

而两位先锋还有自己重大的使命。它们身上都带有一封地球人给“宇宙人”的“名片”。它是刻在经过特殊处理的镀金铝板上。它是由美国康乃尔大学的科学家——行星研究实验室主任卡尔·萨冈、国家天文学与电离层研究中心主任弗兰克·德瑞克和艺术家琳达·萨尔兹曼·萨冈设计的。它几亿甚至几十亿年都不会变形和变质。

在这张“名片”上，地球人向宇宙的知音作了自我介绍。它用14颗脉冲星和我们的相关位置说明了地球与太阳的位置，描绘了太阳系图解以及与飞船天线成比例的地球人(男人与女人)的图形等。这表明人们对“宇宙人”存在的坚定信念。

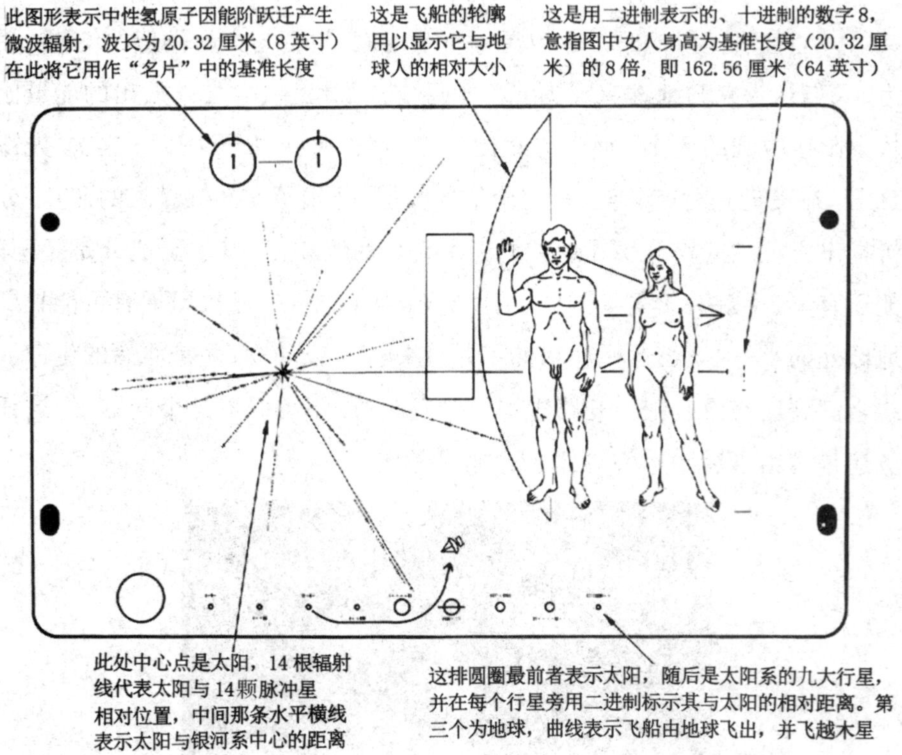


**地球人向宇宙的知音递上的“名片”**　尺寸为15.25厘米×22.8厘米×0.127厘米(6英寸×9英寸×0.05英寸)。固定在飞船天线座下方，以防止宇宙尘埃的侵蚀。

# 旅行家出发了

先锋开了路，自有后来“人”。当“先锋 11 号”还在木星到土星之间的途中奔驰之际，1977 年 8—9 月间有两位“旅行家”离开了“家乡”（地球），它们决心再去浏览一下开路先锋们报道的异星风光，去同那“宇宙人”巧叙衷肠。

这两位旅行家就是美国发射的星际飞船“旅行者 1 号”和“旅行者 2 号”。它们是一对孪生兄弟，模样一致，打扮相同。头戴一顶大圆帽（一个直径为 3.7 米的圆形抛物面天线），身穿一件十棱衣（它们都是十棱柱体的外形），左手拿着磁强计，右手拿着其他仪器。还挎着一个长长的挂包，里面放着三节同位素电池（由于它们还要远涉重霄，离太阳越来越远，因此，一般人造地球卫星所用的太阳能电池，是“英雄无用武之地”的），还拖着两个小辫子（鞭状天线）。这样一番装备打扮之后，使它们有了 820 千克的体重，全身珠光宝气、闪闪发亮，好不神气十足！

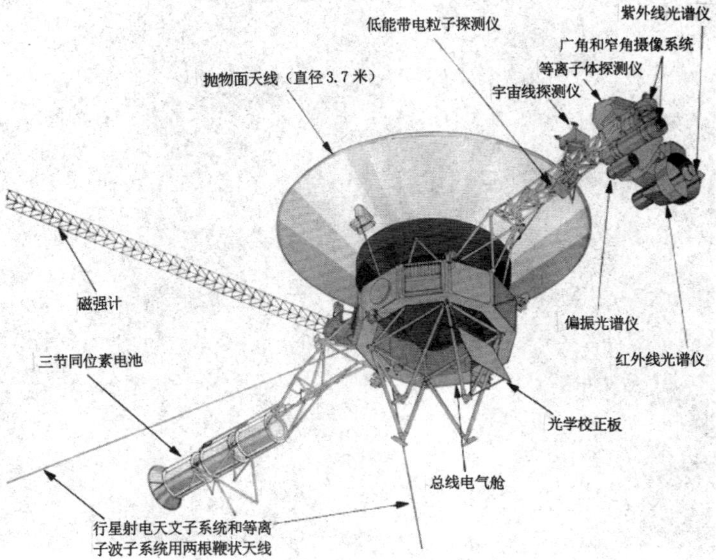


穿戴齐全的“旅行者”

有了“先锋”们的经验，更便于行程的筹划，所以，它们打了个如意算盘，计划用更短的时间，游更远的路程，看更多的风景。前面已经说到“先锋 11 号”飞到土星花了 6 年多的时间，而它们只想用一半的时间。而且，在出发日期上精心选择了一个“黄道吉日”：使自己飞过木星轨道时，木星正好迎来；飞过土星轨道时，土星正好照面；飞过天王星轨道时，天王星也巧遇良朋。这样的“三星联游”，虽不是千载难逢的良机，也是要等 45 年才有一次的机缘，好生难得。它俩认为，机不可失，时不再来。于是都在 1977

**旅行家出发了** 这是 1977 年 8 月 20 日“旅行者 2 号”发射的情景。

年那个美好的炎夏里，兴冲冲地出发了。老二是个急性子，沉不住气，8月20日就匆匆上路。老大胸有成竹，半个月后，9月5日才隆重起程。

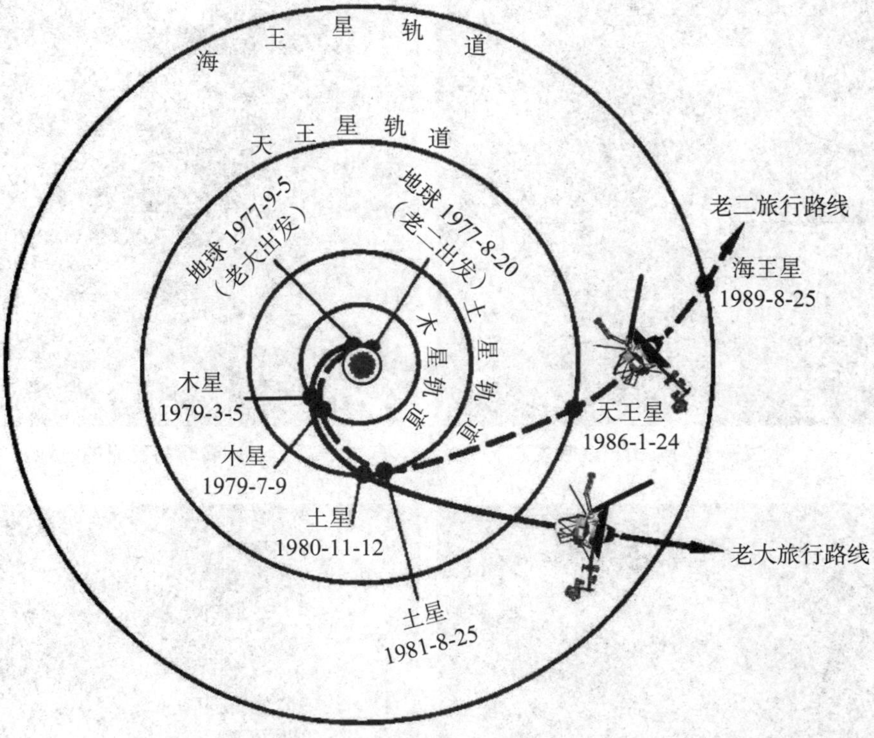


旅行者的旅行路线

尽管如此，老大还是比老二早4个多月，于1979年3月5日就飞越木星，对木星和它的13颗卫星中的前五颗（木卫一、二、三、四、五）进行观察。每天“寄”回老家1500～1800张照片。它第一次使人类了解到木星也像土星一样有一个环，连同后来发现的天王星的环一起考虑，这是太阳系第三个有环的行星了。它还看见木星有一道 30000 千米长的北极光。这是除地球外，迄今发现的唯一的有极光的行星。至于木星周围的卫星，更让旅行家饱览眼福，那真是奇异多姿、妙趣无穷。木卫一上的火山正以每小时二三千千米的速度喷射着气体和固体，木卫二是一个表面被冰覆盖的亮晶晶的冰球；木卫三有着高山和峡谷；木卫四有一片片放射着奇特亮光的盆地；木卫五却是个浅灰色的小球，上面还有一个微红的区域。那楞老二要到 7 月 9 日才能看到这五光十色、美不胜收的一切。

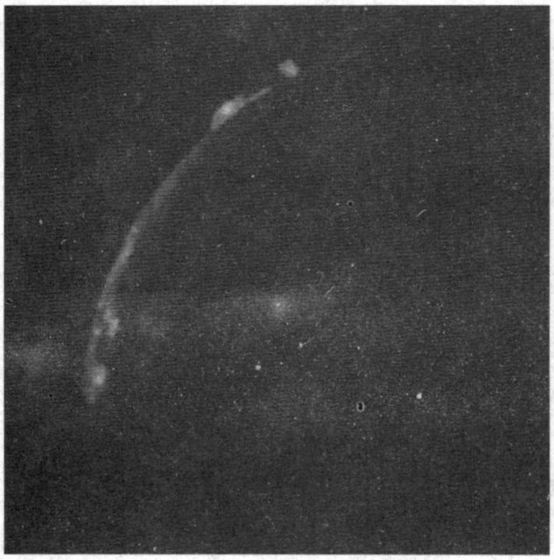
木卫一上的火山正在喷发

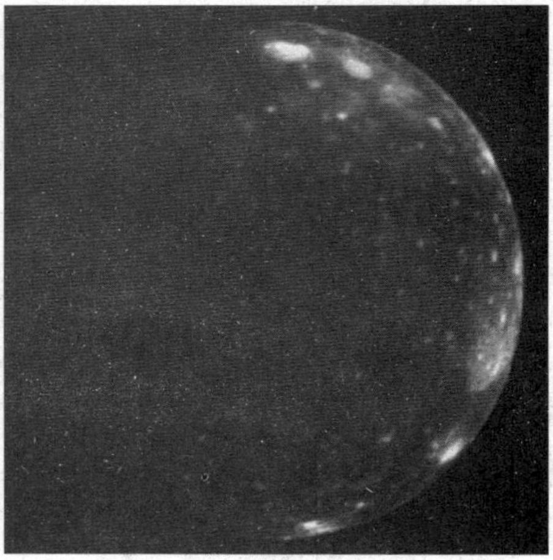
木卫四上有闪着奇特亮光的盆地

老二回首看见天王星酷似一轮新月

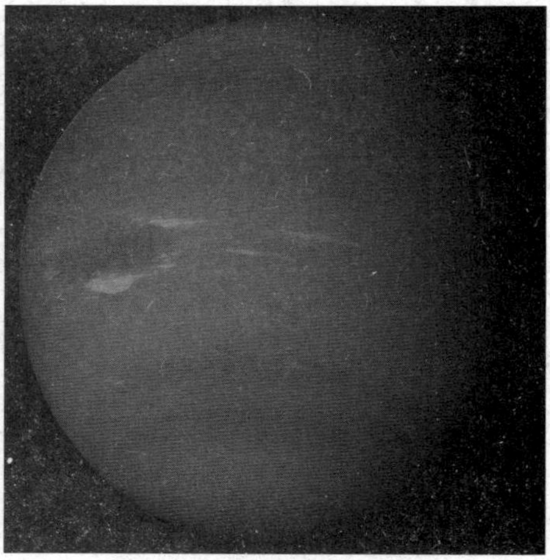
这就是老二看到的海王星美景

游罢木星，它们受到主人的一臂之力的帮助（木星的巨大引力为它们加速），于是改变航向，快马加鞭，驰向土星。1980 年 11 月 12 日老大飞经土星，老二则要 1981 年 8 月 25 日才能飞经土星，再由土星的引力加油。经过 4 年的奔波，老二就要来个急转弯，径直向天王星飞去，1986 年它在天王星附近过春节。

**旅行者之家** 位于美国加利福尼亚州帕萨迪纳的喷气推进实验室。

那老大却与它分道扬镳，对天王星放眼遥望一下，就匆匆赶路，开始飞离太阳系的航程。它雄心勃勃，决心要赶上比它早出发5年半的“先锋10号”，成为4艘星际飞船中的冠军，在1998年2月中旬，它梦想成真，赶上“先锋10号”，成为离地球最远的人造物体。它将向蛇夫座方向飞去。而楞老二则甘愿殿后，它想多看一看太阳系中的异星风光，它于1986年1月24日瞻仰天王星的容颜，又于1989年8月25日看了海王星的美景之后，才依依不舍地登上飞离太阳系的途程。而它将向望远镜座方向飞去。

有人也许会问，为什么不像对月球、火星的观测那样在木星、土星也稍事逗留，察看一下生命的痕迹、“宇宙人”的踪影？

原来，不在木、土两星上停留，是因为这两颗行星都无“陆”可着，表面没有地球这样的硬壳。木星是个液氢球，土星则主要是氢气和氦气组成。加之它们的引力是如此之大，即使能“降落”，再要动身，那旅行家们就会感到身如铅沉，难以起步了。

说到“宇宙人”，人们却是念念不忘的。

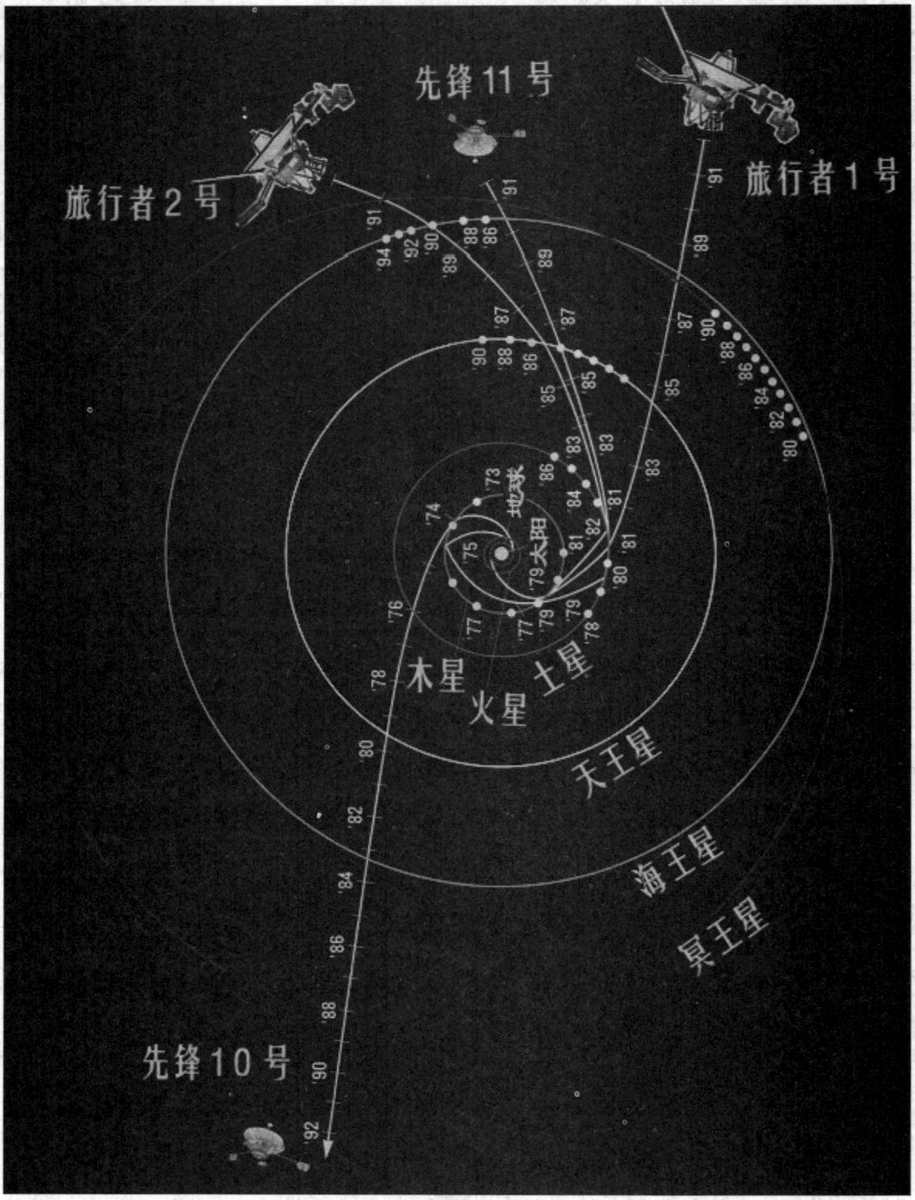


4艘宇宙飞船的航线比较

“旅行家”们肩负着空前繁重的使命,它们为“宇宙人”带去了倾诉衷情的“地球之音”。

## 地球之音

“这是一个来自遥远的小小星球的礼物。它是我们的声音、科学、形象、音乐、思想和感情的缩影。我们正在努力使我们的时代幸存下来,使你们能了解我们生活的情况。我们期望有朝一日解决我们面临的问题,以便加入到银河系的文明大家庭。这个‘地球之音’是为了在这个辽阔而令人敬畏的宇宙中寄予我们的希望、我们的决心和我们对遥远世界的良好祝愿。”

**地球之音唱片**　这就是“旅行者”打算送给宇宙中知音的喷金铜唱片,尺寸为当年唱片的标准尺寸:12 英寸(30.5 厘米)。在唱片中央上方印有唱片名称:“THE SOUNDS OF EARTH”(地球之音);下方用三行字标明制作单位,按从上到下顺序分别写着:NASA(国家航空航天局),UNITED STATES OF AMERICA(美利坚合众国),PLANET EARTH(行星地球)。这是唱片的第一面(在靠中心处下方标有“Side 1”字样),背面是第二面。每面可放 1 小时。这张数字化的唱片中录制了制作单位按“孤岛”思路认为应当告诉“宇宙人”的、当时地球上的基本信息。

这就是“地球之音”中记载的当时的美国总统卡特签署的给“宇宙人”的一份电文。

“旅行者”飞船就携带着这张“地球之音”。它是录制在直径为30.5厘米的喷金的铜唱片上。它同一个瓷唱头、一枚钻石唱针一起装在一个特制的铝盒中。这个铝盒又用钛制螺栓固定在飞船上。包装上刻着用科学语言写的唱片用法。唱片在宇宙中经历10亿年岁月也能嘹亮如新。

它是由美国天文学家卡尔·萨冈、艺术家琳达·萨尔兹曼·萨冈、音乐和科普作家蒂莫西·费里斯、喜爱音乐的作家安·德鲁扬以及另外几个人组成的专家小组精心选材录制的。可以放两小时，记录的是地球上各种有典型代表意义的信息，包括116张图片、35种地球自然界音响、27首世界名曲、55种语言的问候词、一段联合国秘书长的口述录音以及一份美国总统签署的电报。人们期望着，在茫茫宇宙中遨游的“旅行者”，有朝一日能与“宇宙人”巧遇，他们就能根据“地球之音”的介绍，了解地球上的人类，从而激发他们与之交往的热情。

唱片的一开始就是116幅图，用的是图像编码信号形式。它们介绍了太阳系概况及其在银河系中的位置，地球和地球大气层的化学成分，脱氧核糖核酸、染色体及人体图解，海洋、河流、沙漠、山脉、大陆、花卉、树木、昆虫、鸟、兽、海洋生物和一片雪花的形象，牛顿著《世界体系》中说明怎样把一颗炮弹射入弹道的插图，一幅日落图，一个弦乐四重奏乐团，一把小提琴以及贝多芬降B大调第十三弦乐四重奏总谱中的一页，接着是该乐曲的实际演奏，以表明音符与音乐的对应关系。还有各国风土人情，科学和文明的成就，例如火箭、飞机、火车、纽约的联合国大厦、旧金山的金门桥、印度的泰姬陵等。其中有两张关于中国的照片，一张是长城，另一张是吃饭的场面。

接着，便是美国卡特总统签署的电文（在前面已经提到）。在电文前有一段说明这样写道：

“旅行者1号”宇宙飞船是美国制造的。地球上住有四十多亿人,我们是其中一个拥有二亿四千万人口的国家。我们人类虽然还分成许多国家,但这些国家正迅速地变为一个单一的文明世界。我们向宇宙发出的这份电文,它大概可存在到未来的十亿年。到那时候,我们的文明将发生深远的改变,地球的表面也可能发生巨大的变化。在银河系两千亿颗恒星中,有一些,也许有许多,可能是人居住的行星和文明世界。如果这种文明的人类截获到"旅行者"飞船,并能懂得这些记录的内容,那么下面就是我们的电文。

联合国秘书长瓦尔德海姆口述的录音是:

"作为联合国的秘书长,一个包括地球上几乎全部人类的147个国家组织的代表,我代表我们星球的人民向你们表示敬意。我们走出我们的太阳系进入宇宙,只是为了寻求和平和友谊。我们知道,我们的星球和它的全体居民,只不过是浩瀚宇宙中的一小部分。正是带着这种善良的愿望,我们采取了这一步骤。"

55种语言的问候词,包括了世界上几乎所有的语种,如英、法、德、俄、日,甚至还包括我国的广东话、厦门话和客家话等。还有一对鲸鱼的热情呼叫声,代表着其他生物的"问候"。

还用12分钟录下了35种地球自然界的各种音响。开始是令人眩晕的回旋声,象征太阳的行星——地球在轨道中运行;然后是象征地球混沌初开时的巨响;接着是汇成海洋的暴雨,再后是生命的发生,从冰川时代的寒风呼啸中传来了人类的声音;还有火山爆发的轰鸣、海浪拍岸的涛声;有火车、飞机、火箭开动或发射的巨响;有各种鸟啼、犬吠、兽吼、虫鸣;还有人的笑声、脚步声、婴儿呱呱坠地的哭声;人的呼吸、脉搏的录音和一颗脉冲星产生的宇宙噪声等。

“地球之音”唱片图像信息举例之一：中国的长城

“地球之音”唱片图像信息举例之二：中国人吃饭的场面

“地球之音”唱片图像信息举例之三：一幅落日图

“地球之音”唱片图像信息举例之四：一个弦乐四重奏乐团

唱片的大部分录的是世界名曲,代表着地球上不同时代、不同地区、不同民族的音乐。有巴赫、贝多芬、莫扎特的世界名作,例如,巴赫的布兰登堡协奏曲第二号第一乐章,是由李希特指挥慕尼黑巴赫交响乐团演奏的;贝多芬的降B大调第十三号弦乐四重奏(作品第一百三十号)第五乐章(小歌)。还有西方的爵士音乐、摇摆舞曲;世界上许多少数民族的歌曲;其中还录了中国的京剧和用古筝演奏的中国古典乐曲《高山流水》。

在短短的只能放两个小时的一张唱片里,要把我们地球从古到今最有代表性的一切记录下来告诉知音,真是谈何容易啊!这个专家小组的人在回忆这项繁杂的工作时说:“录制唱片使我们离奇而现实地面对着有关地球上的艺术和生活的一些抽象问题。我们是什么样的人呢?我们的基本特征又是什么?人类能创造某种具有宇宙性的东西吗?这就向我们提出了那个古老的孤岛问题:假如你只被允许携带一定数量的东西到一个与世隔绝的地方去,仔细想想,什么东西是你最需要带走的?”

而我们伟大祖国古老的文明,却使这些美国人,在解决这个问题时,不那么优柔寡断。他们是怎样选中《高山流水》的呢?安·德鲁扬这样写道:

> “我曾打电话给哥伦比亚大学的周文昌,请他选一首中国歌曲。我原想他也一定需要一些时间考虑。然而,他却毫不犹豫地回答道:‘《高山流水》这首曲子抒发了人为大自然所深深陶醉的情感。它是用七弦之琴——古筝演奏的。这一乐器在耶稣以前几千年就有了。从孔子在世起,《高山流水》就已成为中国文化的一部分。把这首古曲送到太空中去吧,它会替你讲很多中国的事情。’我们就照他说的做了。在唱片中,这首乐曲的评选是最容易的。”

于是,这悠扬的中国乐声,就代表着地球人去寻觅远方的知音了。

# 奇妙的电报

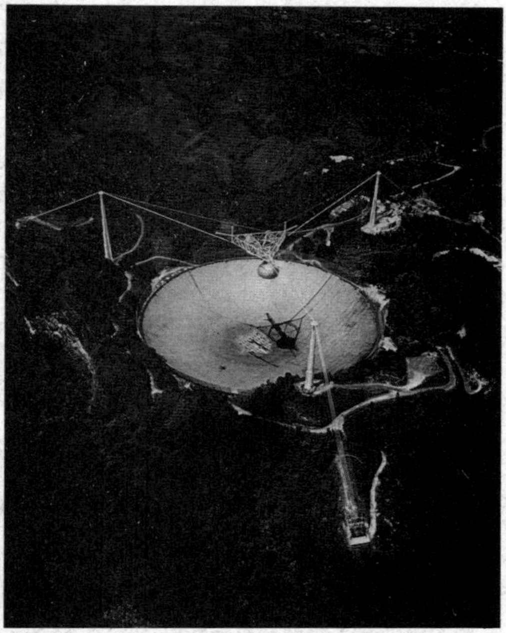

**阿雷西博射电天文望远镜** 它坐落在美属波多黎各的阿雷西博山谷中，是世界上单面孔径最大的、最灵敏的射电望远镜。它能接收到离地球几百到三万光年之遥的星体辐射的电波。中间的大圆盘是它的天线反射器，它是一个旋转抛物球面反射器，由4万片带孔的3英尺×6英尺的铝板拼接而成。直径为1004英尺，深167英尺。是迄今为止世界最大的抛物面天线反射器，占地约20亩。上空悬吊的是它的天线馈源，它由三根铁塔和一组吊臂支撑、悬挂在反射器上空450英尺处，全重约900吨，由26个电动马达调节，精度可达毫米级。

"旅行者"肩负着如此重任，"地球之音"寄托着人类那样殷切、善良的盼望。可是，即使旅行家们不遇上飞来的奇祸，也不病魔缠身，一帆风顺地走去，也得要到1989年才能掠过太阳系边沿的冥王星，然后以每秒17.2千米的速度飞往银河系的其他恒星系。它们还得再飞成千上万年，大约要过14.7万年和55.5万年，才能分别到达另一个恒星世界。在那里，它们能不能遇上"宇宙人"，送出我们的"地球之音"呢？只有我们遥远的后代才能看到这个结果。而我们，生活在今天的人们，却不能满足于这令人心焦的等待。飞船走得太慢了，人们把希望寄予目前所发现的走得最快的使者。这就是电波！它的速度是每秒30万千米，比"旅行者"在星空中飞行的速度快17000多倍！还是让它给宇宙人捎去地球人的问候吧。

1974年11月16日，在庆祝地球上最大的射电天文望远镜阿雷西博的镜盘换面典礼上，这座属于美国康乃尔大学的天文台向“宇宙人”发出了一份电讯。它是把需要发送的信息进行编码，信息为1679比特，发了3分钟。学术界称之为“阿雷西博信息”。

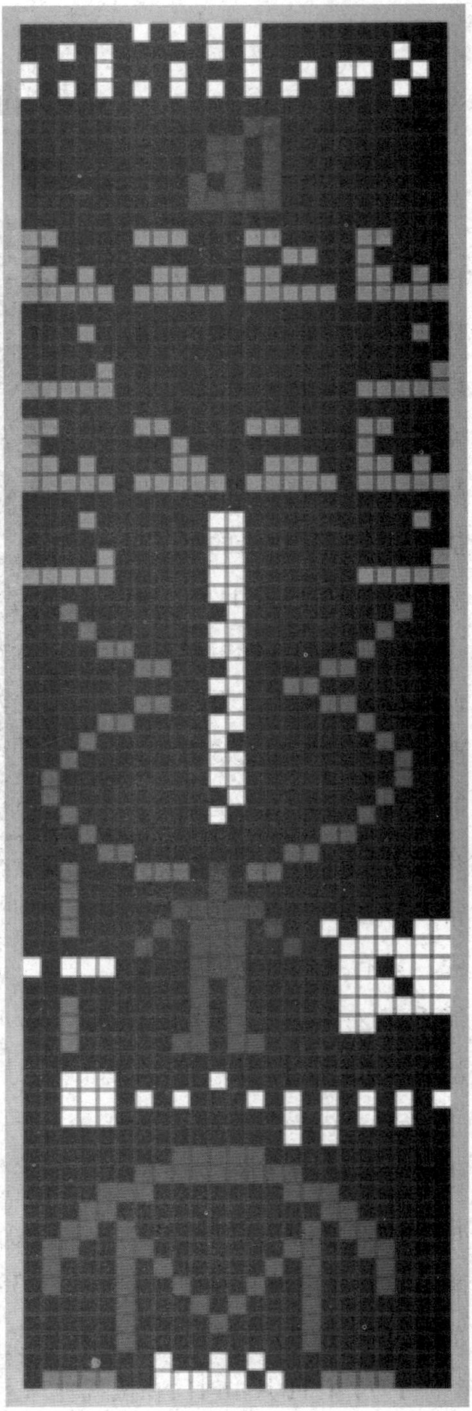

**阿雷西博信息**　这就是由阿雷西博射电天文望远镜向离地球2.5万光年的“梅西耶-13”球状星团发射的数字化的图像电讯。图形从上到下的含义如下：最上面第一排的亮白色表示数字，从左至右分别代表从1到10；接着的第二排暗色部分表示人类DNA（脱氧核糖核酸）所含的5种元素，以其原子序数来表示，从左至右分别为氢(1)、碳(6)、氮(7)、氧(8)和磷(15)；接着下面三排次亮色部分表示DNA的基本结构；而下面两个对称的弯曲部分表示人类DNA双螺旋体，中间的亮白色表示其约有40亿个核苷酸；其下暗色部分为人的外形，人形左边是表示身高5英尺9.5英寸或14个波长，人形右边表示地球上人的数量(当年约为40亿)；人形脚下亮白色部分表示太阳系，左边大方块是太阳，其右边是按距离顺序排列的9个大小不同的行星，第3颗行星是地球，就是人正中下面那一颗；再往下暗色部分表示该射电天文望远镜，上为抛物面反射器形状，下为反射示意图，表示电波由馈源经抛物面反射后成平行波束；最下一行表示反射器孔径为1004英尺或2430个波长。(注：发射信号波长为12.6厘米)

这个数字化的图像电讯所代表的画面大意是：

这是我们怎样从一数到十。这是我们认为有趣或重要的原子：氢、碳、氮、氧和磷。这是我们认为把这些原子混合起来的一些有趣或重要的化合方法，化合成胸腺嘧啶、腺嘌呤、鸟嘌呤和胞嘧啶的分子结构，和一个含有交变碳酸化合物和磷酸盐的链。这些块状的分子结构放在一起组成一个含有约 40 亿个链节的脱氧核糖核酸长分子。这个分子是一个双螺旋体。它在某种程度上对电讯中央的那个形态笨拙的动物是重要的。这种动物长 14 个波长，或 5 英尺 9.5 英寸高。在我们的恒星外面第三个行星上，有大约 40 亿个这样的动物。太阳系总共有 9 个行星，4 个大的在外侧，尽头是一个小的。这份电讯给您带来直径是 2430 个波长或 1004 英尺的一台射

**梅西耶-13（Messier 13，简称 M13）球状星团**　是北半球最亮的球状星团，位于武仙座的"腋窝"处。距地球约 25000 光年。有大量恒星聚集成一个球形，总数约为 100 万颗。在约 150 光年直径的球形区域内，有超过 10 万颗，在 3 光年直径的核心处，约有 100 颗。为 5.8 星等，在晴朗无月的夜空用普通望远镜即可看到，肉眼也依稀可见。阿雷西博信息就是发给它的。

电望远镜的问候。您的忠实的朋友。”

在发射时波束所含的有效能量，约为全地球电力总功率的10倍。在正对这一射束方向上，这股能量使发射的信号比太阳亮1000万倍。所以，康乃尔大学国家天文学与电离层研究中心主任德瑞克回忆说：“有3分钟时间，我们是银河系中最亮的星。”

国际无线电通信咨询委员会宣称：与“宇宙人”相互通信，第一次提到实际业务上来考虑，这是具有很大意义的。

这份电讯是发给当时正巧在人们头顶上空的一组名叫“梅西耶-13”的球状星团。它大约包含100万颗恒星。距地球约2.5万光年。因此，如果那里真有“宇宙人”在收听，那也得2.5万年才能到达。而如果“宇宙人”有兴趣而且能够给我们回音的话，回电到地球已过了5万年了。经过这漫长而难以捉摸的5万年之后，地球文明、人类的子孙将是什么样的情景呢？又有谁能回答这个问题？

## 探索吧，朋友

看来，我们这些在这个小巧、精致的蔚蓝色的地球上生活惯了的人，十分不习惯于宇宙这个过分庞大而神秘的概念。它动不动就是上亿千米的路程、上万年的时间。而我们人类的生命却是那样的有限，我们所做的努力同我们应该达到的相比又是那样的平凡。也许有人会问：如今所做的一切，在过了上万年之后还有意义吗？也许另一些人会说：对“宇宙人”的探索只不过是“庸人自扰”，根本就没有什么外星文明，地球是得天独厚的。也许还有人说：什么飞碟呀、宇宙电讯呀，通通不过是“白日梦呓”，那对外星的探测也只不过是为了显示一下自己技术的威力……

但是，我们却要说：对宇宙生命（包括高级生命）的探索，这却是一项严肃的、影响深远的科学事业。因为，从本质上说，对宇宙的探索就是对我们本身的探索。这探索将使我们更加了解我们的星球在宇宙中的地位和意义；了解我们人类在宇宙生命进程中的地位和意义；同时对我们本身、对我们地球上的一切、对我们从地球向外看去的一切，做出更科学的解释。又因为，在这样的探索中，我们将极大地发展我们的技术手段、经济手段、哲学手段，甚至行政手段，我们将会把我们地球上的文明向更高的阶段推进。还因为，我们人类在科学上决不能是自私的，我们今天的努力，将为我们的千秋万代的生活、思想认识奠基，如果我们能早一点回答诸如生命的演化、宇宙的演化之类的问题，我们将无愧于我们的后代。

我们还可以把思绪缩得更小一点，问一问：你有什么理由来否定人们怀疑、幻想和探索的一切呢？难道你没有看到人类所设计的、奇形怪状的飞船正在飞往宇宙？难道你没有了解到重返大气的飞船会发出耀眼的亮光？难道你没有听说一艘艘探测器在地球以外的星球上着陆？那么，为什么就不可能有外星文明人所发射的“飞船”、探测器在地球着陆、在天空发光呢？还有，你或者人类是否已经对射电天文望远镜所截获的电信号的全部含义做出了科学的解释？是否对脉冲星、类星体或者星系核的电磁辐射起因做出了明确的回答？是否对于达到光速的飞行速度和可能产生的影响有了理解？说得再露骨一点：谁又能保证在我们有生之年不会发现另外的宇宙生命或者翻译出一篇天外来电呢？

虽然，我们地球上的人拥有能引起外星人注意和进行宇宙探索的技术手段，例如无线电通讯、核爆炸、射电望远镜、宇宙飞船等，只不过几十年的时间。可是，谁又能断定外星上的文明也是同我们同时发生和发展呢？也许，他们在好多年前已在向地球进军；也许，他们的“飞船”正在向我们逼近；也许，他们的电讯正在变得越来越能使我们懂得；也许……，也许……

既然我们像不能肯定那一切的那样，不能否定这一切，那我们就没有理由不期望、等待和行动。

所以，我们要说：

等待吧，朋友！等待那使你神往、振奋的一个又一个喜讯！

探索吧，朋友！探索那地球外生命的奥秘和宇宙中的知音！
幻想是美好的，
而探索则更加美好……

（原载《知识就是力量》1980年第5,6,7期）

**"旅行者"星际飞航航行在太空之中**　如果你想知道它们现在何处，可上它们"老家"（喷气推进实验室）的网站上去查，网址是 http://voyager.jpl.nasa.gov。

DIERPIAN

# 第二篇

# 滚滚红尘报警讯

GUNGUNHONGCHENBAOJINGXUN

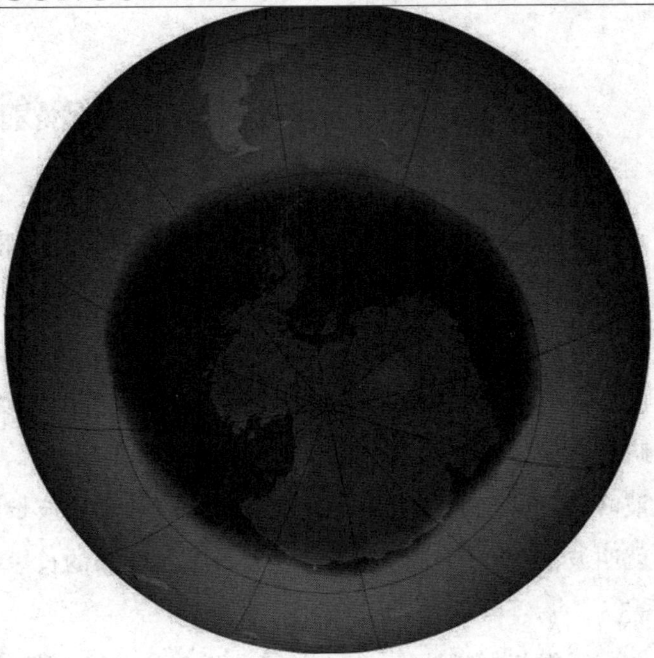

**待补的"天"**　人类可以让"嫦娥"奔月，却无法派"女娲"补天。高空的臭氧层为人类挡住有害的紫外线，多少年来，人类的活动却在使它变薄，其中以南极变薄最多，故称之为"臭氧洞"。联合国将每年的9月16日定为"国际保护臭氧层日"，以资警示和宣教。上图为2012年9月16日当天，南极上空"臭氧洞"的状况。

# 来自大气层的警报

我们居住的地球,被一层厚厚的大气所包围。它正是使我们人类得以在地球上劳动、生息、繁殖的主要自然条件之一。然而,人们却漫不经心地在改变着大气的组成。世界上有不少科学家正在为此事感到担忧。于是,他们发出了警报……

## 与太阳有关的电磁辐射

来自大气层的“警报”是什么?为了说清它们的来龙去脉,首先谈谈电磁波谱以及太阳的辐射。

波动现象,人们并不陌生。起伏的水波、悦耳的声波、绚丽多彩的光波。人们都已司空见惯。在物理学中,人们就用波动来形容强弱、高低或疏密交替地传递能量的现象。起伏的最高点叫波峰,最低点叫波谷。两个波峰(或两个波谷)间的距离叫波长。把波动按波长的长短顺序排列起来就叫波谱。电磁波谱,就是把电磁波按其波长的长短顺序排列成的一张图表。

一提起电磁波,一般人就可能想到收音机、电视机所收到的电波。其实,这只是电磁波很小的一部分。根据电磁理论研究,从波长很长的照明用交流电,到波长很短、很短的宇宙射线,其中就有包括广播波段的无线电波和使万物绚丽多彩的可见光波。电磁波谱的情况如表 1 所示。

**表 1 电磁波谱简表**

| 名　称 | 波　长 |
|---|---|
| γ射线 | 0.001～0.1 纳米 |
| X 射线 | 0.1～10 纳米 |
| 紫外线 | 10～400 纳米 |
| 可见光 | 400～760 纳米 |
| 红外线 | 0.76～1000 微米 |
| 无线电波 | 1 毫米以上 |
| 注:1 米=1000 毫米,1 毫米=1000 微米,1 微米=1000 纳米 | |

太阳,可以说是一个天然的电磁波源,它辐射从无线电波到伽马射线的各种类型的电磁波。如果这些电磁辐射都传到地面，所有生物都要遭殃,那将是一幅不可想象的情景。

## 地球有一个安全气毯

值得庆幸的是,就像人们裹着毛毯能抵御风寒一样,地球周围则有一层厚厚的大气。这个宝贵的“气毯”,使人们不致受到有害的电磁辐射的袭击。没有大气层,地球上任何生命都不可能生存下来。

可是,大气层并不是阻挡太阳的全部辐射,而是“放”过一些有用的,挡住一些有害的。它在这方面的作用就像一个电磁波的过滤装置一样。正是这种对电磁辐射的过滤作用,才保证了人类和地球上一切生物的正常生活和繁殖。

大气的主要成分是氮和氧,前者约占四分之三,后者约占四分之一弱一点,其他还有一些非常少的气体成分:臭氧、二氧化碳、氢、氦、氩……大气结构具有分层的特点，表 2 是各层的名称及其大致高度。

**表 2　大气分层简表**

| 名　　称 | | | 高度（千米） |
|---|---|---|---|
| 非电离层 | 对流层 | | < 15 |
| | 平流层 | 臭氧层 | 15 ~ 35 |
| | | 升温层 | 35 ~ 60 |
| 电离层 | 一氧化氮层 | | 60 ~ 90 |
| | 氧分子层 | | 90 ~ 140 |
| | 氮分子层 | | 140 ~ 240 |
| | 氧原子层 | | 240 ~ 400 |
| | 氮原子层 | | > 400 |

任何物质都是由原子组成，原子又是由带正电的原子核和带负电的电子组成。太阳辐射的紫外线和那些比紫外线波长更短的射线（还有一些高能粒子），会使大气的原子或分子放出一个以上的电子，而本身变为正离子（这种过程叫电离）。在 60 千米以上的大气“吃”了这些强烈射线后，变成了“电离层”。而电离层又能反射波长较长的无线电波，只许波长较短的无线电波通过。再加上 60 千米以下大气层的作用，使得大气层对电磁波好像只开了两个“天窗”：一个叫“无线电天窗”，它允许大部分无线电波通过；另一个叫“光学天窗”，它透过可见光和一部分紫外线、红外线。所谓的警报，就是由后两者引起的。

## 使人温暖的红端邻居

由表 1 的电磁波谱里可以看到，可见光的两邻居就是紫外线和红外线。可见光是由红、橙、黄、绿、青、蓝、紫七色光组成。在“雨后复斜阳”的时候，人们常常可以从美丽的彩虹里看见这些组成，这是由于大气中的水滴对不同波长的光折射不同的缘故。红光波长最长，紫光波长最短。而红外线是红光的邻居，它比红光波长还长，“红外”之称即由此而来。同样，紫外线则是紫光的邻居，但它的波长比紫光还短。

太阳能给大地带来温暖，火炉能把东西烤热，这就是说它们辐射着热。红外线就是这种热辐射的主角。任何物体只要温度比绝对零度高【注：绝对零度是指-273.15℃，它是目前为止人们所认识的最低温度界限，可以无限接近它，而不能达到它。所以在科学技术上用它作为温度计量的起点（即0K）】，就都会辐射红外线。物体温度越高，辐射出的红外线的能量也越大。一句话，自然界的所有物体不管是在白天还是黑夜，都在不断地放出红外线，连人们自己也不例外。

太阳辐射能量有一半以上是落在波谱的红光和红外线部分。当太阳位于地平线上方6.8°时，红光和红外线竟占75%，这就是在早晨太阳初升和下午太阳将落之时看起来为什么那样鲜红的原因。

我们前面说过，地球周围的大气“吃”掉（反射和吸收掉）太阳波谱的大部分，但却格外“开恩”，放进可见光，为我们“照明”，也放进红外线为我们“取暖”。从这个意义上讲，太阳像个巨大的火炉，“烘烤”着人类居住的地球，而我们正生活在一个以大气作顶的巨型温室之中。

## 第一个警报：温室效应的加强

我们天天听到的天气预报中的气温，就是太阳热辐射对我们周围的空气“加热”的结果。当然，这个加热过程是极其复杂的。粗略地讲，空气直接吸收太阳热能的能力是很有限的，一部分红外线被它反射或散射回去，大部分透过它照到地面；地面也会反射一部分，但是有不少红外线被地面吸收，使地面温度升高，而它又加温周围的空气。

阴天的云层反射了大部分热能，地面吸收得少，气温就低。北国的冬天，“千里冰封，万里雪飘”，地面反射得多吸收得少，空气也就冷了（当然，气温的高低还同其他许多因素有关，例如太阳的直射和斜射，气流的影响——“春风送暖”、“寒流降温”，都是这个缘故）。

地球的很大一部分红外辐射，为什么不能逃回广漠无垠的宇宙，而用来加温周围的空气呢？这主要是由于二氧化碳（即碳酸气）的功劳。它大量的吸收由地面来的红外辐射，使气温升高。也就是说，空气里有了二氧化碳，就把这层空气变得像保温层一样。空气里二氧化碳含量越多，吸收地面红外辐射就越多，气温升高也就越多，这就叫“温室效应”。

在接近地面的这层空气中，二氧化碳的含量平均约为万分之三。但是科学家们测出这个含量正在与日俱增。流行的两个解释是，每年人类要烧掉几十亿吨煤和石油，按此计算，每年进入空气的二氧化碳相当于原含量的千分之七，照此下去，到 50 年后含量将增加一倍！另一方面靠“吃”二氧化碳过日子的森林正在被日益砍伐越来越少，又减小了对二氧化碳的消耗。这样，由于温室效应，有人认为到 2050 年，整个大气温度将增高 3℃！这可能会将南极的冰盖融解，从而在今后半个世纪中使海面上升 5 米！世界将面临一场洪水泛滥的危险，这就是一些科学家拉响的第一个警报。

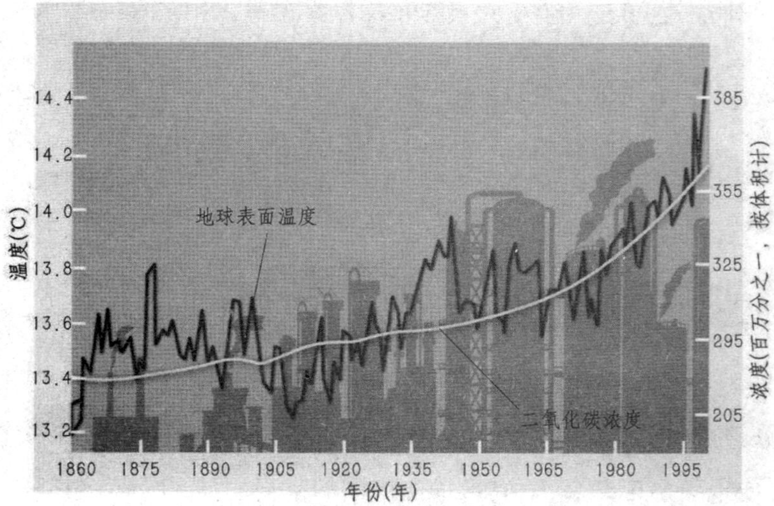


百余年来地面温度与二氧化碳浓度变化比较

# 望而生畏的紫端邻居

现在来介绍一下可见光的另一个邻居——紫外线。它既有用又有害，而且人们对它也不是十分生疏。皮肤晒黑就是紫外线造成的，它几乎已经成了经常进行户外活动和劳动的标志。一定剂量的紫外线照射对人体健康是有益的，它能帮助在皮肤内合成各种维生素，而这是骨骼和牙齿正常生长不可缺少的。直接受紫外线辐射对人眼非常有害，这就是直视太阳光时“金针刺眼”的原因，也是直视电焊火花会造成电光性眼炎的原因。过量的紫外线照射会引起皮肤灼伤、老化甚至皮肤癌。人们还发现，紫外线对植物的光合作用和昆虫的生活习性都有影响。

大气层的臭氧层既是紫外线作用的结果，又是替生物世界阻挡紫外线的一个屏障。因为紫外线的某些波长能把氧分子分裂为两个高度活化的氧原子，其中之一与另外的氧分子结合就成了臭氧。于是在15～35千米处形成一个臭氧层，虽然同其他大气成分相比，它是微乎其微的，但却正是它能挡住太阳的紫外线中最危险的波长（它不允许波长小于290纳米的紫外线通过），同时也能使其他波长减少到生物可以耐受的水平。

# 第二个警报：臭氧层的破坏

可是，在各种喷雾式容器中（俗名“喷雾弹”）用作助喷剂的含氟氯碳化合物（简写为CFC，工业产品中以氟利昂为典型代表），可能在破坏着保护地球免受太阳紫外线伤害的臭氧层。

有的科学家指出，这种氟氯碳化合物一经释出，就会慢慢上升到地球上空的臭氧层顶部。在那里，紫外线会把该气体中的氯原子分解出来。这样，通过化学反应，一个游离的氯原子就可以破坏成千上万个臭氧分子。

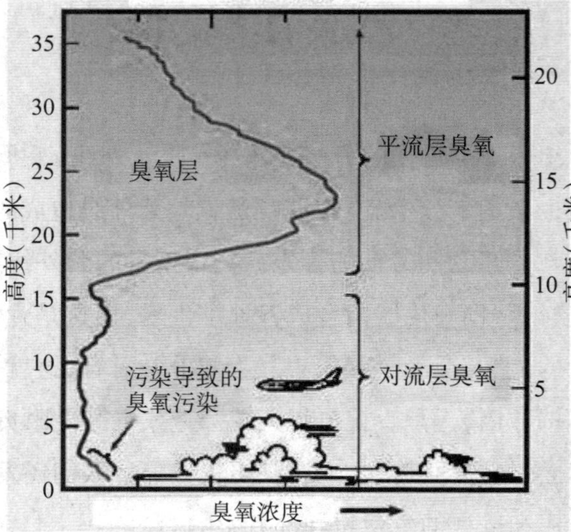


**大气中的臭氧分布示意图**

这将会造成什么样的后果呢？有科学家估计，假如臭氧损失10%，人类又没有什么办法来保护自己的话，那么皮肤癌的病例将增加100万人，每年要多死4万人。对动植物和微生物可能发生的影响，则更令人不安。有人认为它将导致动植物的一些主要种属的灭绝，从而打乱复杂的食物链，给各种生物带来严重后果！总之，臭氧层的破坏将导致紫外辐射的增强，从而对人及其生活的环境造成极为不利的后果！这就是另一些科学家拉响的第二个警报。

## 奔向未来

科学研究的深入，使人们把一般概念中似乎不相关的问题联系起来，例如上面提到的二氧化碳与红外线，臭氧与紫外线。进而在一定的实验观测与理论推论的基础上提出了两个令人心悸的警报。这是应当引起人们注意的问题。但是，面对这些警报，却并不需要惊慌失措，更不能悲观失望。应该怎样来看待这一切呢？

一方面，人为的因素对大气是造成了污染，应该防治是肯定的。但是这只是问题的一个方面，同时还有其他因素的作用也应该予以考虑。在学术界，对人类活动在多大程度上导致了气候变化，认识上还有分歧。例如，从气温来看，二氧化碳自1940年以来一直稳定地增加。但是从1940—1975年间实测的平均气温却在下降也是事实，这是用二氧化碳的温室效应无法解释的。

另一方面，工业技术的发展虽然给人类带来新的矛盾，但是也给人解决这些矛盾提供了新的手段。人类必需而且能够保护自己赖以生存的环境，而且还要使之日益美好。在这些警报面前，人们（也包括那些发出“警报”的科学家）不会等闲视之，更不会灰心丧气，而是更加努力地去探索和创新（包括技术创新和理论创新）。来保证人类的幸福生活，满怀信心地奔向未来。

（原载《科学普及文集》1980年第2期）

# 微波的警讯

突飞猛进的无线电技术，已经发展到利用波长很短、很短的电波——微波。微波技术应用极广，除了传递信息之外，还可以运用到工农业生产和医疗方面。可以说，微波将日益深入人们的生活。

## 新的问题

不是吗？雷达站所发射的微波在警卫着祖国的陆地、天空和海洋；导航台所发射的微波在引导着飞机、舰艇和车辆；天文台的射电望远镜所接收到的微波在揭示着宇宙的秘密；通讯卫星利用微波向全世界传递信息；微波可以控制导弹和热核反应；微波可以了解气象和地质；农业上利用微波烘干、灭虫和除草；医疗上利用微波治疗、消毒和制药；甚至吸的香烟、吃的烤鸭都用微波炉进行烘烤。掌握了微波的人们，继续运用微波创造一个又一个的奇迹，而对微波生疏的人们，也力求了解和熟悉微波。

可是，一个问题突然地出现在人们的面前：微波对人体有害！于是不少人为之一惊，众说纷纭。有的说这个问题值得研究，应该去寻找防护办法。有的说微波弊多利少，应予禁用。根据实验和观察证明，微波对人体确实有影响，目前，微波防护，已经成为一门新技术。

# 什么是微波

微波就是无线电波的一个部分,微字专对它的波长而言。任何波动,都是把高低或强弱交替演变传播出去的过程。在波动所经过的空间里都分布着最高点和最低点。两个最高点或最低点之间的距离,叫做波长。它和频率一样地被用来描述波的特征。在无线电技术里，人们把无线电波划分为几个波段:波长长的叫“长波”,波长短的叫“短波”,波长微小的就叫“微波”。它通常是指波长为1米到1毫米的波,有时延伸一下,也包括波长为1～10米的波(叫“米波”)和波长为0.1～1毫米的波(叫“亚毫米波”)。收音机收听的中波广播波长有几百米。照明用的电线上传输的电波波长是6000千米。把它们同上面说的微波的波长一比较,这个“微”字就不难理解了。由于波长的量变,引起了波的性质的质变,使微波具有与其他无线电波显著不同的特性。人们正是利用这些特性使许多理想变成了现实。

微波本质上是物质存在的一种形式。它的应用目前有两大方面:其一是用它作为信息的运载者,例如在通讯、雷达、制导和测量等应用中就是如此。其二是用它作为能量的传递者,例如在工农业、医疗和烹调等方面的应用。当然,两者都与能量传递相关联。



# 微波对人体的作用

随着微波应用的日益广泛和深入，特别是大功率微波能和微波医学的发展，微波对人体作用的研究也日益受到重视。根据对从事微波的工作人员的调查、微波理疗的观察和动物实验，都表明微波对人体是有明显作用的。作用表现在两个方面：一个方面是通过使人体发热而对人体产生作用（称为“热效应”）；另一个方面不是通过使人体发热而产生作用（称为“非热效应”）。

热效应是这样发生的。即人体是由分子构成，分子是由原子构成，原子又是由带正电的原子核和带负电的电子构成。在电波的作用下，这些正负电荷分别跑到分子的两端，这种结构形式称为“偶极子”（“偶”是指正、负电荷为一对，“极”是指两端，所以“偶极子”就是有一对正、负电荷在两端的分子）。无线电波是正、负交变的，因此根据同性相斥、异性相吸的原理，偶极子就在交变电波的作用下被迫来回反向，这就会与周围的分子相摩擦而发热。于是微波的能量（简称“微波能”）就变为热能。吸收的微波能越多，发热就越高。人体组织吸收微波能而发热有如下规律：

1. 组织选择性。即含水分越多的组织吸收微波能越多。例如肌肉、内脏器官、血液等水分丰富的组织就比脂肪、骨骼等水分少的组织吸能多。

2. 机体调节性。一方面人体机体对体温有调节作用，例如血液供应少的部位比血液供应多的部位散热作用较好，另一方面由于神经系统的反应，又会影响机体体温的调节。

3. 波段差异性。不同波长范围的微波对人体的作用不同，这是因为人体组织在不同波长下等效电特性不同所致。吸能越多，热效应越大。一般说来，波长长于 2 米的波，几乎全部穿透人体，对人体作用甚微；波长在 25 厘米到 2 米间，部分穿透人体，吸收可达 40%，对内脏作用较大；波长在 10 ~ 30 厘米间，吸收比率为 20% ~ 100%，对人体皮肤和皮下深部组织都有作用；波长在 3 ~ 10 厘米，则由于集肤效应，主要作用于皮肤，吸收比率约达 40%；波长短于 3 厘米，则大部反射，小部分吸收，作用于皮肤。

现代医学中所用的微波理疗，就是基于微波在人体所产生的热效应。临床上已用于数十种疾病的辅助治疗，主要是扭伤、炎症和风湿等。

所谓“非热效应”，是指除了受微波照射而发热的现象之外，那些不能用热效应来解释的现象，主要有光化学反应、电磁谐振效应和场致效应等。它们有时单独作用，有时也伴随热效应。人们用这些效应来解释人体受低强度微波照射后，机体无明显温升，而却引起神经系统以及其他方面的变化。例如，条件反射受抑制、嗜睡、心动过缓、血压下降、胃肠吸收率增高以及射频幻听现象等。但是，目前对这类效应的存在及其作用尚有争论，有待进一步探讨。

## 微波对人体的危害

当我们了解微波的作用和推广应用微波的同时，我们还必须注意；对微波控制不当，是会对人体造成危害的。对于这一点，应该向大家讲清楚。但是不要因此而造成错觉：“微波害多利少。”

概括说来，微波高强度连续直接照射人体，对人体有明显的伤害和破坏作用，即能使人的体温升高，产生高温生理反应，如心率加快、血压升高、呼吸加速和出汗等，严重的甚至出现抽搐和呼吸障碍，直至死亡。一般或低强度长期照射，对人体也有影响。有好、坏两个方面。好的方面，例如使血流量增加、提高组织兴奋性和再生能力、增强器官机能，以及促进新陈代谢等，被用来治疗疾病；坏的方面，例如疲劳、嗜睡、记忆力和食欲减退、白细胞减少、血压低、头痛、心脏杂音、心电图和脑电图变化、心动过缓和心律不齐、脱发以及嗅觉下降等等主客观症状，通过适当的诊治和一定的休息大都可以恢复。

至于微波对人体各部分危害的详情，由于涉及微波技术、生物物理、生物化学和医学等方面的许多术语和概念，因此这里不能详加叙述。对此有兴趣的读者，可以从附表中看出一个梗概。因为这方面的研究还方兴未艾，所以该表也只是国内外部分实践的总结和初步分析的看法，仅供参考。

微波对人体的影响简表

| 部位 | 敏感性 | 主要影响情况 |
|---|---|---|
| 眼 | 很敏感 | 流行的说法是引起白内障 |
| 睾丸 | 很敏感 | 能抑制精子生成过程，伤害生殖机能 |
| 血液 | 敏感 | 引起血液指数不稳定，一般为白细胞减少，组织胺含量增加 |
| 心血管系统 | 敏感 | 血液动力失调，血管通透性降低。高强度的使心跳加速，低强度的使心动过缓、血压降低、心电图改变 |
| 甲状腺 | 敏感 | 甲状腺稍肿大，组织的灵敏度增强 |
| 神经系统 | 较敏感 | 引起神经系统机能紊乱，呈衰弱反应（如疲乏、头痛、嗜睡、手发抖等） |
| 皮肤 | 一般 | 热感，高强度可以灼伤 |
| 消化系统 | 一般 | 高强度可以引起胃肠黏膜充血、糜烂甚至溃疡，低强度可以引起恶心，胃纳减退等 |
| 内脏器官 | 一般 | 可以使血管扩张，组织充血。高强度可以引起器官出血，甚至坏死 |
| 听力 | 一般 | 引起听力降低和微波幻听 |
| 嗅觉 | 一般 | 灵敏度降低 |
| 骨骼 | 一般 | 对生长中的骨组织有损害，能破坏骨髓。高强度可以引起骨髓腔内出血 |
| 呼吸系统 | 一般 | 一般呼吸率加快。高强度可以引起呼吸障碍和呼吸道伤害 |

# 微波安全与防护

微波可能危害人体，但这是可以对付的。对这方面问题的研究，形成了一个新的技术分支，叫做“微波安全与防护”，详细说来，它包括下面三方面：

第一，微波系统产生的电磁辐射对人体乃至其他生物的作用现象、机制、利弊，即所谓“微波的生物效应”；

第二，确定辐射安全标准、劳保规则、卫生制度，即所谓“微波辐射卫生学”；

第三，探讨把工作场所的微波辐射降到安全标准以下，以及减少工作人员受照剂量的设备和办法，即所谓“微波环境保护”。

在微波技术中，用能流密度（或叫“功率通量密度”）来表示辐射的强度。它的意义是单位时间内通过垂直于能量流动方向的单位面积的能量，或者通过垂直于能量流动方向的单位面积的功率。单位是：每平方米多少瓦（瓦/平方米），这个单位在实用中太大，通常用（毫瓦/平方厘米）为宜。

对人体的危险性，除了取决于辐射强度外，还与受照时间的长短、受照部位和面积以及其他一些因素有关。因此，安全标准的确定是一个复杂的问题，这方面的看法还很不一致。西方国家的一些研究人员认为，100毫瓦/平方厘米以下强度的微波一般不致造成明显的不可逆的组织伤害。因此，大部分研究人员认为取安全系数为10之后，安全限度可定为10毫瓦/平方厘米。东欧国家的一些研究人员根据他们对神经系统功能影响方面的研究结果，认为100微瓦/平方厘米强度的微波就可以引起中枢神经系统功能的变化。故取10微瓦/平方厘米为安全限度。苏联和东欧一些国家大体上就按这个数字规定的。看起来，综合考虑可能更妥当一些，例如，对短期接触者可以按前者，对长期接触者宜按后者。

关于防护措施，大致有以下几点：

第一，建立妥善的安全规则，研制并在工作场所安装测定辐射强度的仪器，最好使之自动监测；

第二，加强对微波辐射效应的研究，更细致地确定安全标准；

第三，对从事微波工作的人定期进行体检，及早发现征兆，采取适当的劳保措施；



第四，探讨医疗方法和预防措施；

第五，尽可能减少微波辐射器对人体的照射，包括对辐射源进行屏蔽，屏蔽辐射源附近的工作地点或加大两者之间的距离；

第六，研制和穿戴防护眼镜和防护服等。

## 怎样认识微波对人体的影响

微波，与任何事物一样都有其两重性。一方面，它是很好的东西，并已广泛地应用，又正在向新的领域进军。但是如果使用不当，那它又可能危害人体。

事实上，微波的危害并不是什么过分意外和特殊的东西。在人们对电磁波谱（从甚低频到宇宙射线）的利用中，类似情况十分普遍。试想想，原子射线对人体明明有害，但是人们不正在利用它照射肿瘤、挽救生命么？X射线也对人体有害，但是医院里不是也有大量的病人在用它透视和拍片么？反之，一些明摆着是好的东西，难道不会带来损害？例如，明亮的灯光使人能看清事物，但是过分强烈的光线反而会刺伤眼睛。甚至游泳这样锻炼人的体育运动，搞不好也是会淹死人的。但是，人们在与上述事物接触的时候，为什么就不像现在对微波那样担心？这只不过是因为这个问题还比较新，对它了解得还不够，研究得还不深的缘故。

因此，对于微波对人体的影响，一点也用不着大惊小怪。相反地，我们应当去研究它、认识它、征服它，不是么，医学上利用微波的地方已日益增多，利用微波的热效应的微波理疗机已在国内、外医院中广为配备。这不正是它的生物效应的好的方面么?

总之，我们的结论是：微波并不可怕，而是大有可为。自从 20 世纪 40 年代微波问世以来，这短短的几十年中，比起其他同时代兴起的科学分支来，它发展得更快、更成熟，应用也更广、更普及。而它对人体的影响也有正、反两方面，它的危害只不过是一种“副作用”。只要我们注意研究，认真对待，制定正确的安全与防护措施，就一定可以克服。

微波，必将在千万人的努力中，为人类做出更大的贡献！

(原载《科学普及文集》1978 年第 1 期)

DISANPIAN

# 第三篇

# 漫漫征途创奇迹

MANMANZHENGTUCHUANGQIJI

**整装待发** 这是“中星十一号”通信卫星与“长征三号乙”运载火箭在西昌卫星发射中心的发射台上的情景。2013年5月2日凌晨0时06分，它顺利升空。

# 谁是电波报春人

春，给人以幻想的启示；春，给人以美的陶醉；春，唤起人对新事物的热爱与向往……

年轻的人，谁不愿为春唱一曲赞歌，谁不想沐浴在春天的和煦、美好的阳光之中？

可是，年轻的朋友，当你在这科学的春天里学习和工作的时候，当你从收音机的喇叭声中、电视机的荧光屏上感受到春的气息的时候，当你伴随着电唱机、录音机放出的春的旋律翩翩起舞的时候，你可曾想到过与这一切相联系的电波的传播？你可曾思考过那千百个为电子科学而献出青春的科学家们所给予你的启示？你可曾问过：谁是电波报春人？

如果你没有的话，那么，请放开你思想的缰绳吧……

## 春的信息

美丽欢腾的剑河，在伦敦以北 90 千米的地方放慢了脚步。也许是想要浏览一下英国的著名学府——剑桥大学幽雅的校园，也许是怕惊动了宁静的书斋中沉思的学者们。所以，它悄悄地穿过木桥、石桥，默默地漫步在花间、林荫，围着这所著名学府绕了一个马蹄形的大弯，才匆匆地往北，流向大海。

剑桥大学，这是出过牛顿、达尔文这样划时代科学家的母校，也是汤姆逊、卢瑟福这类原子物理学的奠基人攀登和冲刺过的地方。在我们所关心的电波的历史中，这里也是一个值得回顾的场所。

1871 年，剑桥大学成立了一个名叫“卡文迪许实验室”的学术研究机构。它不是大学里学生们看看示教、练练操作的普通实验室，而是一群有名的科学家及其助手攻关的战场。它的第一任主任就是伟大的电磁学理论家克拉克·麦克斯韦。正是他，以学者的勇敢和自信，向世界预言了电波的存在！直到逝世，他都一直领导着这个实验室。他为宏观电磁理论奠定了严格而坚实的基础。他的理论至今仍然是无线电专业的大学生们必修的课程。

有人说，麦克斯韦是靠他的天才和灵感，才想象出电波这种奇妙的东西来的。不，他靠的是前人丰富的实践和自己精心的钻研，他注意揭示事物内在的矛盾。如果说他有什么“超人”之处，那就是他那炉火纯青的数学修养和忠实于科学的大胆想象。而这些，也只是来源于他的勤奋。

麦克斯韦

自从人类发现摩擦生电和磁石吸铁这些原始的电磁现象之后，经过了两千多年的探索，才找到了它们之间的联系。1820 年，丹麦物理学家奥斯特发现当导线中有电流通过的时候，附近的磁针会发生偏转。学徒出身的英国实验大师法拉第，指出磁石吸铁是因为磁石在其周围建立了磁场，通过磁场对铁产生作用的缘故。而载流的导线也是由于在它周围产生了磁场，才使磁针受到影响。就是说，电能生磁。

那么，反过来磁能不能生电呢？法拉第又精心地进行了艰苦的实验，终于发现：当导体在磁场中运动时，导体会因磁场的变化而感应产生电流，这就叫电磁感应。

富于想象的法拉第还形象地用电力线和磁力线来描绘那看不见的电场与磁场。

奥斯特

可是，现代的科学不能满足于丰富的观察和生动的比喻，还应当上升为定量的理论。麦克斯韦做了这个工作，他用数学公式把法拉第等人的成果表达了出来。不仅如此，他还根据现实中的矛盾做了两个推广。首先，他指出不仅电荷流动形成的电流能产生磁场，而且在交流电路的电容器中，它的两个极板之间没有电荷流动，但是它的周围也同样能产生磁场，即变化的电场也能产生磁场，或者说变化的电场具有同导线传导的电流一样的功能，所以他也为它取了一个电流的名字，叫位移电流。其次，他认为变化的磁场不仅在导体中能感应出电动势，即使在没有导体的空间也同样感应。也就是说他把法拉第电磁感应定律推广到了无导体的空间。即变化的磁场在任何空间都能产生电场。

法拉第

这一切的数学形式，就是有名的麦克斯韦方程组。这个方程组不但把两千年来人们在电磁学上的一切成就都概括成了一个统一的电磁理论体系，而且，方程本身还是那样的简练、那样的对称，甚至可以说是那样的优美。即使到了今天，人们还要为之赞叹，而且还很难找到另外的数学物理方程在这点上能与它媲美。

更重要的是，就在解释这组优美的方程之际，一个更为优美的新事物诞生了，这就是电磁波！

你看，变化的电场在它的附近产生变化的磁场，变化的磁场再在它的附近产生变化的电场，变化的电场又在它的附近产生变化的磁场，如此循环，岂不是这交变的电磁场就波动着越走越远了么？于是，麦克斯韦断定：有电磁辐射存在。这就是电磁波，简称为电波。

麦克斯韦还根据他的方程推导出了电波的速度，结果与当时测定的光速完全一致，于是他进一步断言，光就是电磁波！这个结论在今天看来是这样的自然，而在当时这却是一个划时代的论断。它敲响了“以太”说的丧钟，使电磁理论完全走上了科学的轨道。

**春的信息**　这是创建之初的卡文迪许实验室。麦克斯韦就是在这里预言了电磁波，向全世界发出了“春的信息”。

神奇的电波就这样神奇地推演出来了。它不是首先产生于实验，而是首先产生于预言。

遗憾的是，麦克斯韦没有能看到他伟大的科学预言的实现，就与世长辞了。他在剑桥的卡文迪许实验室抱病写成的巨著《电学与磁学》，成了为电波科学报春的诗篇。

## 春的火花

在科学上是没有平坦的大道可走的，在电波科学的征途中也同样充满了艰辛。麦克斯韦去世以后，卡文迪许实验室的第二任主任是雷利，而后是汤姆逊、卢瑟福……。这些继承者继承的只是他的职位，而不是他的电波研究事业。这些人，虽然都同样是卓越的科学家，虽然他们都有着充分的条件沿着麦克斯韦的足迹前进，可是，他们的兴趣却不在于波，而在物质的另一种属性——粒子。他们想探索的是那原子内部的奥秘。

于是，麦克斯韦的学说遇到了问题：它到底真是一个春的信息呢？还是一段虚无缥缈的梦呓？要解决这个问题只有靠实践，这就必须在实验室里产生出这个电波，并用可靠的方法证明它真的产生了。可是春去冬来，年复一年，岁月流逝，人们没有探测到这种神秘的电波，人们开始疑虑起来。

难道麦克斯韦的科学预言就这样湮没了？不，还有不少人在顽强地探索着。特别值得提出的是在英吉利海峡对面的一个年轻人。他就是杰出的德国青年物理学家海因利希·赫兹。

赫兹

1887年的一天，在一间暗室里，进行了一次在现在看来并不复杂的实验。赫兹把两个隔开一个间隙的金属小球接上高压交流电，当劈劈啪啪的电火花产生之后，他背过脸来观察另一张桌子上的一个金属圆环。这个圆环并没有封口，而是留有一个可以调节的缝隙。当他以紧张的心情，轻轻地转动螺丝，使缝隙越来越小之时，一个人们期待了多年的现象发生了：微小但却是真切的电火花越过了缝隙！看啊，这证明能量越过了空间，由火花发生器传到了圆环探测器。这就是人类有史以来第一次有意识地探测到了无线电波存在的情景。在麦克斯韦预言23年之后，它终于奇迹般地出现在赫兹的眼前，这不是简单的一闪，而是一个报春的火花，是科学真理闪耀出的光辉。

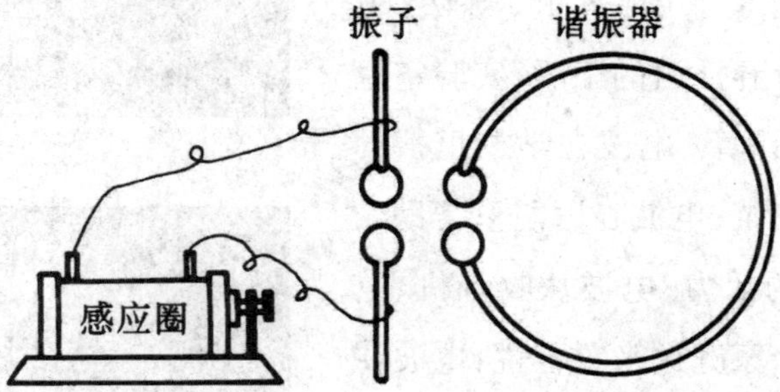


**春的火花** 这是赫兹试验的示意图。赫兹就是用这种看起来原始、却是空前的装置，产生的“春的火花”，证实了电磁波的存在。

可是，与麦克斯韦相反，赫兹却不是一个预言家。他以大无畏的精神，完成了这项长期使科学家们为难的实验，却没有看到应用他亲手产生的电波的诱人前景。当他的朋友古别尔工程师问到利用电波进行通信的可能性时，他却令人遗憾地写道：“若要利用电磁波进行无线通信，非有一面和欧洲大陆面积差不多大的巨型反射镜才行。”就这样，赫兹在证明了别人的预言是真理之后，却对自己的成果下了一个荒谬的结论。

虽然赫兹没有沿发射和接收电波的路继续走下去，但是“赫兹电波”的闪光，却照亮了另一批年轻人攀登的途程，其中就有28岁的俄国青年教师波波夫，和年方二十的意大利青年马可尼。他们分别进行了长期艰苦的研究，终于在8年之后，于1895年使无线通信的奇迹降临人间。从此，电波的春天开始了！

1897年马可尼在英国建立了世界上第一家无线电器材公司——英国

马可尼公司，1898年，电波已能跨越英吉利海峡。到了1901年，无线电报已能发射到大西洋彼岸。1906年底，人类就第一次听到了从一台无线电接收机里传出的话音和音乐，无线电广播诞生了！……

波波夫

马可尼

如今，何处没有电波的身影？电波在春天的田野里除草、灭虫、耕耘；电波在充满着青春活力的工厂、实验室里操纵、控制、计算；电波在学校里帮助培育祖国的花朵；电波在医院里帮助人们恢复青春的活力；电波从收音机、电视机里为每个家庭送来了喜悦；电波在陆地、天空、海洋警卫着祖国的壮丽河山……

年轻的朋友们啊，你火热的青春的心，在这科学的春天里，难道没有感到这电波所掀起的春的激流？你难道不想驾驭着电波，来装点伟大社会主义祖国这美好的春天？！

（原载《知识就是力量》1981年第2期）

# 信息社会的基石

信息社会，这不是一个社会制度的提法，而是对社会状态，即社会生产和生活的技术状态的描述。在这种状态下，社会的政治、经济、科学、文化、教育、军事和生活各个领域都日益依赖于信息的产生、加工和流通。当今世界上一个倾向性的意见是：一场新的技术革命正在兴起，它将使人类社会进入高度信息化的状态。而支撑信息化的基石则是：通信、计算机和控制。它们的有机结合与相互渗透，使人类生产与生活的面貌为之一新。由于它们的英文字头都是C，故又有“3C”之称。

## 命　脉

通信的关键作用就是可以把人、财、物的运输转换成信息的传输。从而节约了人力和时间，减轻了对能源和交通的压力，提高了国民经济各部门的劳动生产率，加速了资金的周转和商品的流通，带来了巨大的经济效益，促进了物质文明的建设。同时，方便了思想的交流、文化的传播、教育的普及、政策和法制的宣传，提高了新闻和情报资料的传送效率，丰富了人们的文娱生活，从而极大地促进了精神文明的建设。在信息社会中，人们通过密如蛛网的通信网路（包括有线和无线），传送各种信息（包括符号、文字、数据、图表、静止的画面和活动的图像等各种信息），将是社会活动的重要手段和基本形式。通信成了社会的命脉。

讲到通信，人们可以想到书信、驿道、烽火台、旗语和机械信标传送塔等。但真正改变人类生产和生活面貌的则是将电用于通信，这就是电信。在电信的发展中经过了几个重大的里程碑：首先是1837年有线电报的发明；其次是1876年有线电话的诞生；第三是1895年无线电通讯的问世；第四是1960年以来卫星通信和激光通信的发展。细如发丝的光导纤维，可以传送上百万路电话、上千路彩色电视，材料来源丰富而又不怕电磁干扰，是理想的有线通信方式。而卫星通信则把全球有效地联系在一起，甚至使无处不可通信的手表式微型个人电台的利用成为可能。

**时尚的手机** 30年前我写这篇文章时，“手机”这个词还未出现。30年后的今天，它已成了大多数人的“最爱”。人们追求的目标，已经不仅是通通话、发个短信，而是要随手可以拍照、到处可看视频，既闻其声、又见其人了。

在信息社会里，通信的基本特点和发展趋势是：图像化、数字化和智能化。既闻其声，又见其人，既传文字又传图像的绘声绘色的图像通信将是人类的主要通信方式；数字信号将全面取代模拟信号成为通信的主角；计算机用于通信系统将使通信具备多种功能，更加灵活地适应人类生产和生活的各种需要。

# 电　脑

如今，把电子计算机称为电脑，已经不是新鲜事了。因为它的作用已经从提高人类进行数值计算的速度和效率，扩展到能够进行非数值化的事务处理和文字处理，进而扩展到越来越多地模拟和代替人脑的思维。如今人们正努力发展的所谓第五代计算机就是这种能思维的人工智能计算机。

在信息社会中，电子计算机是信息的“仓库”和“加工厂”。它大量地存储各种信息，并按照人类的需要对它们进行加工、处理。

与通信的发展相似，人类用来帮助计算的工具也经过漫长的非电发展阶段，从人们所熟悉的算盘、计算尺、机械计算机，发展到1946年第一台电子数字计算机“埃尼阿克”（它是电子数字积分和计算机英文词头的缩写ENIAC的译音）问世，经过了漫长的岁月。但这30来年的发展却十分惊人。按人们习惯的说法，它已经过四代更新：即电子管计算机，晶体管计算机，中、小规模集成电路计算机和目前正发展的大规模、超大规模集成电路计算机。而进入第四代的标志就是1971年微处理器的问世。用它才使价廉物美的微型计算机变为现实。而正是这些微型电脑在生产和生活中广为应用，才使社会的技术面貌为之一新，从而加快了信息化的进程。

**时髦的电脑**　30年前我写这篇文章时，个人电脑还是个稀罕、笨重的物品。30年后的今天，它已成了随身携带的“宠物”。人们追求的目标，已经不仅是放在桌上存储资料、加工数据、共享资源、上网冲浪，而是要靠着它购物、带着它办公了。

# 控　制

有人把“3C”的关系与人作了比拟，即计算机是大脑，控制系统则是感官和四肢。在电子计算机出现之前，各行各业中的机械设备只是人手的延长。那时的“自动化”不过是机器自动化代替人的体力劳动的一种手段。而只有电子计算机与机器的结合才使真正的自动化得以实现。自动控制系统的控制过程，实际上就是信息的收集、分析、处理、反馈过程的综合。即由传感器收集信息再由计算机对信息进行分析，并拟订出动作的方案和程序，通过伺服机构控制执行单元动作，再将动作的反应即误差信息反馈回去以便修正，直到准确完成任务为止。

在信息社会里，以控制系统中流通的信息日益增多为特征。

计算机应用于工厂，产生了计算机辅助设计（CAD）、计算机辅助制造（CAM），产生了程控机床和各种灵巧的机器。然而最大的变化则是所谓柔性制造系统（FMS）的出现和机器人的应用。在柔性制造系统中，利用改变计算机的程序，就可迅速地改变产品的类型，从而使产品更加灵活多样，以适应不同的要求和提高竞争能力。

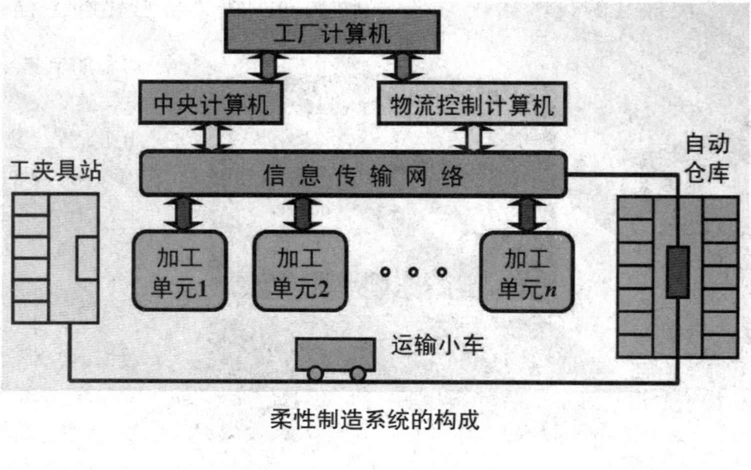


柔性制造系统的构成

在一些危险、有害、高强度、高精度的场所，人们曾用机械手来代替人。微电脑的问世，使给机械手装上大脑成为现实，于是出现了机器人。虽然，在微电脑出现之前，人们也制造过所谓自动拟人机或其他程控自动机，但它们很难说像“人”。今天大多数工业机器人，其外貌也并不像玩具机器人那样的“人”。不过，由于有了微电脑，使它们区别于过去的自动机器，它们的“人工智能”使它们具有通用性和经常改变制造工作的能力。随着技术革命的进展，人们正在赋予机器人更逼近人的视觉、听觉、触觉、嗅觉，有人在给它们研制敏感的“人造皮肤”，还有人在为它们增设各种人类所缺乏的传感能力，例如红外、紫外、辐射、超声等传感能力。其实质还是在信息化上下功夫，使它们能收集更多的信息。

**机器人举例** 德国库卡公司生产的焊接机器人。



## 知　识

信息社会的基石是“3C”，那么，“3C”的基础是什么呢？是知识。信息社会说到头就是个知识密集的社会。丰富的知识是创造的源泉，新型的计算机系统、通信系统和控制系统都要靠知识去创造。一块块以平方毫米为单位的硅片上要集中成十万、成百万的电子元件，这真是智慧的结晶。而生产它的微电子技术，则是知识密集型产业的典型代表。在一定意义上来说，信息就是物质化了的知识，而知识则是精神化了的信息。“3C”将把人们从繁重的体力劳动和部分脑力劳动中解放出来，而投身到信息的创造、处理和分配中去。在信息社会中人类正是以自己知识的增长，来换取信息的增长，从而达到人类财富的增长。

在我们迎接新的技术革命，研究我们的对策的时候，最重要的就是要学习新的知识，运用新的知识。

众多的渠道、丰富的信息、灵活的手段、刻苦的学习。
学习新知识、运用新知识、共圆中国梦、创新出成绩。

（原载《国际新技术》1984 年 3 月号）

# 青春的事业

读者朋友，你可曾知道1983年有一个新奇的名称："世界通信年。"这是联合国举办的第一个技术性世界年活动。其目的在于提供一个宣传通信的作用、普及通信科学知识、回顾与检查各国通信政策的机会，以便引起各国对通信的重视，促进通信事业的发展。联合国为此酝酿、筹备了5年，成立了"世界通信年国际间协调委员会"和秘书处；筹集了"世界通信年特别基金"；颁布了"世界通信年年徽"；并要求各会员国成立国家协调委员会。还安排了一系列的世界性活动：举办"世界电信展览会"和"电信电子书刊博览会"；召开"世界电信讨论会"；举办"金色的天线"电信电影节；开展"电子时代的青年"摄影绘画竞赛和展览；组织"世界电信日"活动；出版世界通信年专刊和资料手册；为发展中国家援办38个通信建设项目；专门摄制三部有关电信的历史、为人类服务和对国民经济的影响的电影；召开各国通信主管部长会议；颁发"电联纪念奖"及其他奖金和荣誉称号。还要求各区域、各国组织类似的活动。我国也经国务院批准成立了"世界通信年中国委员会"，不仅将组织有关部门参加国际性活动，还将在国内组织各种活动，包括召开会议、举办展览、出版专刊等等。为了配合这一活动，特写一组短文。希望读者树立这样的信念：

通信是一项青春的事业，值得为它献出壮丽的青春。

# 神奇的跑道

## 历史的功勋

在教科书中，对电波的讨论，往往是从公元前的摩擦生电说起。但电波真正为人类的生产和生活服务，应该说是从把电波用于通信开始，这就是电信。电信的发展史，就是利用电磁波的各种特性，研制各种电子设备，使通信的距离不断扩大、业务类型不断增加、容量不断增多、质量不断提高的历史。这个历史是从有线电报开始的。那细长的电线就像一条条跑道，让电波运载着珍贵的信息沿着它们奔向四方。因此，在谈到通信的时候，千万不要忘了这些神奇的跑道的功勋。

在1837年，美国的肖像画家莫尔斯在他的合伙人维尔的帮助下，制成了世界上第一台实用电报机并发明了莫尔斯电码。在此之前的两千来年，都是

维尔（Alfred Vial）

莫尔斯（Samuel Morse）的自画像

有线电报的发明人

电信技术的孕育时间。而莫尔斯有线电报机既是电信技术的“长子”,又是实用电信设备的“老祖宗”。人类的第一封电报就是1844年5月24日,莫尔斯用他们自制的设备,从华盛顿拍给在巴尔的摩的维尔的。这条世界上第一条电信线路长64千米。第一份电报的报文是:“上帝创造了何等的奇迹。”这既代表了发明者的兴奋心情,又说明当时人们对这一切还并不十分理解。

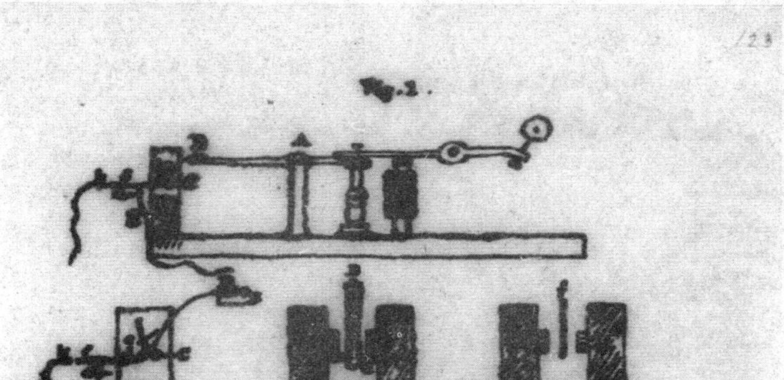


**电信设备的“老祖宗”肖像画** 这是美国国会图书馆馆藏的莫尔斯1854年的手稿,上面画的是他的电报机草图。

所以,电报机出现以后的几十年中,电信事业的发展也还相当缓慢,直到1870年也只不过有8条电报线路。因为它本身需要改进,人们也还有一个认识的过程。1876年,电信的历史揭开了新的一页,电话发明了。当年 6 月 2 日美国人贝尔对着他自制的世界上第一代电话机向他的助手沃森喊道："沃森先生，快来，我需要你！"这就是人类打的第一个电话。而第一条长途电话线路则是两年之后才在波士顿和纽约之间建成，长 300 千米。

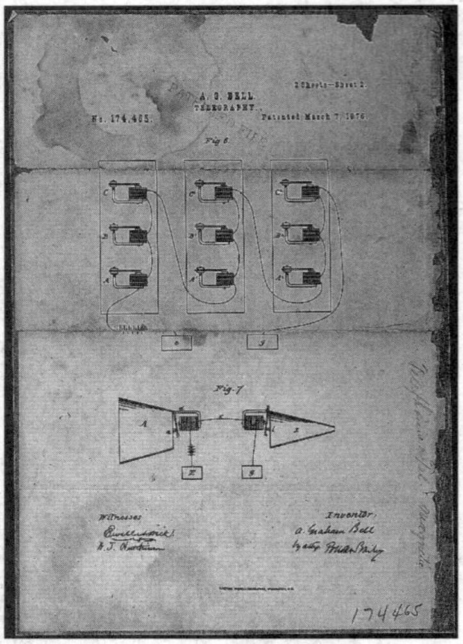

贝尔（Alexander G. Bell）和他的电话专利文件

有线电话比有线电报具有更大的吸引力，所以它的发展比电报快，5 年之后仅美国就已装了约 5 万部。而当时电报机的数量却只有它的 1/10。100 年后的今天（注：本文中所说的"今天"均指 1983 年写本文之时），世界上接入公众电话网的话机已超过 6 亿部，而电话占通信业务量的 90%以上，成为电信的主要手段了。新中国成立 30 多年来，我国电信事业有极大的发展，到 1981 年底长途电话电路已有 23900 条，电报电路 8800 条，全国 95%的乡、58%的村都通了电话，为人民的生产和生活做出了贡献。

## 窄道变坦途

当然，如今的有线通信已今非昔比，"鸟枪换炮"了。想当初，长长的一对架空明线上只传送一个电话。后来，发展了载波原理，使得一对线上可以通多路电话。载波的实质就是频率"搬家"。人们在打电话时，是用送话器把声音变成电信号，经电线送向对方，再用受话器把电信号还原成声音。

人们讲话的声音有高低强弱，但测量表明其频率成分都差不多，一般认为在300赫到3.4千赫之间。如果大家都用这段频率，在线路上就会互相干扰，谁也听不清。很自然就会想到，如果把许多人讲话的电信号在频段上分开，各占一段，就会互不干扰了。这就需要把话音频率“搬家”。音频已经是在频谱的最低部分了，要搬当然是往更高的频段上搬，“搬家”的手段就是载波，即用一个更高频率的波来运载音频信号。例如，有3个人，各人的话音频段都在4千赫以内，利用三个不同频率的高频载波就可以把它们分别搬到12～16、16～20、20～24千赫的频段上，这样在12～24千赫的范围内就安排了3个话路。于是，3个人的信号在线路上传送时就各走各的、互不干扰了。传到对方后，再从载波上“搬”下来，分别送到各自的通话对象那里去。完成这个任务的设备叫载波机。这就是3路载波电话。用这种办法，一对架空明线上可以传3路或12路电话。上面讲了单个“搬家”，实用中还用了集体“搬家”。这就像军队的编组一样，可以三人为一组，三组为一班，三班为一排……在载波电话里与此类似，三个话路编成一个“组”，叫做“前群”；再把这样四个“组”分别集体“搬”一次，成一个“班”，叫做“基群”，再把这样五个“班”分别集体“搬”一次，成了一个“排”，叫做“超群”；五个超群又“搬”成一个“主群”；三个主群再“搬”成一个“超主群”。这样搬来搬去频率越“搬”越高，路数也越“搬”越多了，例如，一个基群可传12路，一个超主群则可传900路电话。

在有线通信中，除沿途埋电线杆的那种架空明线外，还广泛地用通信电缆。通信电缆又有对称电缆和同轴电缆之分。对称电缆是用两根粗细相同的铜制芯线，各自包上绝缘层后，两根芯线互相扭绞，再外套一层铅皮或铝皮以保护芯线并作电屏蔽。也有用两对（四根）芯线扭绞在一起后再包外层金属皮的结构，称为“四线组”。四根芯线排列在正方形的四个角上，同一对角线上的两根组成一对，每对对称电缆可以传60个或120个话路。用作长途通信的对称电缆还常把3个、7个四线组放在一起，外加金属护套，组成一个大的电缆。

更大容量的载波线路是使用同轴电缆，它里面装的是一些同轴管。这种同轴管则是由一根圆形硬铜线(叫做内导体)，外面套一根圆形铜管(叫做外导体)，两者轴线重合，故称“同轴”。内、外导体间用绝缘物隔开。目前，国际上同轴管已有标准尺寸，一种叫“小同轴”，内、外导体尺寸是1.2毫米和4.4毫米，两根同轴管就构成一个一来一回的通信回路，它最多可传2700路电话。另一种叫“中同轴”，内、外导体尺寸是2.6毫米和9.5毫米，目前它最多能传 10800 路电话。更大的同轴管尺寸国际上尚未统一。目前用小同轴管构成的同轴电缆做到有1～48根小同轴管；用中同轴管构成的同轴电缆则做到有1～22根中同轴管。它们已成了长途载波通信的主力。实用中还有把同轴管和对称线装在一起的电缆，叫“综合同轴电缆”。我国已建成的京、沪、杭1800路载波通信系统用的就是一种综合中同轴电缆。

通信电缆

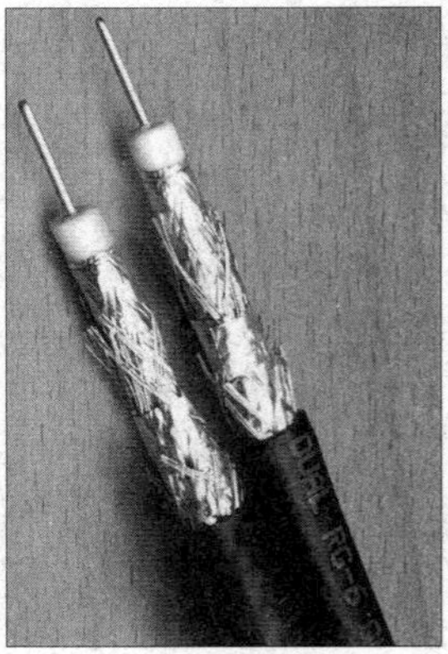

同轴电缆

除了传电话之外，一个电话话路可以传16路或24路载波电话，一路真迹传真只占用一个话路，用来传《人民日报》版型的报纸传真机也只占用60个话路，5分钟多传完；一路既可听声、又可见人的电视电话用300个话路即可传输。所以，有了这些神奇的跑道，就使窄道变坦途了。

电缆，既可架空，又可埋地，还可设入水中，跨海越洋。世界上首次洲际间的通信，就是利用海底电缆实现的。早在1871年我国上海与日本的长崎之间就已建立了海底电缆。100年后，1976年10月又架设了新的海缆，从上海的南汇至长崎县的天草苓北之间，全长 850 千米。现在世界上已有 100 多个海缆系统在工作。

铺设海缆

## 希望之光

激光的出现，为新“跑道”的铺设开辟了道路。激光成了现代有线通信的希望之光，而细如发丝的光导纤维成了“巨型跑道”。一对光纤居然能传上百万路电话、上千路彩色电视，这是多么诱人的前景！

要想电线上传的话路多，就得载波频率高，光也是一种电磁波，可见光的频率约为 400000 ~ 800000 吉赫（1 吉赫等于 1 千兆赫，1 兆赫等于 100 万赫）。这样宽的频率范围如果都用来折算成 4 千赫宽的电话话路，那就是 100000000000 路电话，比全世界人口还多两个数量级！所以，用光作载波能使有线通信根本改观，要使这种通信潜力变为现实，必须解决两个问题：一是光源，二是“跑道”（即传光的导线）。对光源的要求是：频谱纯、方向性好、亮度高，激光正是理想的光源。而传光的导线，由于它细如纤维，故叫光导纤维，简称光纤。它通常是用透明性极好的玻璃纤维，有时也用特殊的塑料纤维。对光纤的要求可归纳为四个字，软、省、匀、纯。“软”就是要韧性好，否则易断；“省”就是沿线损耗小，否则传不远、不实用，“匀”就是要寸尺、密度等都很均匀，否则传输特性变差；“纯”是材料要纯度极高。这些要求目前已基本实现。目前，光纤已开始投入实用。实用中把多股光纤与加强芯线绞合后再加保护层制成光缆。首先用于短途市话，继而作长途，也正在计划用作海缆。为了推广应用，国际上已在为光纤通信制定标准。美、英、法、加拿大等国都已决定今后主要建光缆线路。而我国已在京、汉、沪、宁等地的市话、专线及电视传输中试用，并正在计划用作长途。可以断言，光缆必将成为有线通信的主角，为发展人类的电信事业做出特别巨大的贡献。

**高锟**　因发明光纤而荣获 2009 年诺贝尔物理奖，被誉为“光纤之父”。

光纤

光缆

# 千里征途

## 崭新的物质

船沿江而下，车顺路而行，电也要沿着神奇的跑道前进。随着有线通信的出现和发展，人们已经对这个结论开始习惯。以至在将近半个世纪的岁月中，人们致力于电磁学的研究，致力于有线通信的改进和线路的建设，而没有意识到电将摆脱电线的束缚，飞向辽阔的空间，把人类带进无线通信的新时代。

在电子技术的历史上，人们把发现电磁波归功于英国人麦克斯韦，是他预言了电磁波的存在，并指出了光就是电磁波的一部分。第一个用实验方法产生无线电波的是德国人赫兹，为了纪念他，人们把电波的频率的单位命名为“赫兹”。

可是,就连这两位与电波的历史如此密切相关的科学巨匠,也同当时许多电学家一样并未预见到无线通信将会蓬勃地发展。而真正对此起了划时代作用的人,却是一批当时并不出名的年轻人,其中就有今天人们已熟知的俄国人波波夫和英国人马可尼。人们公认,是他们于1895年使无线通信的奇迹降临人间。然而当时却只能进行无线电报通信,十年以后,由于真空三极管的发明,才为无线电话、无线电广播开辟了道路。

**世界因他们而更加精彩** 福雷斯特(Lee De Forest,右)和肖克利(William B. Shockley,左),他们是20世纪的两位科学巨人、信息技术的里程碑式的人物。正是福雷斯特发明的真空三极管(请看,他左手拿着的正是),才有20世纪前60年无线电电子技术的蓬勃发展;正是肖克利发明的晶体管(请看,他右手拿着的正是),才有20世纪60年代起、直到今天微电子技术的突飞猛进。人们赞扬波波夫和马可尼开创了无线电应用的历史,人们更应加倍地赞扬福雷斯特和肖克利。因为,如果电信号不能放大和处理,如果微电子技术不能发展,我们绝对看不到今天这样丰富的信息技术成果,享受不到信息技术带来的高度文明。

今天，当你坐在家里的电视机前看着异国他乡举行的球赛的时候，当你在办公室里向纽约、东京、巴黎、伦敦打着电话的时候，当你看到从遥远的宇宙飞船上拍发回地球的土星、木星的“肖像”的时候，你能够不为现代无线通信事业的伟大成就而欢呼吗？

**期盼** 你看，这像不像一个“人”在引颈期盼？盼什么？盼望远方“寄”来的珍贵信息。“深空网”就是用来与人类“派”往太空的使者（宇宙飞船）联络的网。这是美国加州金石市的一座深空网站。它日日夜夜仰望着那深邃的天边，等待着天外“游子”用无线电波传来的珍贵信息。目前，人类派向宇宙、飞得最远的使者就是“旅行者1号”飞船，它已飞出太阳系，进入星际空间。根据美国航空航天局的简报，2014年1月15日，这个“游子”已离地球19,038,019,000千米。据专家估计，他的同位素电池还可以为它供电至2025年，在这之前它还可以将它的天外游记传回地球老家，再往后它就只能在银河系中孤独地流浪了。

然而，构成这一切事物的基础，却是对一种崭新的物质的认识。这种物质就是电磁场。而交变着的电磁场就是电磁波。

人们看惯了各种实物：铁块、木材、棉花……熟悉了物质的常见三态：

固态、液态和气态。但对于电磁波这种物质却十分陌生。这是因为它与人们日常见到的物质相差太大。首先它看不见、摸不着、嗅不到，不能像铁块、棉花、水那样可以掂掂它们的分量，估估它们的体积。但只要你一打开收音机，就可证明它的确存在。其次，任何放了一种实物的地方，不可能再放另一种实物。而电磁波却不如此"霸道"，各种电磁波可以待在同一空间，这便是收音机放在那里不动，只要转动调谐旋钮，就可以收到不同电台播放的节目的原因。科学的实验已经证明：电磁波是一种高速运动着的物质，它除了有上述特殊的性质外，也与其他物质一样，具有能量、动量和质量。在电子科学的历史上，关于电磁波的物质性的认识，也是人类认识自然的一次飞跃。

## 宝贵的资源

在无线通信的发展中，总的趋势是使用的频率越来越高。当然，一开始人们也走了点弯路。这是因为，当初人们发现用来辐射电波的设备(即天线)架设的高度或者说天线的长度，如果甚小于它所辐射的电波的波长，电波的最大辐射方向就是沿着地面，人们称之为地表面波(简称地波)。大家知道，根据波长的长短，我们把无线电波划分为长波、中波、短波和微波。长波的频率为 30～300 千赫、波长为 10000～1000 米；中波的频率为 300～3000 千赫、波长为 1000～100 米；短波的频率为 3～30 兆赫(1 兆赫=1000 千赫)、波长为 100～10 米。所以在长波和中波段，天线总是甚小于波长(短波段稍好一点)，也就是说它们是辐射地波。而地波沿地表面传会逐渐被地所吸收(就像水沿地面流，边流边被吸收一样)，频率越高吸收越大。因此，要想地波传得远，使用波长不能短。这就使得在无线通信发展的初期，使用的波长有越来越长(即频率越来越低)的趋势。但是，后来，业余无线电爱好者们发现了短波利用电离层反射可以用小功率传远距离。这使得专业无线电通信开始向短波进军。而这一发现成了无线电通信史上一大佳话。

向更高的频段发展还有着一个更大的好处。那就是可以容纳更多的电台，可以传输更大的信息量。比如长波，它一共只有 270 千赫的频段宽度，如果一个电台的信号占 10 千赫，则只能容纳 27 个电台，这当然是太少了。而微波却宽得惊人。所以，人们通常还把它细分为米波（1 ~ 10 米或 30 ~ 300 兆赫），分米波（1 ~ 10 分米或 300 ~ 3000 兆赫），厘米波（1 ~ 10 厘米或 3~30 吉赫，1 吉赫=1000 兆赫），毫米波（1~10 毫米或 30~300 吉赫），亚毫米波（0.1 ~ 1 毫米或 300 ~ 3000 吉赫）。就以厘米波段而言吧，它的频段宽度竟是长波的 1 万倍。这就使得采用质量更好但所占频带较宽的信号调制方式成为可能。同时，研究表明，信息传输容量又与带宽成比例。这样使用更高频段的优越性就突出出来了。所以，从这个意义上说，电信事业的发展史就是向更高频段进军的历史。这个历史还远远没有完结。目前人们掌握得较好的只是从长波到厘米波这一段，对于毫米波、亚毫米波通信技术正处于开发之中，而激光所使用的频段则更高。为了表明波段的利用情况，人们画出电磁频谱图，这个图中绝大部分还是人类未加利用的部分。有人作了一个形象的比喻：如果把目前已经利用的那部分频谱画得像一本 32 开书的一页那样宽，那么，还没有利用的那部分就要画在长度等于地球到太阳距离 100 倍的一张纸上。而从理论上讲，所能传输的信息量则是同这样的天文数字成比例的。这是一项多么富饶的自然资源啊！

对于电磁频谱的资源性的认识，这几年来人们提得越来越明确了，这也是人类认识自然历史上的一大进步。它促使人们意识到：必须在开发新资源、向新频段进军的同时，提高技术比较成熟的这段频谱的利用率。从



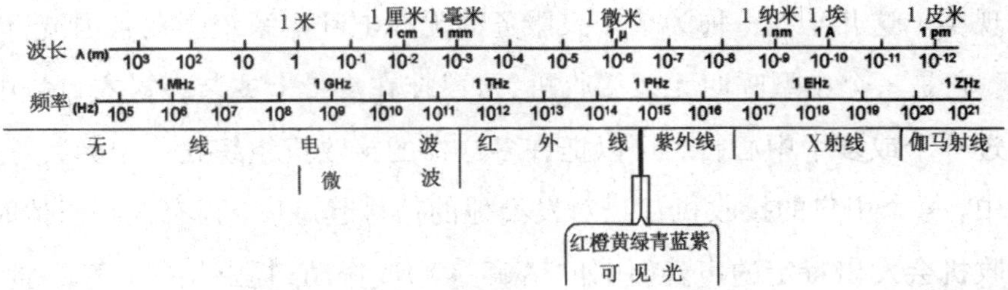


电磁波谱图

这个意义上来说，电信的历史也是探索更有效地利用这段有限的频谱资源的历史。

## 美好的现实

无线通信最突出的优点就在于它“无线”。这样，运动物体之间的通信才有了可能。试想想，那漂洋过海的舰船，那刺破长空的战鹰，那风驰电掣的车辆如何与之联络？更不用说，那洲际导弹、卫星飞船如何控制驾驭和传输信息了。无线通信，把人类千百年来的幻想变成了美好的现实。以至于要想在短短的几页纸中详加描绘都不可能，下面只是挂一漏万地从几个侧面来看看。

在无线通信发展的历史中，占统治地位的用户就是各国的军队。就以移动通信而言，不仅飞机、坦克、自行火炮、舰艇、吉普车等等装有无线电台，而且还配备专门的通信车。在连、排、班这样的小分队还有所谓“步话机”，它是一种便携式无线电台。更有甚者，有的钢盔上还装一种特制的超短波电台（钢盔电台），可供战士在1～2千米范围内通信之用。

然而，近年来移动通信在民用方面发展得很快。这里所说的“民用”并不是单纯指那些集体单位的应用，诸如公安、消防、出租汽车，送货车队、渔船、商船、客轮、民航，矿山、地质、交通、航运、油田、港口、施工现场……国民经济的各部门为了工作的需要，自然要发展它们的无线通信手段。我们强调的是个人用无线通信设备的增长，在小汽车上装电话，利用无线信道与市话网相连接，可以像在家里一样给朋友打电话，这是人们已经熟知的现实。这几年，一种为单个人服务的无线电呼叫系统正在各国流行起来。它是一个小型呼叫无线接收机，可以挂在皮带上或装在衬衣口袋中，通过一个或多个中心台，可以把许多这样的接收机组织在一个无线呼叫网中，每个用户的接收机却只对发给他的信号起反应，当有人呼叫他时，接收机会发出特定的声音（例如“嘟嘟”声）或振动，提醒用户。于是他就可以找就近的电话与中心台值班员联系，了解要通知他的事或告知呼叫人,以便直接通话。由于这种系统是利用类似铃声来呼叫用户,故又有无线呼叫铃或无线袖珍铃之称。它的英文名字的译音是“拍惊”,这正好可以解释为:利用拍发的专用信号来提醒用户。进一步的发展是用不同的声调或代码组合来代表不同的通知内容,再发展那就是人们梦寐以求的无处不可通话的手表式对讲机之类的微型个人电台了,而这一目标的彻底实现,却还需时日。【作者旁白:读者朋友,你难道不为无线电通信的飞速发展而惊叹吗?你看,30年前我写这篇文章的时候,“无线呼叫器”刚刚崭露头角、还远未普及,“手机”这个词更未曾出现。可是现在,手机已变成大多数人的“亲密伙伴”,如果我让你从今以后别打手机,你会是什么感觉?想当初,普通大众根本对个人无线电通信毫无奢求,即使专业工作者的“梦想”也只不过是我在本书中多次提到的“无处不可通话的手表式微型电台”。但短短的30年之后,普通大众手中把玩的已经是智能手机了。它不仅能到处通话,而且图文并茂。通信技术的发展,给了我们多么精彩的生活啊!】

**智能手机** 据报道,2013年第一季度,全球手机的出货量为3.73亿台,其中智能手机出货量为2.1亿台。同期若论销售量:在全球,三星手机居冠;在美国,苹果手机领先。

当然,无线通信设备绝不只是用于移动通信。不论是军用、还是民用,固定的无线通信台、站还是遍布于世界各地。其中地面微波接力通信则是最为普遍的无线通信手段之一。由于微波的视距传输特性,所以需要每隔四五十千米设一个接力站,像接力赛跑一样把信息一站接一站地传向远方。利用微波宽带宽的优点,可以同时通上千路电话或传输电视。在我国电视发展的初期，由北京传往各大、中城市的电视就是依靠微波接力来完成的。同时，它当时也是长途无线通信的干线。

其他无线电通信方式还有：短波单边带通信，对流层（或电离层）散射通信，流星余迹通信，激光通信等等。而广义的微波接力通信则是把接力站搬到天上。于是，有用气球系留接力站的气球通信，有用卫星携带接力站的卫星通信。而后者正是下一篇文章的主题。

正是：

有线通信织如网，无线通信布如云。
要想全球皆覆盖，万里长空放卫星。

# 太空传奇

## 得天独厚

太空，曾引起人们无穷的探索欲望和幻想。自从微波接力通信实现以来，人们就为地面上的接力站受地球曲率的限制而苦恼，每隔四五十千米一个接力站，这距离太短了。能不能再远一些呢？“欲穷千里目，更上一层楼。”人们想到把接力站搬到天上。于是想到了利用气球和飞机。但它们的高度仍然有限。进而又想到利用伴随地球的月亮，可惜它又离地球38万多千米，太远了。速度为每秒30万千米的无线电波，打个来回也得两秒多钟，信号也会变得十分微弱。但是，人们从月亮身上得到了启发，可不可以搞一个“人造月亮”，使它离地球近一些呢？

可以的，这就是人们如今已家喻户晓的人造地球卫星。1960年8月，美国发射了一颗专门用于通信实验的人造卫星——“回声1号”。它实际上就是一个大反射体，用它来反射电话、电视的信号，即无源接力。这样反射回地面上接收机的信号只有原来发射信号的百亿亿分之一，真是太弱了。如此通信很不理想。

空间技术、电子技术以及相关技术的发展，使所谓主动(有源)通信卫星成为现实，它实际上就是一个真正的悬在太空的微波接力站。地面站把信号发给它，它收到后，利用由太阳能电池供给电能的转发器，把信号放大，再转发回地面。美国用于欧、美间电信中继的第一颗有源通信卫星是"电星1号"。

**"回声1号"** 这是美国第一颗无源通信实验卫星。它只是一个没有带转发器的反射体(只有一台供遥测用的、频率为107.9兆赫的信标发射机)，用以反射微波信号。其实，它就是一颗直径为30.48米、厚为12.7微米、重180千克的、金属化的聚酯薄膜气球，1960年8月12日，在美国卡拉维拉尔角航天中心，用德尔塔火箭发射进入远地点1684千米、近地点1523千米、倾角47.2度的轨道，用以试验无源反射传输电话和电视信号。试验信号由位于加州的喷气推进实验室发射，经气球反射后由位于新泽西州的贝尔电话实验室接收。这个气球在天上飞了将近8年，于1968年5月24日再入大气层烧毁。此照片是在美国北卡罗来纳州维克斯维尔海军航空站机库测试时拍的。你可别小看这个"气球"实验，它可是人类的"第一次"！所以美国很快就专门为它发行了纪念邮票。

1960年12月15日美国为"回声1号"发行的纪念邮票

月球是围绕着地球转的,夜升晨落。人造地球卫星也是围绕着地球转的。那么,如果一个卫星接力站一会飞到这里,一会又飞到那里,这就不大方便。进一步研究发现,如果这个卫星接力站是设在赤道上空距地面约为36000千米的地方,它就跟地球的自转"同步",也就是说,它围地球转一周,地球也正好自转一圈。这样,从地球上看去,它好像是一颗静止不动的"月球"。所以称之为静止卫星。只要在这种"静止"轨道上设三颗静止卫星,每隔120度放一颗,就可以实现全球的无线通信了。

这种卫星通信有许多优点,概括起来主要是四个字:远、多、好、活。

所谓"远",是说它的通信距离远,从36000千米的静止卫星上"看"地球,最大跨度达18000多千米,覆盖的面积比地球的1/3还要大。比之四五十千米的地面微波接力站来真是高明多了,它可实现覆盖地域内的任意两点间的通信。而且省去了接力站跨越高山、大河、沙漠、沼泽的重重困难。

所谓"多",是指通信路数多,即通信容量大。一个现代的通信卫星带宽可达几十、几百兆赫,可以提供成千上万的话路。

所谓"好",是指通信质量好,可靠性高。卫星通信的电波主要是在大气层外的宇宙空间传播,因而不像地面微波接力那样受气象、地理条件的影响。

所谓"活",是指运用灵活,适应性强。它不仅能顺利地实现陆上任意点之间的通信（这种陆上站通称卫星通信地面站），而且能实现船与船间、船与岸间的通信（这种卫星通信站称为“卫星通信船站”和“卫星通信岸站”），还可实现飞机或其他空间飞行平台间的通信（这种卫星通信站称为“卫星通信机载站”）。大气层中的机载站、船站、岸站、地面站总称为卫星通信地球站，而星上的接力设备称为转发器，整个通信卫星可以称为卫星通信空间站或宇宙站。

由上可见，卫星通信真是一种得天独厚的现代通信方式。

## 飞速发展

自从 1957 年 10 月 4 日人类第一颗人造地球卫星上天以来，不过短短的 26 年，卫星技术得到了飞速发展。其中卫星通信是一个主要的领域。除了用于军事和地区性的卫星通信外，国际上还组成了两大卫星通信集团。一个是以美国等西方国家为主的“国际卫星通信组织”，另一个是以苏联等东欧国家为主的“国际卫星组织”。

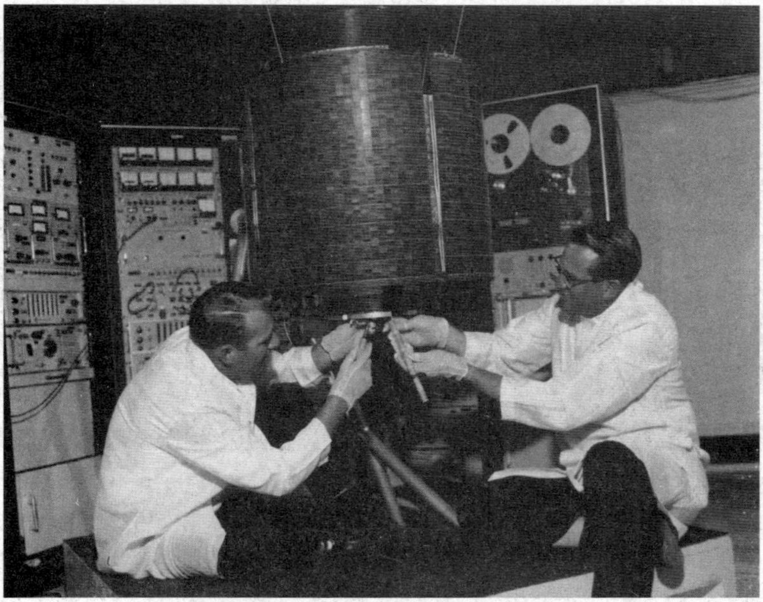

世界第一颗国际通信卫星：晨鸟

国际卫星通信组织是1964年开始筹建的，开始叫“国际卫星通信临时委员会”。当年9月在华盛顿召开了第一次会议。决定搞第一个国际通信卫星（INTELSAT—Ⅰ），次年4月发射，取名“晨鸟”（Early Bird），随即用它首先在大西洋地区开始了静止卫星的商用通信业务，揭开了国际卫星通信的序幕。

1973年2月正式成立国际卫星通信组织（International Telecommunications Satellite Organization，INTELSAT）。迄今，国际通信卫星已经过四代更新。现在，在天上工作的是第四代半（INTELSAT—ⅣA）和第五代（INTELSAT—Ⅴ）。预计今、明年间第五代半（INTELSAT—ⅤA）亦将交货，而第六代（INTELSAT—Ⅵ）也在筹备，可望在20世纪80年代中期发射。参加该组织的国家和地区，已由最初的15个发展到120多个。每颗卫星的话路数，已由“Ⅰ号”的240路（双向话路）发展到6000路（ⅣA号），进而还将发展到12000路（Ⅴ号），乃至37000路（Ⅵ号）。每路话的年平均价格也由“Ⅰ号”的8万美元下降到“Ⅴ号”的800美元。

**INTELSAT在美国首都华盛顿的总部**　1964年8月成立的条约组织，中国于1977年8月加入。2001年7月改组为私有公司：国际卫星通信公司（简称仍沿用INTELSAT），有来自145国家的200多股东，成为全球最大、也是领先的卫星通信服务商。现有28颗通信卫星在静止轨道运行。在巴西、中国（香港）、法国、德国、印度、新加坡、南非、阿联酋、英国和美国设有办事处。通信业务覆盖了全球99%人口稠密地区。

**国际通信卫星举例**　这是2012年10月14日发射的Intelsat 23(IS 23)卫星。定位于东经307度赤道上空,它有24个C波段圆极化转发器,覆盖美洲和西欧;有15个 Ku波段线极化转发器,覆盖拉丁美洲。设计寿命15年。

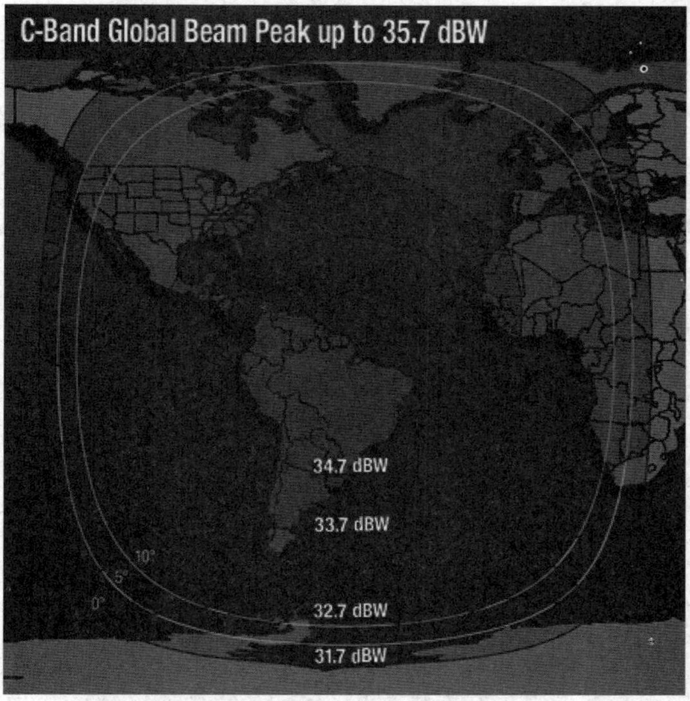


**IS 23 卫星覆盖区域举例**　这是IS23号卫星的覆盖区域之一:C波段全球波束的覆盖地区图。

国际卫星组织是苏联及其8个盟国于1972年7月成立的。后来越南、南也门、阿富汗也加入，老挝、叙利亚亦准备加入。1978年前一直使用苏联发射的“闪电—Ⅱ”通信卫星，1978年后改用苏联发射的“静止号”通信卫星。

除了这两个大的国际组织之外，为了进行国际海事卫星通信，还于1979年正式成立了国际海事卫星组织，（INMARISAT），现有成员国37个。海事卫星通信手段最初是由美国开始的，它使用美国发射的海事通信卫星（MARISAT）。根据协议，从1982年2月1日开始，美国把3颗MARISAT卫星移交给国际海事卫星组织，并利用欧洲空间局的两颗MARECS卫星，还同国际卫星通信组织商定，在它的V号卫星上装海事通信分系统。这就确保了全球海事卫星通信网的建立，为远洋航行的舰船间、船岸间的长途通信开辟了广阔的前景，据统计，到1982年年底，已建成的岸站有9个，船站约1500个，预计到1985年底，船站将增加两倍，而到1990年船站将增至15000个。



在全球性系统发展的同时，区域性和国内卫星通信系统也发展极快。例如美国的SATCOM系统、WESTAR系统、COMSAT系统、SBS系统；加拿大的ANIK系统；日本的樱花（CS）系统；印度尼西亚的PALAPA系统；印度的INSAT系统；哥伦比亚的SATCOL系统等。阿拉伯国家也于1976年成立了阿拉伯卫星通信组织，签约国达22个。决定发射通信卫星建立区域性通信。西欧最有名的卫星通信系统是法国和联邦德国合搞的“交响乐卫星系统”。它是一个实验性卫星通信系统，法国、意大利还搞了自己的通信卫星实验。苏联有虹、静止、波浪等系统。

我国自20世纪70年代中期以来卫星通信也有飞速的发展。先是研制了自己的卫星通信地面站，并利用交响乐卫星和国际通信卫星V号进行了传播试验和开通试验。加入了国际卫星通信组织和国际海事卫星通信组织，利用国际通信卫星和海事卫星沟通了全球性卫星通信。接着又积极地研制自己的通信卫星，先后研制了4种卫星平台：东方红二号、东方红二号甲、东方红三号、东方红四号 。建立起了我国自己的卫星通信系统，还专门成立了一个“中国卫星通信集团有限公司”，为国内外提供卫星通信服务和研发通信卫星。

**“亚太 7 号”通信卫星升空** 2012 年 3 月 31 日 18 时 27 分，中国在西昌卫星发射中心用“长征三号乙”运载火箭，将中国卫星通信有限公司的“亚太 7 号”通信卫星发射升空，并成功定位于赤道上空东经 76.5 度地球静止轨道。

**“亚太 7 号”通信卫星** 它有 28 个 C 波段线极化转发器，覆盖亚洲、中东、非洲、澳大利亚和欧洲；有 28 个 Ku 波段线极化转发器，覆盖中国、中东、中亚、非洲。

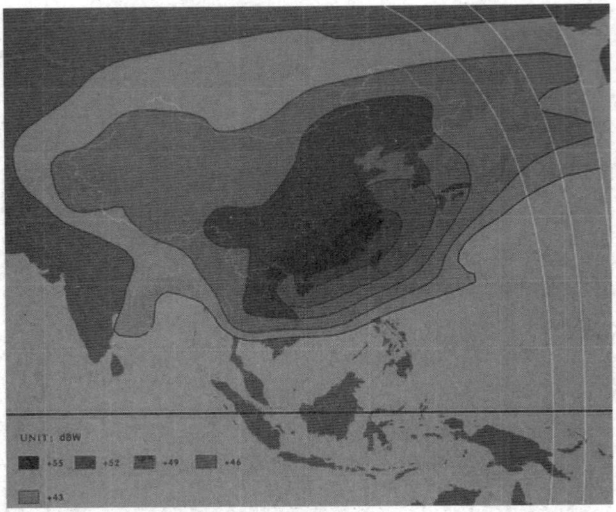


**“亚太 7 号”卫星覆盖区域举例**　这是“亚太 7 号”卫星的覆盖区域之一：Ku 波段中国波束的覆盖地区图。

可以毫不夸张地说，卫星通信是现代化通信手段的最杰出的代表。它的出现和发展不仅标志着人类通信进入了一个新阶段，而且为各种信息的传送开辟了极其美好的前景。建造更大的通信卫星，使用更高的电波频率，产生更大的星载功率，利用更为先进的数字技术、多址技术、频率复用技术和波束控制技术将使更为廉价和小型的地面站成为可能。如今，人们在谈论的已经不仅是装在家里的卫星地面站，而是戴在手腕上的卫星通信机了。让我们加倍努力促进这一天的早日到来吧。

## 未来属于谁

“世界通信年”的活动在 10 月份达到高潮。世界各国的通信“使节”云集日内瓦，去参加丰富多彩的庆祝活动。我国摄制的科教片《遥感》已送去参加“金色的天线”国际电信电影节，从成千上万幅作品中选出的 18 幅优秀作品也已送去参加“电子时代的青年”国际青少年摄影绘画竞赛，电子工业部、邮电部等单位送出了反映我国通信成就的展品参加“第四届世界电信展览会”，中国馆的面积约为200平方米，参加“第二届国际电信电子书刊博览会”的书刊也已经过遴选送往日内瓦……

如今，1983年即将结束，“世界通信年”的活动也已进入尾声，人们已经在总结这一年的活动所取得的成果。而人们想得更多的却是充满着希望的未来：

未来的通信将起什么样的作用？

未来的通信手段将是什么样子？

未来将给从事通信建设的人们提出什么样的课题？

未来将给使用通信设备的人们提供什么样的前景？

## 关键的作用

在全世界经过“世界通信年”的“洗礼”之后，人们已经不会怀疑“通信”是一个“无孔不入”的概念。互通信息，谁人不需？哪个不要？每一个人都是通信的对象，每一天人们都离不开互通信息。从普通的书信和交谈到利用现代通信的手段进行远隔千万里的信息传递。都属于通信的范畴。古人说“家书抵万金”，说的主要是精神方面的作用。而现代通信则是现代社会生产和生活的神经与命脉。它不仅一般地起着人们交流思想的作用，而且还可节省时间、节约能源、节省交通费用，并给国民经济各个领域带来巨大的收益。美国人说，通信部门提供的国民收入已占10%以上。苏联人说，在电信方面每1卢布的投资，可获得每年节约3卢布的经济效益。日本人说，每1日元的电信投资可增加2.2～2.5日元的社会生产总值。先进的工业国都希望通过电信设施的现代化达到节约能耗40%的目标。有人说，采用现代化的信息技术，可以节省基建投资15%，节省生产费用7%，精简管理人员10%；又有人说，通信可加速资金的周转，如用于国际转账时，只要全年哪怕只缩短1天的周转时间，有人估计就等于增加了约500亿美元的流动资金。国民经济部门如此，在科学界也不例外，有一个流行的说法:“信息、能源和材料是现代科学的三大支柱。”科学技术的现代化如果没有信息的获取、加工、存贮、传递和变换,那将是不可想象的。在军事界,人们把注意力集中到一个新词“$C^3$”,它是“指挥”、“控制”、“通信”三个词英文词头的缩写。有人形容它是“现代战争的生命线”,是“每一个现代指挥员应当优先考虑的核心问题之一”。当然,这些话应当从技术的角度来理解,试想想,在现代战争中如果指挥不灵、武器失控、通信中断,那将是何等狼狈的局面。

概而言之,通信的关键作用就是可以把人、财、物的运输变成信息的传输,从而节约人力和时间,减轻对能源和交通的压力,提高国民经济各部门的劳动生产率,加速资金的周转和商品的流通,进而带来巨大的经济效益。同时,方便了思想的交流、文化的传播、教育的普及、政策和法制的宣传,丰富了人们的文娱生活,提高了新闻和情报资料的传送效率,从而有力地促进了精神文明的建设。正因如此,我国把加速通信建设作为国民经济发展的战略重点之一。在我们向着2000年的宏伟目标冲刺的年代里,通信将起重要的作用。

## 美妙的前景

近年来,一个新词在世界流行,即“信息化社会”。其定义众说纷纭,其含义广征博引。在这里我们既不必去争论这提法是否确切,也不必去考虑如何表述更为恰当。而是强调一下,这个词之所以会产生,在于社会的政治、经济、科学、文化、军事、生活各个领域都日益依赖于信息的产生、加工和流通。通信的手段早已有之,为什么如今谈起了“信息化”呢?作为传递信息的通信有什么重大的进展来支撑这信息化的社会呢?千头万绪,下面主要谈两个侧面。其一是:图像通信的崛起。其二是:智能化通信的实现。

人们对事物的认识是从感性到理性,每个人都靠自己的眼耳鼻舌身去感知周围的事物,广义而言,它们都是获取信息的工具。在人的感官之中,眼居于首位,用不着多费笔墨人们便可以想象,看得见和看不见之间,该有多么大的差别。一般的电话只能闻其声，一般的电报可以听或看一定的代码，进而可以看文字，成为视觉通信的先导。雷达的荧光屏上显示的是图像信息，但也只是代表飞机或舰船的亮点，传真却更生动一点，进入了图像通信的范畴，在一定的时间内传送一幅幅静止的画面或图表。而电视的应用，才使人类进入既可闻其声，又可观其形的生动境地，眼耳并用，绘声绘色，令人心旷神怡。录像的发展则为健全图像通信的记录手段做出了贡献。

按习惯，常把不是单用耳听、而是可用眼看的通信都列入图像通信范畴，故又有非电话通信业务或视觉通信之称，从这个意义上讲，图像通信可分为两大类。其一是以终端设备彼此间的信息交换为主的"终端终端型"，例如用户传真、电话传真、电视电话、图像电话、电缆电视、会议电视等皆属此列。另一是多台终端设备共享一台中央设备的"中央—终端型"，共用天线电视系统、图像应答系统、字符图形信息系统等皆属此列。所有这些装置的共同特点就是用户利用一定的终端设备便可以看到符号、文字、数据、图表、静止的画面和活动的图像。这就为人类的各项社会活动提供了更为逼真、生动、形象和迅速的通信手段。

特别值得强调的是目前在一些工业发达的国家中正在日益推广的一类图像通信系统，它充分地发挥现有电视机的潜力，多工兼容地直接向电视机用户传送字符、图表等信息。

在电视机普遍应用的今天，人们除了用它来收看电视广播、电缆电视外，还用它来放映录像带、电视唱片和进行电子游戏。当图像通信提到日程上来之后，人们必然首先想到利用这个已经深入千家万户的现成终端，以及与之配合的电视广播信道、电缆电视或电话线路。当然为了要显示字符或图表需要给电视机配上简易的键盘和小型数字译码器。目前，流行的系统有两种，一种是单向的，即把文字或图像信息先编成电码，然后把这些码插在电视广播信号的场消隐空余间隔中传送出去，用户通过与电视机的译码器相连的键盘来选择所需信息。这与电视广播类似，用户不可能向广播台随时提出要求。另一种则是双向的或称交互型。它是把各种文字和图像信息(例如重要新闻、统计数字和图表、牌价、影剧广告、天气预报、车船班次、体育比赛结果、电大课程以及其他资料)先存在数据库中,用户可以通过电话线路或电缆电视线路与数据库进行双向通信,以索取所需信息。具体办法是,先查一下类似电话簿一样的本子,该本子上把上述各种信息分门别类地编成索引,查出后按一下键盘上相应的数字键,电视机荧光屏上就会现出该"页"的信息。

智能化是与计算机的应用相联系的,现代化的通信设备如果与计算机相结合,就等于给这个"科学的千里眼、顺风耳"装上了"科学的大脑",使之具有人工智能,从而极大地方便人们的生产和生活。一般通信设备本来只有传递信息的功能,计算机与通信相结合,实质上就是利用计算机存贮和处理信息的能力,使之不只单纯地传递信息,而是通过由计算机组成的通信处理中心和信息处理中心进行各种信息的存贮、交换、查询、检索、提取、加工、指令预置……未来的智能化通信网不仅能使"秀才不出门,便知天下事"的幻想变为现实,而且能使通信终端变成"阅览室"、"邮局"、"电子大学"、"电子秘书"、"电子保姆"、"家庭影剧院"、"购票厅"、"办公室"……极大地改变人们生产和生活的面貌。这将是多么诱人的前景啊!谁不愿为这一切的实现而奋斗呢?(旁白:你看,30后的今天不正是这样么!)

如果说"世界通信年"的活动,能使从事通信事业的领导、专家和一切工作人员更加意识到自己肩负的重任,能使已经、正在和将要使用通信工具的人们意识到通信是自己朝朝夕夕不可分离的伴侣,能使一切正在安排自己的未来的青少年们意识到通信是值得一干的事业,那么,这个国际年的目的应该说已经达到了。这时候,人们也就不会把"未来属于谁"这个命题看成是有关哲理的探讨,或者有关通信技术的未来的结论,而会意识到这是笔者向千千万万从事通信、使用通信、愿为通信献身的一切人所提出的咨询和求教。希望大家来回答、来议论、来探讨……

而这篇短文,乃至这组短文只不过是为了抛砖引玉、引起共鸣:

通信是一项青春的事业，

值得为它献出壮丽的青春！

**“北斗”升空** 2012年10月25日，中国在西昌卫星发射中心用“长征三号丙”运载火箭，将第16颗北斗导航卫星送入地球静止轨道。北斗卫星导航系统[BeiDou(COMPASS)Navigation Satellite System]是中国继卫星通信系统之后，又自主发展、独立运行的全球卫星导航系统。致力于向全球用户提供高质量的定位、导航、授时服务。它由空间段、地面段和用户段三部分组成，空间段包括5颗静止轨道卫星和30颗非静止轨道卫星，地面段包括主控站、注入站和监测站等若干个地面站，用户段包括北斗用户终端以及与其他卫星导航系统兼容的终端。2012年已覆盖亚洲地区，2020年将覆盖全球。

**北斗卫星导航系统的服务范围** 从 2012 年起的服务范围：55°E ~ 180°E，55°S ~ 55°N。

（原载《知识就是力量》1983 年 9、10、11、12 月号）

# 电子的挑战

## Information

地球在转，事物在变，一些议论在世界流传。这个说：世界正面临一场新的产业革命；那个说：人类正建设第三次浪潮的文明……

书报杂志、声像制品，也都在报道新的技术革命。面对如此热闹的现实，怎能不激起人们探索的热情——去研究它的内容，去了解它的背景，去商讨我们的对策，去宣传未来的美景……

这一切，因何而起？

是它：Information。

### 似曾相见亦相识

果真如此，"Information"这个词，早已有之。其含义不外乎消息、情报、通知等等。可是，在现代技术词典中，它的第一词义却是：信息。这变化貌似平凡，却有着深刻的技术意义。

按说，"信息"这个词，在汉语中也不新鲜。自古以来，人们也没有去严格区分过它和"消息"有多少差别。从字面来看可以说它是：信件中的消息，然而，推敲起来，信件带来的消息也有不同的作用。有的可能已经为收信者所知，有的则并不知或知道得不多。于是，对于前者，人们说：没有得到什么信息，对于后者，人们说：得到不少信息。这样，人们的理解就进了一步，即信件中的消息要能改变收信者的知识状态（从无知变为有知，从知之不多变为知之甚多）者，才能算信息。当然，这还是人们常识范围内的理解。

信息论之父香农（Claude E. Shannon）

真正赋予“信息”这个词以新的生命力的人，则是美国贝尔电话实验室的数学家香农。1948年，他在《贝尔系统技术杂志》上发表了一篇题为《通信的数学理论》的论文。创立了一门新兴的学科：信息论。

在那里，他把这个普通的词汇上升到严密科学的高度。不仅提出了一系列基本概念，而且提出了度量信息量的数学方法。当然，香农只不过是对此做出贡献的一批科学家的代

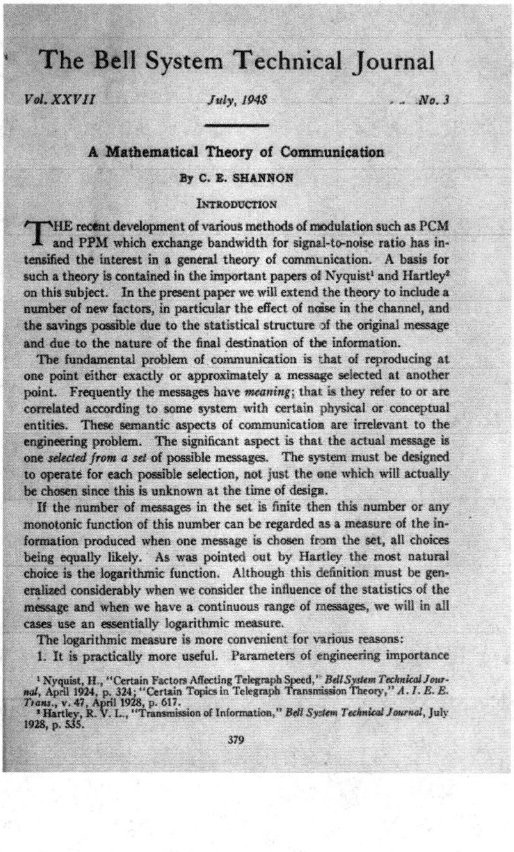

The Bell System Technical Journal

*Vol. XXVII* *July, 1948* *No. 3*

**A Mathematical Theory of Communication**

By C. E. SHANNON

INTRODUCTION

THE recent development of various methods of modulation such as PCM and PPM which exchange bandwidth for signal-to-noise ratio has intensified the interest in a general theory of communication. A basis for such a theory is contained in the important papers of Nyquist[1] and Hartley[2] on this subject. In the present paper we will extend the theory to include a number of new factors, in particular the effect of noise in the channel, and the savings possible due to the statistical structure of the original message and due to the nature of the final destination of the information.

The fundamental problem of communication is that of reproducing at one point either exactly or approximately a message selected at another point. Frequently the messages have *meaning*; that is they refer to or are correlated according to some system with certain physical or conceptual entities. These semantic aspects of communication are irrelevant to the engineering problem. The significant aspect is that the actual message is one *selected from a set* of possible messages. The system must be designed to operate for each possible selection, not just the one which will actually be chosen since this is unknown at the time of design.

If the number of messages in the set is finite then this number or any monotonic function of this number can be regarded as a measure of the information produced when one message is chosen from the set, all choices being equally likely. As was pointed out by Hartley the most natural choice is the logarithmic function. Although this definition must be generalized considerably when we consider the influence of the statistics of the message and when we have a continuous range of messages, we will in all cases use an essentially logarithmic measure.

The logarithmic measure is more convenient for various reasons:

1. It is practically more useful. Parameters of engineering importance

[1] Nyquist, H., "Certain Factors Affecting Telegraph Speed," *Bell System Technical Journal*, April 1924, p. 324; "Certain Topics in Telegraph Transmission Theory," *A. I. E. E. Trans.*, v. 47, April 1928, p. 617.
[2] Hartley, R. V. L., "Transmission of Information," *Bell System Technical Journal*, July 1928, p. 535.

379

**旷世奇文** 这是信息论的奠基论文。它就是香农发表在《贝尔系统技术杂志》1948年第27卷7月号第379–423页和10月号第623–650页的《通信的数学理论》。这是其首页（第379页）。正是它为信息科学和通信技术的发展指出了一条康庄大道。人们把文中的信道容量公式与爱因斯坦的质能互换公式相提并论。

表。而促使信息论产生的直接动力，则是第二次世界大战期间电子技术，主要是通信、自动控制和计算技术的飞速发展。

信息论一经产生，就显示了强大的生命力，人们不仅将它广泛地用于电子学，而且还推广应用于物理学、化学、生物学、心理学、管理学等等领域中，并取得重大的进展。于是，老词“Information”的历史揭开了新篇章。各行各业的专家们都在研究它对于本专业的含义、地位、作用和影响。

如今，人们围绕着“Information”又引起一场更加广泛而热烈的议论。其渊源在于一些敏感的西方学者提出了颇具“爆炸性”的理论。其中公认的代表人物有三。首先是美国的未来学家阿尔文·托夫勒，他于1980年出版了一本几十万字的著作:《第三次浪潮》。他认为，人类社会已受到三次浪潮的冲击。他在书中写道:

“农业的兴起，是人类社会发展的头一个转折点。工业革命，是第二次伟大的突破。工业化在第二次世界大战后十年达到顶峰，第三次浪潮开始蜂拥而来。”

他认为:“第三次浪潮”会加速信息流动，深刻改变人们赖以行动与处世的信息结构，并建设新的信息领域，而人们将生活在更为丰富的信息环境之中。

在他之后。另一个美国学者约翰·奈斯比特于1982年发表了他的新著:《大趋势·改变我们生活的十个新方向》。在书中他直截了当的断言:美国已“从工业社会发展到信息社会”。而在同年发表的日本学者松田米津的著作，则干脆就取名为《信息社会》了。

于是，曾经只为一些专家学者研究

**洞察未来** 托夫勒(Alvin Toffler)，无愧于未来学大师的称号！正是他，在20世纪80年代，写出了一本震撼世界的巨著，掀起了一个热议未来的世界性高潮，影响了包括我在内的一代人的思维，预言了我们今天(21世纪20年代)的生产和生活形态。

和探讨的“信息”，一下子“席卷”了西方，波及全球，成了20世纪80年代的“热门货”。跟在“信息社会”这个提法之后，又有信息技术、信息工业、信息革命乃至信息爆炸之类种种新鲜提法。这促使我们从技术的角度进行认真的研究与思考。它提醒我们：科学技术的发展正在引起一场新的技术革命，它的核心是信息及其相联系的一切。对于它的理解我们有必要更上一层楼。

## 更上一层楼

信息，到底是什么？众说不一。

有人说：“信息就是事物存在的方式或运动的状态以及这些方式、状态的直接或间接的表述。”

有人却说：“信息并非事物本身。而是表征事物，并由事物发出的消息、情报、指令、数据和信号中所包含的内容。”

的确，尽管全世界都在对信息议论纷纷，但至今却还没有一个简明、确切而又统一的定义。不过，人们的认识正在加深，这一天终会很快到来。这里我们先从几个侧面来建立起一些必要的概念。

首先，信息是普遍存在的，它们来自自然界。来自地球的陆地、天空和海洋，来自太阳系、银河系以至浩瀚的宇宙，来自其他生物、其他人……一句话，人类就生活在这个信息的海洋之中。

其次，信息是可以而且需要感知的。试想想，如果只是产生信息，而人又无从感知，有什么用呢？信息的作用只有在它为人所感知并理解的时候才能发挥出来。从这个意义来说，信息可定义为：人类感官所能直接或间接感知的一切有意义的东西。人的眼耳鼻舌身都能感知事物的信息。当你用手去抚摸物体的时候.当你用舌去尝味道的时候，当你用鼻去嗅气味的时候.你就是在用感官处理和识别信息。但是在人类社会的发展中，人们用来感知信息最多的则是眼和耳。有人估计，在日常感知的信息中有70%~80%是来自视觉，10%~20%是来自听觉。所以，耳闻目睹，人们便认为可以心悦诚服了。从这个意义出发，又有人说：信息是以代码或模拟的方法所表示的文本、图像、符号和声音。也正是基于此，人们常把语言的形成、文字的发明、记数和记事符号（例如数码和电码）的发明、印刷技术的发明说成是“信息革命”的里程碑。但是，寻求更全面地感知信息的手段，则是人们努力的方向，在这方面正在做出成绩。所谓全景电影就是一例，它可以更充分发挥各感官感知信息的能力，使人受到更充分的艺术感染。现实就是这样：客观存在产生着信息，信息刺激人的感官（直接地通过眼耳鼻舌身去感知，或间接地通过工具、仪表和更复杂的科学手段去观测）。引起人思考和研究，进而激发人去发现、发明和创造。从这个意义来说，人类认识和改造世界的历史，就是在生产和生活中分析、解释、处理和利用这些信息的历史。

再次，信息是一种资源。有人说：信息是除了可再生资源（动、植物）和非再生资源（各种矿产）之外，维持人类活动的第三资源。还有人说：信息、能源和材料是人类赖以生存的三大资源。不论怎么说，对信息的资源性的认识是人类认识的一大进步。既然是资源，就应加以利用，所以又有人把利用信息的多少作为社会进步的标志之一。从古代的结绳记事、羊皮绘图、竹简刻字到今天的电报、电话、录音、录像，就标志着人类利用信息的巨大进展。尤其值得指出的是，信息还具有其他资源所不具备的特性。例如，信息不仅可以再生，而且可以创造。对信息的转抄、复述、传达、重放、转录等都是再生信息的过程。而创作、编导、总结成果、分析情报、编码等则是创造信息的过程。再如，信息不仅可以存储，而且可以扩散和传输。图书馆存书、计算机的存储器存储电信号、人脑记忆、笔记、录音、录像等都是存储信息的过程。而发行书、报、杂志、讲课、讲演、寄信以及用声、光、电和机械的方法进行通信（包括古代的烽火台狼烟报警、旗语、灯光、击掌为号、擂鼓鸣金，以及今天的有线电、无线电通信，广播、电视等）都是扩散和传输信息的过程。还有，信息可以同时为许多人所分享，可以用一定的方法（例如压缩编码、抽样）进行提炼和压缩等等。

在初步了解了信息的这些侧面之后，我们就可以再来介绍一下前面曾经提起过的、如今在国内外广为流传的，由信息所延伸出来的一些概念。

信息技术就是指生产、收集、检测、变换、传输、存储、记录、加工、处理、识别、显示、复制，利用信息的一切人为的手段。而生产、制造这些手段的工业就是信息工业。这些手段的革命性演变（剧变、革新）则称为信息革命。众多的现代信息技术所带来的信息急剧增多，使人不暇接应的现象就形容为信息爆炸。从事信息的生产、加工和流通的行业就称为信息业。当信息业所产生的价值超过其他行业所产生的价值时，当从事信息业的人数超过其他行业的人数时，当大多数人是在处理信息而不是生产产品时，有人就把处于这样的技术状态的社会称为信息化社会或信息社会。由此可见，信息社会不应理解成是一个社会政治制度的提法，而是对社会技术状态的描写。正像人们通常说自动化、电气化一样，人们如今说信息化，正像人们通常说石器时代、铜器时代、电子时代、塑料时代一样，人们如今说信息时代。

信息的历史从古到今，信息的源泉何处不存。谁不曾听过家书的珍贵，谁不曾赞叹过电报、电话的发明。千百年来，人人都在同信息打交道。可是，这几年它为何又如此“时髦”起来了呢？是什么在“作怪”？

我们说，正如30多年前是通信、计算机和控制技术的发展产生了信息论一样。如今又是它们的进一步发展，从量变到质变，引起了一场新的信息革命，这就是电子的挑战。正是：

电子科技勤挑战，人类历史谱新篇。
技术革命新崛起，生产生活大改观。
万千信息来开路，大显身手是“C”三。*
欲知其中种种事。请君耐心往下看。

---

* 通信、计算机、控制三个词的英文词词头都是“C”。故有“3C”之称。

# Compunication

时间在流逝，生活在前进。在沸腾的20世纪80年代，世界在注视着什么？

1979年9月，东、西方专家云集巴黎。举行了“信息与社会周”国际会议；日本政府规定：每年十月的第一周为“信息周”；英国1982年举办了“英国信息年”活动，美国人把信息工业称为“朝阳工业”，号召投资到朝阳工业中去；法国订了个雄心勃勃的五年振兴计划(1982—1986)，要向信息工业投资1400亿法郎；西欧于1983年春联合制定了一个十年(1984—1994)“欧洲信息技术研究与发展战略计划”；而联合国则把1983年定为“世界通信年”……

是的，信息，这就是20世纪80年代世界注意的焦点。

可是，这一切，又是谁引起的呢？

是它：Compunication

## 似曾相见不相识

谁说不是。“Compunication”这个词，字典中尚无处可查。可是，它却已在世界上流传好几年了。它的头“Compu”是计算机（Computer）的前半截；它的尾“nication”是通信（Communication）的后半截。一句话，是计算机与通信相结合的产物。人们曾经把计算机与通信写为“C&C”或“$C^2$”。初步的理解可以认为。“C&C”表示通信与计算机已经结合起来，而“$C^2$”则表示结合后其能力成指数倍增。但有的人还嫌“不过瘾”，认为这两者已密不可分，应创造一个新词来代表了，这就产生了“Compunication”这个词。如何翻译？我看这是个需要语言学家们钻研的问题。

与计算机相比，通信曾经一马当先。关于通信技术的发展，笔者曾为“世界通信年”写过一篇文章《青春的事业》（见前文）这里只从信息化的角度强调几点。

第一，纵观通信的发展，人们习惯于将它分为四个发展阶段。第一阶段是19世纪中末期，以有线电报、电话为主的阶段。第二阶段是20世纪的前半叶，无线通信（包括广播、电视、雷达、导航等各种用无线电波传递信息的手段）蓬勃发展。这期间的特色是利用各种电子管和分离式元件。第三阶段，则是第二次世界大战后，主要是20世纪50年代半导体技术、铁氧体技术、信息论以及卫星通信的发展，实现了通信设备的半导体化，开创国际卫星通信的新时代。现在人们所处的则是第四阶段，它开始于60年代末、70年代初，其关键是集成电路（特别是大规模集成电路）、微处理机、数字技术、光导纤维的发展，使得高可靠、大容量、智能化和综合化的通信网络的实现成为可能，为信息时代大量信息的流通奠基。

第二，没有数字化就没有信息化。通信信号的形式有模拟和数字两类。模拟信号简单说来就是通信线路中传输的是连续变化的、模拟原始信号的电磁信号。例如，模拟电话线路中，传的是与打电话人的声音强度变化相当的电磁信号。而数字信号则是要把传送的原始信号（例如文字、语言、图像）用某一种编码的形式变为一系列离散的脉冲数字码再传送出去。数字化的优点主要有：

其一是质量高。信号要传远，必须克服沿途的衰减，因而传一定距离后需要放大，即线路中间要设许多增音站或中继站。模拟信号沿途放大时噪声和失真也一站一站地被放大和积累，故质量下降。而数字信号则可以在中继站进行脉冲再生。再生出来的是新的，与原来送来的一样的脉冲，故虽经传输，质量仍然保持。

其二是经济。因数字信号的有关电路均可用成本日益下降的大规模、超大规模集成电路。

其三是可将话音、图像、文字、数据等各种信息，都用数字信号综合传输与交换。

其四是便于应用新的编码方式，以提高保密性、可靠性、节约频带和提高传输效率等。特别是计算机与通信相结合时，通信数字化更是必然的了。从这个意义上来说，有人说信息化社会就是用综合数字信息网所联系起来的社会。

第三，高速发展图像通信和实现通信系统的智能化，是向信息时代过渡的关键。长期以来，人们认为通信主要就是打电话，因而常用电话机的按人口平均台数来说明通信现代化的程度。可是，正如前文所述，非听觉通信却是信息时代的主要通信形式，人们需要眼耳并用，甚至眼耳鼻舌身并用来获取信息。在未来的信息时代人们除了电话机外，还需要传真机、数据终端机、录像终端机、电视和图像显示机……即使电话机，人们也希望是一台可视电话。所以文本、数据，特别是图像将成为通信的主要形式，人们称之为荧光屏与荧光屏之间（即显示器间）的通信。同时，人们需要通信系统是多功能的适应人们的需求并能自测、自检，因而智能化也就是必然的了。而这一切都要求高可靠、大容量、高速度的通信信道。因此，卫星通信、微波接力通信、光导纤维通信将是未来社会通信的主角，用它们把全世界的个人、家庭、单位、国家联系起来，把大大小小的、各式各样的用户终端联系起来，把人与机器、机器与机器、人与人造飞行物、人与宇宙联系起来。

## 后来居上、密不可分

与通信相比，计算机可以说是后来居上的。同时，人们对它也不像通信那样熟悉。

世界上第一台电子计算机的出现，比第一台通信机的出现，整整晚一个世纪还多一点。1946 年，美国宾夕法尼亚大学的莫尔电工学院的艾克特、莫奇勒等人，为满足阿贝丁武器试验场计算弹道的需要，制成了一台取名为“电子数字积分和计算机”的设备，其英文词头缩写为“ENIAC”，中文译音为“埃尼阿克”。这就是人们公认的世界第一台电子数字计算机。它与第一台通信机（莫尔斯的电报机）相比，真是大巫见小巫。它用了 18800

多个电子管，重达30多吨，占地540平方米，耗电150千瓦。而运算次数是每秒5000次。

至今，不过30多年。电子计算机却已飞速发展，面目全非了。通常，人们把它的发展区分为四代：第一代是电子管计算机（1946—1955年）；第二代是晶体管计算机（1956—1963年）；第三代是中、小规模集成电路计算机（1964—1972年）；第四代则是大规模集成电路计算机。如今，正在向超大规模集成电路过渡，人们估计第五代计算机将在90年代投入实用。区别于过去四代，它的最主要的特点不是体积更小，而是具有较健全的人工智能。人们希望它能识别声音、文字和图像，具有学习和推理功能。

计算机千姿百态、妙用无穷。这里只能从信息化的角度强调几个要点：

第一，软件是计算机的灵魂。人们说计算机的本质就是自动化地进行信息的存储、加工处理，犹如人之大脑。故有电脑之称。可是，不管是哪一代计算机的实体，它都只不过是一堆电子元器件的组合。它看得见，摸得着，故称为“硬件”。而这些硬件并不能“思维”。正像一个人生来就有大脑，但是不经过学习和训练就不会思考一样。“天才在于勤奋，聪明在于积累”，说的就是人的大脑需要注入信息和知识，才能正常地思维。计算机也是如此，也需要给它注入信息和知识才行。这就是软件的作用。顾名思义“软件”就是不像机器实体那样硬的东西，而是教机器怎样工作的像文件一样的软的东西。其实，计算机要能正常工作主要是要解决三个问题：其一是要能“听懂”人的命令；其二是要能“管理”自己有条不紊的工作；其三是要能“适应”各行各业不同的需要。因而软件也就要完成这些功能。要能“听懂”，人与机器就要“通话”，即人对计算机下命令。计算机只懂得“0”与“1”组成的机器语言。人又只懂得人的语言。要人与机器“通话”就要有人和计算机都懂的语言，这就是算法语言。把算法语言“翻译”成机器语言，就叫编译程序系统。“管理”有条不紊地处理大量信息的软件叫操作系统。编译系统和操作系统，统称为系统软件。再加上“适应”于各行各业工作的应用软件，就构成了保证机器工作的全部软件。

随着计算机技术的发展，软件在软、硬件组成的计算机系统中的费用比重越来越大。有人估计，20世纪60年代大约一半，70年代末达80%，而80年代则向90%进军。软件和软件人员的多少正在成为一个国家计算技术水平（从而信息化水平）的标志。如今，为了快速地、大量地生产可靠的软件，人们正在用系统工程学的方法来管理软件的生产，形成了所谓软件工程。没有软件，就没有有效的信息处理，也就没有信息化。所以有人说：在信息化社会中生活的人，必须会两种语言：人的语言和电脑的语言。

**比尔·盖茨** 对个人电脑软件的需求，使“蓝巨人”IBM公司对“小不点”微软公司“揠苗助长”。也促成了一位“无名小将”登场。1984年4月16日，28岁的比尔·盖茨登上了《时代》杂志封面，开始了他成为风云人物的历史。

第二，微处理器的应用是信息化的关键。微处理器就是微型的中央处理器。它是微型计算机的控制和处理部分。如果再加上存储器和输入输出部分就构成了微型计算机。显然微处理器是微型计算机的“心脏”，也是许许多多设备智能化的关键。它的优点就在于它微小。想当初计算机这个“电脑”十分庞大，即使不占一大间房子，装到别的机器上也是个“大脑袋娃娃”。可是1971年这个局面发生了变化，美国一家成立不久的“小不点”公司：英特尔公司，公布了它的新产品：Intel 4004。

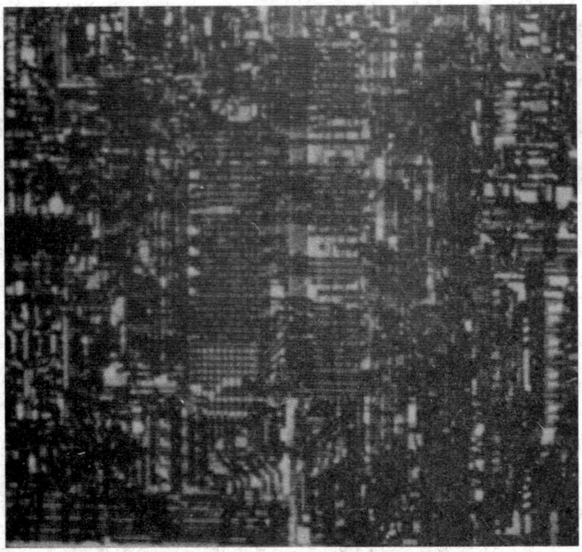

**Intel 4004** 你看,就是这样一个肉眼看不清、道不明的“迷宫”(它只有在显微镜下才能“一目了然”),居然让英特尔公司这帮年轻人造出来了,历史也翻开了新的一页。

这是世界上第一种单片微处理器,它在 0.6 英寸 × 0.8 英寸的硅片上,摆下了 2250 个晶体管。它小巧灵活、价格低廉,一下子就使英特尔公司“发”了起来。如今,各公司出产的各式微处理器数以万计。正是它,使得曾经只是少数部门使用计算机的局面宣告结束。计算机在微处理器的带领下“冲进”了生产和生活的各个领域。它装在机器上、装在家用电器上、装在各种需要智能的设备上。于是许多本来是人工处理的信息,如今由微处理器代劳了。因此,有人说微处理器向各行各业的进军是各行各业信息化的标志。这说法也许不大全面,但也不算过分。

**英特尔公司在硅谷的总部** 正是微处理器的研发,使英特尔公司从“小不点”变成了“巨无霸”,并发展成为引领着全球半导体产业的龙头。

第三，计算机与通信的密切配合才是真正的信息化。虽然，如今已经没有人反对计算机要与通信相结合。但是，却常常有人表示颇具片面性的议论，例如，有的人说：信息化就是计算机化，计算机是核心，通信不过是它的外围面已。有的人却反过来说：在通信与计算机的关系上，通信是主角。整个世界就是一个庞大的通信网络，而计算机只不过是这个通信世界里的一种外部设备。这个说：没有电脑，哪里有信息革命？那个说：卫星通信才是全球性信息革命的开端。真是“公说公有理，婆说婆有理”。到底谁有理？其实全都只有一半理。全面的看法反映在“Compunication”一词的创造之中。它告诉我们：在信息时代通信和计算机将变成一个整体，起初当然是通信用计算机智能化，计算机用通信网络化，最终组成一个高级的信息网络系统。通信设备和计算机设备都是这个系统不可分离的组成部分。正是

技术革命新发展，2C 如今成一家。
为了实现现代化，人人都应了解它。

## Microelectronics

一项技术正在改变着人们的生产和生活方式。它给通信以新的生命，给计算机以新的魅力，给人以新的希望，给社会以新的活力。有人说：它是未来社会的“细胞”，是未来工业的“粮食”，是当今世界注视的技术焦点……

它是什么？

它就是：Microelectronics。

### 仁人志士争相识

其实．“Microelectronics”这个词并不稀奇。前面是一个“微”（Micro）的前缀。后面跟了个“电子学”（electronics）。于是，就译成“微电子学”，无可

非议。它在字典里也早已有之。

然而，近年来它却时髦起来。微电子、微电子学、微电子技术、微电子工艺、微电子革命，一词多用，甚至成了新技术的代名词，出现在报章杂志之上，徘徊在人群会场之中。“迎接新技术革命，发展微电子技术”，几乎成了一个口号。到处是一片仁人志士争相识、世界各国竞发展的热闹局面。

**晶体管三杰** 贝尔电话实验室的肖克利（前坐者）、巴丁（右后）和布拉坦（左后），于1947年发明了晶体三极管，使微电子技术登上了科技创新的舞台，掀开了人类科技史的新篇章。

可是，说起来微电子技术也算不上多么新鲜。即使不从1947年美国贝尔电话实验室的肖克利、巴丁和布拉坦发明世界上第一个晶体管算起，至少也得从1958年美国得克萨斯仪器公司和仙童公司宣布研制成集成电路开始。屈指数来也已有四分之一个世纪了。

想当初，电子设备的电路都是由一个个电阻、电容、电感、电子管或晶体管等分立元器件散装而成。而集成电路则是采用一定的工艺，把电子电路的元器件集中制作在一小块陶瓷基片或半导体晶片上，再用适当的方法把它们互相连接起来，构成集成电路。从而大大减小了体积、重量、引出线和焊点数目，提高了电路性能和可靠性，降低了成本，又便于工业化生产。

微电子技术则是随着集成电路发展而兴起的一门科学技术。最初的集成电路不过几个、十几个元器件。随着工艺的进步，集成的元器件数目越来越多，连线越来越细和密，电路越来越复杂，从而每个元器件、单元电路所占的区域越来越微小。量变到质变，“微”字应运而生。从本质上讲，微电子技术就是使用微细加工工艺,在微小的结构内,利用各种电子效应,制作微型的电子电路或系统的技术。它的最杰出代表就是现代数字电子计算机的骄子:微处理器。因而常常有一种误解:微电子技术就是微处理器,或者微电子技术就是制作电子计算机的技术。这种谬误,犹如说:“人有脑袋,有脑袋的就是人。”之所以如此.还是因为对集成电路或者微电子技术不甚了解所致,这就使我们有必要为此稍费笔墨。有道是

## 相识尚需更相知

如今,集成电路可以说是一个“亿”字号的产品。其产量以亿计,其产值也以亿计,甚至其投资也要以亿计。仅以1982年为例,世界年产量约为115亿块,产值约为100亿美元,仅日本的设备投资就达9亿美元。其品种真是五花八门、名目繁多,令人眼花缭乱。粗理其纲,人们有三种分类方法:

按用途分为数字集成电路和模拟集成电路;按结构或制作工艺分为半导体集成电路、膜集成电路和混合集成电路;按一块集成电路芯片上所含电子元件数(即所谓“集成度”)分为小、中、大和超大规模集成电路等。

数字集成电路因其能进行数字运算或处理数字信息而得名。从本质上来讲,它就是一系列的开关。“开”和“关”这种非常明确、截然相反的两种物理状态,可以代表数字上的“1”和“0”。利用这两个数码来进行数字运算的制式称为“二进制”,即逢二进位法。比起日常生活中所习惯的逢十进位的“十进制”,电路上易于实现得多。例如,用晶体管的导通和截止,电脉冲的有和无,电位的高和低、正和负,电子开关的开和关等等都可获得精确而稳定的两种状态。所以数字电路中乃至数字计算机中选用了二进制。

在数字电路中输入信号和输出信号间的关系符合某种特定的法则。这种法则人们称之为逻辑。而数字电路也就成了逻辑电路。最基本的逻辑电路有三种。它们所遵循的逻辑关系是:

当几个输入信号中有一个是“1”时,输出就是“1”;只有所有输入信号

都是“0”时，输出才是“0”。这种输入输出所遵循的逻辑关系称为“或”，这种逻辑电路称为“或门”。

当几个输入信号中有一个是“0”时，输出就是“0”；只有所有输入信号都是“1”时，输出才是“1”。这种关系称为“与”，这种电路称为“与门”。

当单一的输入、输出互为相反时，即输入为“1”，输出为“0”；输入为“0”，输出为“1”。这种关系称为“非”。这种电路就叫“非门”。

用这些基本逻辑电路可以构成更复杂的逻辑电路，例如“或非门”、“与非门”乃至各种数字功能电路和系统。

数字电路既可以用分立元器件实现。也可用集成电路实现。后者就是数字集成电路。根据集成的元器件品种不同，数字集成电路又有各种类型。例如 RTL 电路是指集成电路是由电阻（Resistor）、晶体管（Transistor）组成的逻辑（Logic）电路。又如 DTL 电路是二极管（Diode）、晶体管组成的逻辑电路；TTL 是晶体管和晶体管组成的逻辑电路等等。还可按组成电路的晶体管类型不同分为双极型数字电路和金属—氧化物—半导体（MOS）型数字电路。

数字集成电路最主要的应用场所是数字电子计算机、数字通信设备和数字仪器仪表等。

模拟集成电路是对模拟量进行处理的电路。所谓模拟就是用电流或电压这类电量的变化来模拟各种非电物理量（例如速度、温度、压力、重量等等）的变化。

根据输入与输出的关系不同，可对模拟电路进行分类，如果是线性关系就叫线性电路，如各种放大器；如果是非线性关系就叫非线性电路，如混频器、调制器、检波器等。

模拟电路同样既可用分立元器件实现，也可用集成电路来实现。但由于用集成工艺来实现电容器、电感器和高阻值电阻器比较困难和昂贵，因此在集成电路中一个最突出的特点是尽量多用晶体管来实现所需的电路功能。

在实用中，人们把工作频率处于微波频段（300 兆赫以上）的高频模拟集成电路单独划出来称为“微波集成电路”。与低频模拟集成电路不同，它大量应用微波带状线制作微波元件，从而形成一些独特的电路。

如果说数字集成电路是电子计算机小型化、固体化的基础的话，那么，模拟集成电路则是各种雷达、通信、导航、广播、电视、电子对抗、遥测、遥控、遥感以及模拟测量仪器仪表等领域小型化、固体化的基础。数字集成电路以少品种、大数量为其特点，模拟集成电路则以多品种为其特点。

半导体集成电路是将所有的电子元器件都集成在一块半导体晶片上的集成电路。它是集成电路的主角，又是集成化最卓越的代表。在一片薄薄的、比指甲还小的晶片上，制作出成千上万的电子元器件，并且把它们按所需的电路功能互连起来，成为一个具有完整功能的电路或系统。这是当今世界上的一大奇迹。微小的体积，巨大的集成度，这就是微电子技术的依据和核心。

而膜集成电路和混合集成电路则可以视为半导体集成电路的补充。而且主要应用于模拟电路中。

膜集成分为薄膜与厚膜两种。薄膜集成电路是在绝缘基片（主要是陶瓷基片）上，用真空镀膜或其他方法镀上一层厚度不超过 1 微米的薄膜，然后刻出各种电路图案。厚膜集成电路则是用所谓丝网漏印法“印制”电路图案，其膜厚一般达 10 余微米，故得名。目前，在膜集成电路中，由于膜形晶体管工艺尚难，通常是用平面管管芯外加到形成的膜无源电路上。

混合集成电路则是半导体集成、膜集成乃至分立元器件混合工艺制成。

至于按集成度来分类的方法，则是指单块晶片上含有元器件的多少，或者单元电路的多少。目前比较流行的说法是以数字电路中元器件的个数或逻辑门的数目为标志。例如，单块晶片上集成 10～100 个元件（或 1～10 个门电路），叫小规模集成；100～1000 个元件（或 10～100 个门电路），叫中规模集成;再高的集成度则为大规模集成和超大规模集成。至于这两者的分界在哪里,则众说不一。目前,较流行的分界线是100000个元器件,(或10000个门电路)。当然,在模拟集成电路中也可用元器件数或单元电路(例如放大器)来划分集成度。不过,由于其品种众多,却难于一概而论。更何况,以技术的观点来看,用集成度来表征,与其说是对集成电路进行分类的方法,还不如说是对工艺水平乃至科学技术水平进行度量的方法。因为,纵观集成电路20来年的发展。其平均集成度几乎每年翻一番。其换代之快、发展之猛、从实验室到工业化生产过渡之迅速、其推广应用之深广,真是任何以往科技所不可比拟的。

## 值得赞美的发展

集成电路本身的出现,当然意味着科技领域的一大突破。然而,更值得提起的却是它发展到了大规模、超大规模集成电路的阶段,从量变到质变,产生了又一个飞跃,微电子学也就是从那时起才焕发了青春,引起了更多的人(不仅是电子界,而且是其他各界)的注意。所以,人们赞美它的过去,却更需要赞美它的今天和明天。

为什么呢?概而言之,因为它真正做到了“三微”、“四最”、“四通八达”。下面稍加解释。

所谓“三微”,就是微米级的尺寸,微瓦级的功耗,毫微秒级的计时。其实,在集成电路发展的前期,微电子技术中的“微”字还只不过是一个形容词,它是对小型化电子产品而言。然而,到了大规模和超大规模集成电路,微电子技术中的“微”字却是十分确切地有着其数学物理的含义了,这便是实现了“三微”。集成度的提高是与最小加工控制的线条宽度成比例的。例如,如果将最小加工线宽缩小一半,则在一块面积相同的晶片上所能集成的元件数就会增加3倍。目前(1984年)实用的线宽为2~3微米,而小于1微米的线宽(例如0.5或0.3微米)也已达到,称为亚微米线宽。集成度的提高意味着微小的晶片上有数以万计的晶体管、电阻,如果不将单个元器件的功耗，降至微瓦级，晶片就有被烧坏的危险。如今典型的提法是，单片电路的功耗不应超过 1 瓦。而在元器件如此密集的大规模和超大规模集成电路中，其逻辑元件的工作速度、存储元件的存取时间都是以毫微秒计算了。而这正是现代电子计算机高速工作的基础。

所谓“四最”，就是最佳的设计、最净的环境、最低的成本和最精细的工艺。一句话，它代表了当代技术的最高水平。没有大规模、超大规模集成电路，就没有电子计算机的微型化。集成电路把电子计算机带到了一个全新的境界，而电子计算机又把集成电路带到了一个全新的境界。高度的密集使得设计、制造和测试都极其困难，而电子计算机的介入使机助设计(CAD)、机助制造(CAM)和机助测试(CAT)成为现实，从而使设计的优化成为可能，使大规模、超大规模集成电路能以最少的元器件数、最好的线路形成和最佳的设计布局来完成指定的功能。

一块大规模、超大规模集成电路集中了数以万计的半导体器件，而半导体器件的制作过程说到头就是在晶片的表面层内控制杂质原子浓度的过程。可是，如果环境不干净，各种尘土、烟雾、绒毛、碎屑落到晶片上，那就不得了！因此，集成电路必须在净化车间中制作。这“净化”二字并不是日常生活中的“干净”，而是有具体的量的概念。通常用每立方英尺空气内大于 0.5 微米的尘粒数目来划分净化的级别。一般未净化的车间超过 5000 万个；“10 万级净化”则是等于或少于 10 万个；“1 万级净化”是等于少于 1 万个；“1 千级净化”是等于少于 1000 个；“1 百级净化”是等于少于 100 个。在目前的世界上，恐怕只有对集成电路的车间才如此下功夫吧。

而说起成本，人们就会想到：集成电路要用那样纯的材料，那样净的环境，那样高超的设计、制造技术以及那样密集的元器件数目。如此的高智慧、高科技结晶，一定是倾国珍宝、成本很高。其实不然，集成电路最主要的优点正是它的大规模生产和价格低廉！略加解释就不难理解，制造一个晶体管要经过的工序与制作一块集成电路差不多，而后者一下子就生产出了成千上万的晶体管。所以，当初价值连城的电子计算机，如今用大规模、超大规模集成电路做成的微机就可代替,低廉的价格使它进入了办公室和家庭。而这正是它广为应用的基础。

说到精细的工艺,这里很难用三言两语说清。不过,只要想一想微米级的线条如何刻制?成千上万的元器件如何互相连接?就不难悟出端倪了。到了大规模、超大规模集成阶段,用传统的光刻工艺已经不行了。要改用电子束、粒子束、X射线等更为精细的工艺手段。而布线也从在晶片表面平面布线,过渡到多层立体布线。如果你有幸仔细观察一下这种布线图案,你一定会联想到现代城市那种空中、地面、地下立体交叉、密如蛛网的交通线。只不过,那些交通线上运送的是人、财、物,而在集成电路的“交通线”上运送的却是万千信息。

集成电路之所以能达到“四最”,归纳起来是由“四密”造成。即资金密集、劳务密集、技术密集和知识密集。而这正是这种新兴微电子产业的最大特点和最大优点。

最后,再说一下“四通八达”。在这里用的是这句成语的意,而不是它的量。不是说它通向四面八方,而是说它广为应用。如果说中、小规模集成电路还主要是给电子行业本身带来变化的话,大规模、超大规模集成电路却远远地冲出了电子行业,去到各行各业之中。正是它,使微型电脑得以实现,使各种机电产品(从洗衣机、电冰箱到“万能”机器人)得以智能化;使数字通信系统和高级信息网络逐步实现;使各种控制系统智能化,从而改变了工厂的生产方式,使各种柔性加工系统成为现实。人们断言:今后的社会生产将由于微电子技术的介入而走向复杂化、专用化、小批量、多品种的高适应性生产。如今已经有人在说:目前在世界上,向各个领域渗透最多、最广、最深的事物,莫过于微电子技术。所以他们断言:新技术革命说到头就是微电子革命。这个革命将改变人们的生产和生活面貌,把人类社会推向一个崭新的境界!读者朋友,难道你没有听到这急迫的脚步声吗?!

**一代天骄** 它们是微电子技术发展前20年的代表性产品:英特尔公司1971–1993年的微处理器。从下至上、并从左至右看(也是年序的先后):第一排是4004、8008;第二排是8080、8086、8088;第三排是80286、386、486和Pentium。

# Robot

一种人,正在改变着生产的面貌,也会为生活带来奇迹。他像神话中的"仙人":或者钢筋铁骨,或者三头六臂,或者削铁如泥,或者耐高温、抗严寒,或者能洞察"凡人"看不到的事物,能听到"凡人"闻不到的音响。他是信息社会中备受欢迎的成员。

他是谁?

他就是:Robot。

## 年近古稀却青春

是的,"Robot"这个人,我想许多人是熟悉的。不信,你查查字典。哪一本都有他的大名。当然,他是个外国人,1921年出生于捷克,算到我写本文之时(1984年)应该是63岁了。年近古稀,似乎该"退休"了。可是,近年来人们却在纷纷议论他所创造的奇迹。好像他已"返老还童"。甚至有人说:到了下个世纪,那才正是他大显身手的青春年华。

这就怪了，怎能在60多岁还如此健壮？原来，认识此字的人自然心领神会，不认识这个字的，真去查查字典，也会恍然大悟：啊，他的词义是："机器人！"

为什么给机器人取一个如此怪名呢？原来，1921年在英国伦敦上演了一出剧，名为"罗莎姆万能机器人公司"。它由捷克剧作家卡雷尔·查培克(Karel Čapek)所著。这以后Robot(机器人)一词就流传下来了。究其根源，它是由捷克语Robota(农奴的赋役)一词演化而来。

"罗莎姆万能机器人公司"(Rossum's Universal Robots)剧照

不过，说起来机器人的历史却不能只从60多年前算起。早在1770年，在钟表之国的瑞士，就有两位能干的工匠皮尔赖和德罗兹，制造了一种用机械传动机构驱动的自动拟人机，这个玩具能写、能画，还能演奏。

后来，又陆陆续续地有一些能工巧匠制造了各种用于生产(例如织布、喷漆等)的机器人。然而，在电子计算机出现以前，这些机器人，只不过就是一些自动机械，说它像人，并不是指它的外貌，而是指机器自动代替人的某方面的体力劳动而已。这实质上只能算"机械化"，而不能算"自动化"。真正的自动化只是在有了电子计算机之后。这时由传感器收集信息，再由计算机对信息进行分析，并拟订出动作的方案和程序，通过伺服机构控制执行单元动作，再将动作的反应(即误差信息)反馈回去以作修正，直到准确完成任务为止。这就是自动控制系统。而机器人则是一种单机自动控制系统，就像能独立工作的人一样。

初期，机器人只是由实验室单个地制作，或供试验，或供应用。1959 年美国的行星公司制造和销售了世界上第一台商品机器人，开始了批量生产机器人的历史。

但是，过去的机器人，其实只应该叫做“机械手”，有人称它为“终端执行件”。这只“手”，很可能只不过是一台焊机、一个铆钉机、一只喷漆枪，或者一只抓物爪。当然也可能同时是两只、三只或更多只“手”。这些“手”只会干活，没有头脑。只是在微型处理器出现之后，它们才具备了安装“头脑”的物质基础，并在此基础上发展“人工智能”，使机器人像真人一样能够“思考”和“学习”。而传感器的发展又使它可以具有视觉、听觉、触觉、味觉和嗅觉等。于是，又向真“人”逼进了一大步。进而还可以为它们增加各种“凡人”所缺乏的“特异功能”，例如红外、紫外、辐射、超声的传感能力。电子技术使机器人新生！

1976 年，是机器人“生涯”中不平凡的一年。这一年，这个“傻瓜”装上了电脑。维斯安公司为美国海军研究实验室制成了第一台用微处理器控制的机器人；斯坦福大学制成了一个具有视觉的机器人；梅隆大学制成了一个能“理解”语言的机器人。所以，严格说来，真正有点像“人”的“机器人”至今不过只有 8 年的历史。一个 8 岁的孩子，当然还十分幼稚。它在很多方面远不如人，但又在很多方面远甚于人。人们就是取其所长为人类服务。下面略举几个侧面。

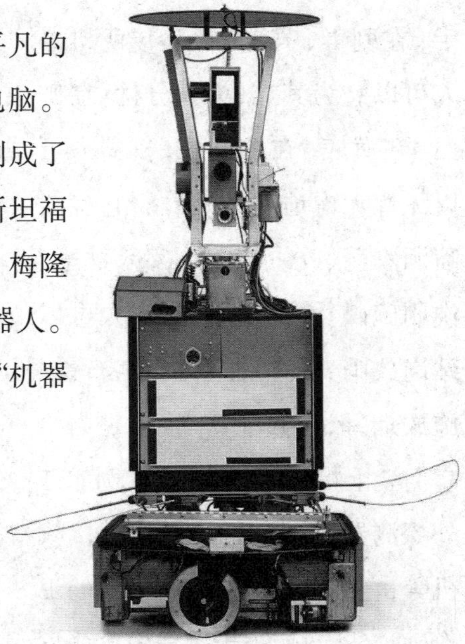

斯坦福大学制成的第一个有视力的机器人：沙基(Shakey)

## 人虽幼稚本领强

请看如下几则报道：

一个比一般人稍矮的机器人在日内瓦展览馆的大厅里走来走去，他身着瑞士民族服装，把一张张图片分送给观众，并同观众握手，还能回答观众提出的问题，其回答有时很幽默，有时又很幼稚，不时引起哄堂大笑。他的名字叫奥琳娜，是联邦德国制造的。

美国尤尼曼辛公司生产的机器仆人——普玛，于1981年开始出售。他能开门、扫地、掸尘、倒茶、斟酒、浇花、拿纸、开关电视机和录音机，甚至能照看儿童和进行简单的对话。

机器人不怕枪弹，不怕毒气，不怕挨辐射，不怕烟雾，不怕震动，不怕强光，不怕酷暑严寒，不思饮食，不知疲倦，不发牢骚，不讨价还价……因此在工农业和国防中都有广泛的应用。在汽车、家用电器这些批量大和工作单调的工作中，机器人可以大显身手；在剧毒、高温、危险场所机器人可以勉为其难，为人分忧；在矿山、在海底、在核电站，机器人可以无忧无虑地工作。当然，它也能喷洒农药、分拣蔬菜、宰杀牲畜、洗刷碗碟。在战争中，机器人可以站岗放哨、侦察敌情、扫雷布雷、施放烟幕、以假乱真。特别是当给它们装上特殊的传感器时，例如红外探测器、电视摄像机、侦察接收机等，它们更能完成人所不及的工作，而又不致使战士冒任何生命危险。甚至有人设想，在未来的战场

2010年上海世博会上展出的演奏机器人

上，双方将用机器人打仗。

美国 RQ-4B“全球鹰”无人机

在美国通用动力公司的工厂中，一种 F-16 歼击机的部件要钻 250 种大小不同的高精度的孔，由工人干，每班只能完成 6 件。而且次品率高达 10%。用机器人，每班却能完成 24～30 件，而且没有次品。

在日本富士通公司的工厂中，甚至在用机器人生产机器人，月产量为 100 台。

那么，机器人取代人的程度和速度究竟如何？意见就大有分歧了。尤尼曼辛公司的负责人说，到公元 2000 年，只有不到 5%的劳动力被取代。而意大利的菲亚特汽车公司却认为，在今后十年中会削减 90%的劳动力。他们代表了两种极端的看法。事实上，不会如此绝对，各行业也会很不平衡，有多有少，有快有慢。但是可以断言，速度不会太慢，发展将会惊人。不信，请看下面的一些数字。

## 基数不大发展快

虽然，机器人的“故乡”是在西欧。但真正使之迅速发展的是美国。1970 年美国仅有 200 台机器人，10 年后已达 5000 多台。目前它有 10 多家工厂在生产机器人，年产量约为 1500 台。据悉，1980 年美国机器人销售额为 12500 万美元。预计 1990 年可能猛增至 20 亿～40 亿美元，平均年增长率为 35%。发展速度最快的要算日本，仅仅在 1967 年，日本人才从美国引进生产机器人的技术，次年生产出第一台，4 年后（1972 年）生产了 340 台，第二年(1973年)1500台,1976年猛增至10000台,1980年近2万台。生产厂家有170多个。1981年产值已突破1000亿日元。于是,日本已成了事实上的机器人王国。但西欧也并不自甘落后,这些年来也日益重视。据不完全统计,制造厂家联邦德国有21个、英国13个、瑞典9个、瑞士2个、法国和挪威各1个。目前按人口平均计算,瑞典的机器人占有率是世界最高的。在苏联也很重视机器人的生产,据有的资料透露,在第十一个五年计划期间(1981—1985年),工业机器人将增加到10万台。可谓快矣。

有人把国外机器人的发展水平分为三代:第一代是固定程序控制机器人,它已广为应用;第二代是具有感觉功能的机器人,它正在逐步投入生产;第三代是具有人工智能的机器人,它正处于研制阶段。可以断言,随着科学技术的发展,特别是计算机、人工智能、精密机械、控制论、仿生学、新型材料、传感技术的发展,机器人这个机械与电子技术高度结合的产物将大放异彩,成为各国竞相发展的领域。有人说,工业机器人时代已经开始,在人们向21世纪进军的征途中,没有一种新工艺或新方法会像机器人那样大规模地发展。从这个意义上说,未来的世纪将是机器人世纪。

说到这里,多愁善感的人也许会担心:机器人的大量生产,无人的机器人工厂的大量涌现,将会"抢走"人们的工作机会,失业将增加,社会将因而不稳定……

此论非也。想当初,蒸汽机代替人力,汽车、火车、飞机、轮船代替步行和马车。并没有使人无所事事,而是让更多的人走进了工厂和交通行业。计算机代替了手工计算和控制,也并没有使人们无活可干,不仅硬件的制造吸收了大量的工作人员,而且软件的编制更需要大量的人年(注:"人年"是计算软件编制工作量的一种计量单位,即多少人干多少年。例如5人年,就是5个人干1年或1个人干5年)。以至现在的人们议论的并不是计算机带来的工作职位的减少,而是软件危机。新的技术,带来的只是工作性质的变换和工作品种的不同,当然,这要求人们重新学习以适应新的工种。机器人的出现和发展同样会如此,当它把人们从各种笨重、危险、枯燥的体力劳动和部分脑力劳动中解放出来之后，人们将腾出手来，向生产的深度和广度进军。大量的新工作岗位将产生出来，大量的学习机会将涌现出来，更多的文娱活动和社会活动时间将提供出来，更好的物质生活和精神生活条件将创造出来，人类将生活在一个更为幸福的环境之中。一句话，机器人绝不会带来任何灾难。而是帮助人创造一个更为美好的明天。

**全球第一个“仿生人”** 2013 年春天，传来机器人研制的最新捷报：2013 年 2 月 5 日，在英国伦敦科学博物馆，展出了一个身高 6 英尺、具有全套人造假肢和器官的“仿生人”（左），名为雷克斯（Rex）。造价为 64 万英镑。他是由英国机器人专家理查德·沃克（Richard Walker，右）和马修·戈登（Matthew Godden）组装的。而从头到脚各部分，则是来自英、美等国的多家大学和公司的研究成果。

让我们为研制和生产更多更好的机器人贡献智慧和力量吧。把握时机，发展机器人，这也是世界新技术革命对我们的挑战！

（原载《知识就是力量》1984 年第 4、5、6、7 期）

# 科技的魅力

## 从迪斯尼到筑波

有道是：科学技术造奇景，吸引世界万千人，满怀热情创未来，尖端技术任攀登。

这两年来，在日本，有两件事使日本人民兴奋，令世界人民注目。一件是，在东京修建了世界上第三个现代游乐园："迪斯尼乐园"。另一件是，在茨城县的筑波科学城修建了"国际科学技术博览会馆"（日本人简称为"科学万博"）。我有幸游览了这两个地方，从科普的角度来看，我认为这可以说是两个现代化的科普宣传中心。它们都有一个共同的特点：寓科技知识于游乐之中，用各种现代科技手段，让人们去体验科学技术的成果，内容丰富、生动活泼、令人神往。这里，随笔写来，做一简单介绍，与读者分享。

### 乐园在向你招手

每一个小孩，都向往那迷人的童话世界；每一个大人，都赞赏那现代科技创造的奇境。那么，如果你到了日本的东京，你打算如何安排你的周末假日？长期以来，人们除了在百货商店、料理餐厅、公园神社、博物馆、美术馆之间奔忙之外，总是把注意力集中于举世闻名的日本家用电器，到秋叶原电器街去一览那五光十色的景象。可是，现在又多了一个让人思想斗争的因素，那就是乐园在向你招手。

不是吗，当你从成田机场乘车沿高速公路进东京城，远远的你就会看到一座崭新的古典城堡式建筑。人们会不约而同地问：这就是举世闻名的东京迪斯尼乐园吗？

是的，这座高约 50 米的尖塔式城堡叫"灰姑娘城堡"，看过电影《灰姑娘》的人，都会由此引起对灰姑娘城堡的回忆。正是这座在整个迪斯尼乐园中处处都能看到的建筑，成了迪斯尼乐园的象征。它像一幅巨型广告耸立在东京，招揽着万千游客。据说每年约有 1000 万人入园参观。据 1984 年统计，游人中，18 岁以上的，占 72%，小学生以下的儿童占 16%。可见这是个男女老幼都相宜的地方。

但是，这个东京的游乐园为什么要叫"迪斯尼"这个怪名字呢？

原来，这种现代化的游乐园并非日本首创，早在东京的这座乐园建成之前，美国的华特·迪斯尼公司就已在美国的加利福尼亚州的阿尼罕市和佛罗里达州的奥兰德市各建了一座。因此，算起来东京这座只能算老三。它也是在华特·迪斯尼公司的全面协助下建成的。所以，正像"阿Q"、"堂吉诃德""奥林匹克"这类名字，给人以十分形象的新含义一样，"迪斯尼"这个名字也就成了现代化游乐园的别名了。

乐园在向你招手

东京的迪斯尼由于新建，自然

比老大老二要更为精致和时髦一些。所以，不远万里而来的美国人也兴冲冲地入园观光。

那么，东京迪斯尼到底有什么诱人之处呢？且听下面分解。

## 米老鼠欢迎你

由东京城内去迪斯尼并不困难，最简便的办法就是叫出租小车。但省钱的办法还是乘地铁和公共汽车。如果你乘地铁，可以在日本桥乘东西线到浦安，再转公共汽车；也可以从东京车站八重洲北口坐直通的公共汽车去。所用时间大致都是40分钟。

下得车来，迎面就见到大门内一个巨大的米老鼠头像花坛。进得园去，也有身材高大的化妆米老鼠向你手舞足蹈，还可应邀同你一起照相，还有米老鼠拿着成簇的彩色气球欢迎你。每当周末的晚上，星期五、六、日连续三晚，举行灯光彩车游行，在那华车之上、彩灯之旁、绚丽的焰火闪光之中，你看到的仍然是米老鼠那可爱可笑的脸庞和夸张滑稽的身影。为什么迪斯尼如此重视米老鼠呢？看过华特·迪斯尼摄制的一部部有关米老鼠的卡通片的人早已心领神会了。可以说，唐老鸭和米老鼠是美国儿童的两个宝，也是美国艺术界给世界儿童的珍贵礼品。这就难怪迪斯尼乐园所用的园徽也是一个米老鼠的头廓。

**米老鼠欢迎你** 1983年9月我游园时照的米老鼠头像花坛。

那么，在这些天真的米老鼠的“指点”下，你能看到些什么稀事趣闻呢？

东京迪斯尼乐园，占地85万平方米，由五个主题乐园组成，再辅以众多的服务设施和有特色的绿化，成为世界少有的大型游乐园。

绕过米老鼠花坛，穿过装饰着仿古壁画的门廊，见到的就是第一个主题乐园“世界集市”。它是19世纪和20世纪初美国街景的再现，置身其中颇有身临其境之感。穿过集市，正前方就是迪斯尼摄制的各种童话电影里的主角出没的地方，美丽的白雪公主、可爱的木偶、小飞象、米老鼠都出现在“梦幻乐园”这个主题乐园里。左边是另外两个主题乐园：“探险乐园”和“西部乐园”，它们把你带回“过去”，让你体验一下美国开拓者当年的生活。而右边那个主题乐园则是把你带向“未来”的“未来乐园”。

在这些乐园里都有丰富的内容和精彩的表演，粗算起来，与主题配合的表演就有32个之多，还附设了40个商店和27家餐馆。

再加上灯光、音响，真是琳琅满目、妙音充耳，逛一天你也会流连忘返。

不过，请注意，在这童话般的世界里漫游，一定要抓紧时间，否则会“挂一漏万”。而且，随时要看看你手中的参观券，它是你可靠的向导。园主为了方便游客，把精彩表演分组设券，券有六种：A、B、C、D、E五种，每种上都指定了可看哪几种表演；另有一种“精彩表演入场券”，可随游客任意选看，五张一套，一次一张。

卖票时又做了各种不同的组合，以适应不同游客的口味。一种是“入园券”，用它入园后只可观赏那些免费表演和游逛公开的集市商店；如果想看详细一点，可买“星光券”，它除了“入园券”外，还有5张精彩表演入场券；再详细一点就叫“十项券”，它包括“入场券”和10张精彩表演入场券(A券1张、B券1张，C券2张、D券3张、E券3张)；最全面的参观券是“通用券”，持它入园和观看各种表演都通行无阻。还有一种导游券，它包括入园券及有导游陪同你观赏4个精彩表演和1张E券。有导游指点一番，当然有“画龙点睛”的效果。不过，要想节约一点、“自由”一点，我看还是自我导游的好。

东京迪斯尼乐园导游图

不信，你就往下走走看。

## 无穷乐趣伴你行

穿过门楼，走进“世界集市”，你会被琳琅满目的商品所吸引。在16家商店中有照相机中心、有小百货店、有玩具王国、有魔术用品店、有新世纪钟表店、有故事书店、有各种服装店，还有刺绣、剪影、瓷器、珠宝店等等。在那里可以买到现代的时髦用品，也可以买到仿古的“旧物”，还可以买到有“迪斯尼”纪念意义的物品，用以证明你“到此一游”。

不过，我劝你不要在这些华丽商品中消磨宝贵的时光，这个集市除了招揽顾客外，还有精彩表演。当然，我不是指戴着高帽、穿着小丑服、拿着氢气球或指挥棍、哼着小曲在19世纪的店铺前跳扭的男女服务员，因为这不用专门观看。我是劝你走进这“大街的小戏院”，去看看20世纪初的无声电影，6个银幕上同时放映6部电影，花上10分钟，卓别林、劳来、哈台的生动形象和初期电影的有趣场面你就饱览无遗了。然后登上那古式的双层公共汽车，或有个大铜钟的古式消防车和像马车一样的古董车，在世界集市的广场上走走停停，那异国的感受就更浓。当然，如果你口袋里有几个10日元的硬币，不妨在“辩士拱廊”的85台旧式游戏机上玩玩，会别有一番情趣。但是，千万不要玩得太久，因为前方就是充满梦幻的、童话般的世界。你已经走到了迪斯尼的核心：“梦幻乐园”。

首先映入你的眼帘的是那由远及近招引游客的城堡，紧靠着它的是孩子们喜欢骑骑玩玩的小飞象和灰姑娘的金木马。不过，做父母的最好提醒他（她）们，旁边就是米老鼠剧场，那里正在进行迪斯尼特别歌舞演出。再往后还有个具有阿拉伯色彩的画面式新奇建筑，它叫“小小世界”，走进门去，坐上电动有轨游艇，你就能浏览穿着各民族服饰的儿童木偶、动物玩具和500多个洋娃娃在电脑的控制下为你载歌载舞，仅仅8分钟时间，即使你不觉得已“周游列国”，至少也感到“天方夜谭”的场面立体再现。如果不是小艇强迫你走到出口，不管大人小孩都会不想离去。

但是，不走怎么行呢？还有“白雪公主和七个小矮人”在等你，还有“木偶奇遇记”在盼你观看。如果你胆子大一点，还可以上“幽灵公寓”去看看那些稀奇古怪的想象中的幽灵。一辆半球形的电动座椅将送你一览这鬼蜮风光。不过，我建议胆小的人和孩子还是少去为佳。节约点时间，去登上通往“未来乐园”的缆车，它将把你送往“宇宙太空”和“未来世界”。

当然。你也可以先到西部去探险，因为就在幽灵公寓的旁边，你就可以登上“戴维克劳特探险独木舟”，开始你“西部乐园”的航程；如果你觉得独木舟缺乏安全感，那就去乘“汤姆索耶岛的巨型木筏”，这样你就同汤姆历险记中的小汤姆是同伴了；如果你又嫌木筏不够华丽，那就请登上“豪华马克·吐温号”客轮，这个有四层客舱的乳白色轮船，具有浓厚的19世纪风味。坐着它在西部乐园绕行一周，一幅幅美国19世纪西部开拓时代的场景便历历在目了。

“小小世界”

不过，对美国西部稍有了解的人，都会联想起西部武打电影的场面，那对射的古式来复枪，如今就摆在“西部乐园射击馆”里，如果有兴趣，不妨走进充满西部特色的酒馆，到它的柜台上拿起一只试试。或者到“钻石马蹄西部剧场”去看30分钟风味十足的西部歌舞。然后，走进另一个能容纳300人的剧场，这里在举行“顽熊大会演”，18头形态各异的机器熊，在电脑的控制下为你表演16分钟。常言道，“来得早不如来得巧”，如果你赶上换场，正好进去，否则，这里是座无虚席的。如果要等上十几分钟也许值得，但就看你别处是否已经看过了，如果还未看过，就请赶快去乘西部沿河铁路的古式客车，火车头是模仿19世纪原型制成的，后挂四节车厢，在轮声扎扎、汽笛阵阵之中穿过丛林，观赏沿途美景，13 分钟使你饱尝上世纪旅行之乐，它把你载到“探险乐园”。这里，也有水路交通，不过却充满“危险”。不信，你走到河边. 登上能载 30 人的小艇，缓缓向前，两岸的热带丛林中，猛兽、神殿时隐时现，把这称为“丛林巡航”真是名不虚传。如果还嫌不够惊险，那就请到“加勒比海盗馆”。在这神秘的建筑物里，有水路通至“大海”，每 20 人乘一小船，“悄悄地溜进去”，就可看到当年加勒比海上海盗逞强的活动场面，在海波荡漾之际，遇上了海盗船，海盗们向你开火射击，风云变幻、枪声如织，不由得你不惊心动魄。经过这一番折腾，你一定想轻松一下了，那就到“迷惑提基房”去观赏南太平洋风光吧，那里有 300 多只鸟儿为你歌唱。为什么它们那样合拍，原来它们是一只只机器鸟。电脑在指挥着它们。看来，在这个庞大的乐园里，电脑在主宰着一切。

## 科学为你增乐趣

是的，整个迪斯尼乐园，可以用一首打油诗来概括：

别具匠心设美景，
载歌载舞伴你行。
科学为你生乐趣，
满目琳琅知识增。

别看那 19 世纪的一切古香古色，也别说那珍禽异兽怪里怪气，更别谈海盗幽灵触目惊心，也莫夸木偶歌舞动作逼真，那木马、那飞象、那游艇、那飞车，那有人驾驶的火车轮船，那自己开动的飞船游艇……哪一件不是靠电动操作，哪一个不是由电脑指挥？在这个现代化的乐园里，看到的是“古代”情调，享受的却是现代科技的成果。狮吼、虎啸、鸟语、虫鸣都是电子音响的效果，海盗、古人、木偶、幽灵都是电脑控制、按预定程序表演的模特儿。你还记得前面提到的通往“未来乐园”的缆车吗？它载你前去观赏的更是现代科技的结晶。那白色贝壳式的建筑，叫“太空山”。在这个高26米的人造小宇宙里，繁星点点，宇宙飞船停靠其间。当你坐上飞向太空的座椅时，你很难估计它将载你飞向何处。宇宙航行到底是什么滋味？说起来也如真似假，虽然没有感觉到失重的飘浮，也没有在太空中睁大眼睛欣赏地球的美景，但3分钟的飞行，忽上忽下、忽正忽反、忽头下脚上、忽疯狂旋转。大胆的人欢声叹呼、偶睁双眼；胆小的人惊叫猛喊、紧锁眉尖。这临场感只能意会、很难言传。与此相比，坐在“星星火箭”上就“安全”多了，一般人都敢睁眼察看。至于到了那可容1200人的剧场，置身于360度的圆形银幕的包围之中，看到9台放映机放出的世界风光，听到立体音响所造成的逼真效果，你定会目不转睛地细细观看，一幅幅绚丽的世界风光尽收眼底，使人赞叹这“魔毯环游世界”名不虚传。

下一步，建议你自己去开开汽车，这对不会驾驶汽车的人是一个锻炼。在“大赛车场”上，有许多比小汽车还小的汽车。有道是“看者容易做者难”，当你刚一坐上，倒是觉得比起自行车来，的确四平八稳，手扶方向盘，脚踏油门、刹车，神气十足。谁知车一开动就不听指挥了，在偌大的跑道上，扭起秧歌来了，你想刹车，却成了加油。哎呀！一下子撞着人家的车屁股，忙一转方向盘：又差点冲出路基。幸好，这是电动汽车，又是有轨导行，要不然真要“出人命”呢。经过这一番紧张，也许你想轻松一下了，那就请到“星际门”去看看各种新型电子游戏，或者到“结交世界”去看看介绍日本历史的电视吧，在那里休息上一会，回忆一下这紧张而新奇的一天。

不过，请别忘记，如果已经是下午7点半，请别慌慌张张离去，一场好戏还在后头。

你看，在米老鼠的簇拥下，一辆辆节日的彩车开过来了。数以千计的彩色灯泡装扮着这44辆车的队伍，浩浩荡荡，长达600米。在这个华丽的队伍之中，你不仅可以与迪斯尼电影里的老友们相会，灰姑娘、小飞侠、小飞象、金木马、米老鼠……而且可以看到一条身长12米的大恐龙，它全身有28000个彩色灯泡。使它五彩缤纷、神秘莫测，加上车上的喇叭、沿途的

100个扩音器的立体音乐效果,真是

疑是仙宫缥缈现,
童话世界降人间。
电子技术造奇境,
无中生有更何难?

迪斯尼的一天,是一次童话般的经历,现代化的享受,科学化的旅游,长知识的游玩。当你走出大门之后,你会忍不住地回首观望,米老鼠在向你微笑,建筑群在与你再见。可是,还有时间再来吗?希望有,做到难。因为筑波已经在向你召唤。去吧,到筑波去,去看看现代科技的奇迹。那里,才是真正的科学乐园。

## 科学城中科学馆

科学会给人类带来什么?人类应该怎样利用科学?这个简单而又复杂的问题,始终萦绕在专家、学者、哲人、平民的脑海中。有人说:科学正创造着新的文明和新的局面,而有人却说:科学正促使资源枯竭和环境污染;有人从科学的发展中感到兴奋,而有人却从科学的发展悟出了危机;一方面看到的是创造和建设,另一方面感到的是战争和破坏……

难道人们能简单地断言:前者是乐观派,后者是悲观论者?不,对于这样的问题,应该有更复杂的答案。人们应该从节约资源、保护环境的角度去发展科学,为人类创造更为美好的明天……

正是本着这一精神,才在日本的筑波开办了科学万博。现在,就让我们去看看。

在日本东京东北约50千米处,有一片依山傍水的园地,风光明媚,远近闻名,这就是茨城县的筑波国家公园所在地。它东临日本的第二大湖——霞浦,北依海拔876米的筑波山。真是天时地利均相宜,人人动心图发展。日本政府决心在这里发展高水平的科研和教育事业,为未来社会的科学技术奠基。于是,在1963年9月做出决定:把这里建设成一个高度现代化的科学城。日本人称之为“筑波研究学园都市”。采取了中央和地方、政府和民间相结合的发展方针,调动各方面积极性进行开发。为此,日本的中央政府、茨城县政府、当地的5个乡镇(筑波町、大穗町、谷田部町、樱村、基畸町)以及日本住宅和都市整备公司大力协作进行了开发。1973年3月,日本的国立无机材料研究所迁移到此,接着有关大学、研究所也纷纷迁来。迄今,那里已有55个研究机构。它们用国际第一流的技术设备武装,进行先导技术的开发,使筑波成了一个名副其实的科学城。

这个科学城占地约28500公顷,相当于东京市区的一半,其核心区域东西长6千米,南北长18千米,约合2700公顷。大多数研究所、大学,商业、文化设施和住宅都集中在这一区域,堪称“研究学园区”。现在,又号召民间的研究机构由各地向它的外围搬迁,形成更大范围的“外围开发区”。

就是在这块宝地上,举办了1985年“国际科学技术博览会”,日本人称之为“科学万博”,代号是“EXPO’85”。3月17日至9月16日共展出184天。

根据各方面专家和社会人士的意见,这次科技博览会应该表现出科学与技术对人类幸福的贡献。于是规定其主题为:“人间、居住、环境与科学技术。”

这次博览会,日本政府作为东道主,出力最大,不仅为此次博览会安排了各种基础设施,而且主办了博览会的五大场地:主题馆、历史馆、儿童广场、万博广场和筑波科学万博中心。日本的各大企业,包括三菱、三井、住友、东芝、电电公社(NTT)、日本电气(NEC)、富士通、松下、索尼、日立、讲谈社等28家大企业也都各显神通、争奇斗艳。世界各国,包括我们中国,以及美国、加拿大、英国、法国、意大利、瑞士、澳大利亚、比利时、泰国、斯里兰卡、巴基斯坦、土耳其、保加利亚、苏联、伊朗、伊拉克等16个国家都遴选了自己的科技精华前来参加展出。一些国际机构,诸如国际电信联盟(ITU)

等37个国际机构也都临场助兴，一显各国联合之风采。再加上那些提供饮食、百货服务的厂商和提供纪念品、小吃的小贩，就把这个占地100公顷的会场，装扮得琳琅满目了。

科学万博有东南西北四个大门。它的交通真是四通八达，你可以从日本各地前往会场。由东京到会场的这段路程，日本人为观光者准备了各种交通工具，从火车、电车、公共汽车，到直升机，应有尽有。当然，出租小车也有的是，任你租用。为万博开的临时列车是早去晚归。飞往万博的直升机，同时从成田机场和羽田机场起飞，不过二三十分钟的航程。专门从瑞典引进发动机和车身底盘而在日本装配的大巴士，穿梭在通往万博中央站的高速公路上。博览会的四周几乎都是大大小小的停车场。那“车如流水马如龙”的繁忙景象，也足以让你体验到现代交通的壮丽风光。

当你随着成群结队的人流，走出停车场，在交通警和路标的指引下步入场区后，你会发现一段又一段平面传送带。性急的人从旁疾步走过，心细的人却想试一试，这种过去只是出现在机场、大型购物中心的设备，在这露天底下到底是什么滋味。不过，我劝你不要这样几十米、几十米地“体会”下去，这太耽误时间，最好还是试一试之后，加快你的步伐，沿着那绿树林立的东南西北大街和弯弯曲曲的布满鲜花的小径，走进内容丰富的展厅中去。

可是，那一队队排队的人群，那一幢幢新奇的建筑，你先进哪一个呢？

如果你进的是东门，一入场，就可看见雕栏砌玉、画阁描栋的中国馆。中国馆的主题是“为了美好的生活”，占地2000平方米，展出了我国1981年4月发射的第一颗实验型同步通信卫星和中医计算机诊疗系统等现代成果，也展出了古代的“编钟”和古火箭模型等古代的成就，以及其他文化、生活用品。然后，往左一拐，沿着东大街走去，就会来到日本政府精心布置的、成为全博览会象征的主题馆。进去吧，这里值得仔细看看，这是因为：

## 主题馆中主题明

这座几乎居于会场中心的主题馆，坐落在东大道的中段。前方与斯里兰卡、印度尼西亚、泰国、加拿大等馆，隔道相望；后方是儿童广场和梦幻广场。

这个博览会最大的建筑，是由两座互相连接的楼（一个叫“我的国土”，另一个叫“我的生活”）和一座亭亭玉立的“象征塔”组成。这座塔全身晶莹透明，高达42米。当夜幕降临之时，从塔顶射向四面八方的激光束，五彩缤纷，如梭如织，把夜晚的筑波科学万博装扮得格外美妙、神秘。它象征着未来与希望，唤起人的振奋和遐想……

为了体现“人间、居住、环境与科学技术”这个主题，在主题馆中的展出分为五大部分：“多姿多彩的国土”、“太阳与水”、“人间”、“未来的生活”、“宇宙”。

走过入口通道，便进入“多姿多彩的国土”。用70毫米的影片放映出的山水园林给人以身临其境之感。通过那壮丽而清晰的画面，你看到了日本变化多姿的自然环境，勤劳的日本人民是如何利用和建设这片可爱的山河，它是世界人民与大自然共存的缩影。走过银幕，就进入“大阳与水”的世界。在这里，最引人注目的是两件东西。一个是可潜入2000米深海的海洋调查船，与实物一样大的模型就悬在你的面前，令人向往那深海的探险；另一个是“葡萄架”上的西红柿。你看，在你的头顶，在应该长葡萄的地方，却长着成串的又大又红的西红柿，这不是幻觉，而是日本“水气栽培”技术的一项新成果。

为了节约时间，你在这里只好“走马观花”，然后穿过厅堂，进入“人间”。这一部分有三大重点：“人的生存”、“人与医疗”、“人与科学技术”。抬头望去，那一面面闪光的墙壁上映出了一幅幅连续变化的裸体人像，那健壮的男人、那婀娜多姿的妇女，使人不禁赞叹不已。

然后，你可看到人类为自己创造的新伴侣——机器人。它们那钢筋铁骨，会令人想起古代身穿盔甲的武士。有一位“钢琴家”被观众层层包围着，如果你事先有准备，就可以交给“他”一张乐谱，不一会，你就可听到“他”按乐谱弹出美妙琴声。

当然，你也想在“核磁共振电脑断层摄影”和“激光手术刀”的演示台前停留，它们展示了人类在挽救自身方面的新进展。

接着，你一定想看看人类未来的住宅，那就请走进“未来的生活”吧。在这个展厅里，一座“人”字形的大建筑吸引了人们的视线，导游者说：“这就是想象中的未来城。”

“宇宙”，也是人们最喜欢的展厅。在那里，你可以看到人类向宇宙挑战的历程，看到气象卫星、地球资源探测卫星、通信卫星、广播卫星的各种场面。

走出主题馆，你可以马上进入历史馆去看看日本人民是怎样把引进技术和自身基础相结合，来创造崭新的现代物质文明。你也可以步入儿童广场，去同孩子们一块欣赏一下机器动物园里的“人造动物”，或者同孩子们一起站在巨大的地球仪上去寻找自己的家乡。

当然，你也会兴致勃勃地参观一个个外国馆，看看你所不熟悉的异国风貌、买几张盖着“科学万博”印戳的外国邮票、数一数他们的诺贝尔奖获得者的数目、想一想那些现代化展品对你的启示。

还有，如果你喜欢看电影，这里有各种各样的影院：在“三得利馆”中，有高 23 米、宽 35 米的世界最大的银幕供你观看；在“东芝馆”里有每秒钟 60 幅画面的电影机为你放映；在“富士通馆”、“住友馆”里有全景立体电影在等待着你，那奇妙的幻觉，真使你忍不住想伸手去摸摸飞到跟前的景物；如果你想像飞鸟一样鸟瞰，就请到“自然美馆”，那里有直径为 18 米的球形银幕，你可以从球顶的缺口向下观看；如果你想仰望蓝天，可以到政府馆的电影厅里，穹隆状银幕，会把你带上辽阔的宇宙空间；如果你喜欢猎奇，还可到“三井馆”的“瀑布剧场”体会一下，那里的银幕，它不是布或尼龙，而是水，是高 7 米、宽 40 米的人工瀑布，那壮丽而奇特的放映场面，会使你更加热爱大自然。

电视，这株近代科技的奇葩，在科学万博的会场上又放出异彩。在“日本电气(NEC)馆”里，有27个画面的多屏幕大型电视；在“三菱馆”里有高4米、宽5米的液晶彩色电视屏幕，它使人想到：如果家里的墙是这个样子多好！然而，吸引了更多观众的，则是那耸立在博览会广场上的索尼大电视，它那高25米、宽40米的超级屏幕令人赞叹不已。特别是你在广场上随着追逐摄像机镜头的青年男女跑跑，当镜头捉住了你，屏幕上映出你的身影时，你会为这难忘的一瞬爆发出爽朗的笑声。

你会情不自禁地发出感叹：

多么美啊，世界！多么好啊，未来！

是的，今天是美好的，而未来则更加美好。那么，就让我们伴随着科学万博的脚步声，去谈谈那令人神往的未来吧。

## 未来馆中谈未来

如果说，“迪斯尼乐园”是寓科学于游乐之中的话，那么，“筑波科学万博”，就可以说是寓游乐于科学之中。凡是到过科学万博的人，都会感受到声像技术的奇趣，体验到现代科技的魅力。

未来，是什么样呢？这里有的是答案。不信，你到日本电信电话公社的“INS馆”去看看。

“INS”是英文“信息”、“网络”、“系统”的词头缩写。不过，在我们国内，大家习惯称它为“高级信息通信系统”。

**通向“未来”** 一条满布光环的楼梯，引导我去到“INS馆”。

“INS 馆”的主题是：“高级信息通信系统所开拓的富于幻想的生活。”一条满布光环的楼梯，将你引导至二楼。

在这里你一眼看到的不是一个个展台，而是一座座楼房。说得更确切点是一条街道。各式各样的房屋，伴着古式的街灯。就在那些房屋里，除了桌椅陈设之外，就是现代通信设备（不，应该说是未来通信设备的雏形），穿着西服、和服的服务员在为你表演如何使用未来的通信系统。

按照高级信息通信系统的概念，只能听和说的电话已经过时了，人们要能观看、阅读和记录。人们希望建立一个这样的通信系统，即

各种信息都能传，
远处近处价一般，
绘声绘色人可见。
存储记录都方便。

馆里展出的就是这样的系统。楼下的大厅里正在进行表演。你看，那许多桌子上，放着一台台可视电话，每个桌子代表一个地方，“讲台”上是中央控制台，可监控各地情况，正上方三个大屏幕，为的是向观众演示通信的情况。中间是解说员在解说，两边是通信的双方，比如，京都和箱根在通信。

在实际中，这种“未来”的通信系统是用光导纤维电缆（简称光缆）和卫星通信这些先进手段进行的。在 INS 系统中，把各种信号（声音、文字、图表、图像）转换成数字信号后传向各方。整个系统是通信设备和计算机的高度结合。习惯上，人们称之为“C&C”，即通信加上计算机之意，两个“C”分别为英文“通信”、“计算机”词头的缩，这个叫法在国际上已很流行。而日本电气公司就是这一叫法的积极提倡者。所以，在这次科学万博上，它的展览馆就取名为“C&C 馆”。其主题是：“不论你在何处、不论你在何时、不论你是何人，你都与 C&C 同在。”的确是这样，在未来的信息社会里，有谁能离得开通信和计算机呢？看了馆里的电视会议系统、卫星报纸系统、

会四种语言的自动翻译系统以及其他大大小小的信息设备之后，对于未来社会的国际和国内通信你就会更具信心了，科学技术已经为这个过渡奠定了坚实的基础。

"通信"这个词的英文是："Communication"，而这个英文词的另一个更为通用的词义则是"交通"。这表达了通信和交通是可以相互取代的，它们同样是未来社会的命脉。现代化的通信加上现代化的交通，将把整个地球联成一个"地球村"。

在这次科学万博上，人们也看到了未来的地面交通工具的雏形。

这里用于观景的车是各种各样的。在"技术世界馆"后面有世界上最大的观览车，坐在车厢里，那巨大的圆轮将把你举到85米的高空。这时，不仅博览会全景尽收眼底，而且筑波山、霞浦也来到眼前，如果是晴天，甚至富士山也依稀可辨。在一些展览馆里你可以坐车参观。在"三菱未来馆"里，有"三菱21"号参观车在等你，顾名思义，这是"21世纪的车"。这种车每辆可坐50人，共有16辆。坐上它你可以在沿途观看一次从生命的诞生直到未来的宇宙史。它载着你穿过了象征生命诞生以前的微暗时刻，经过一段时有七色彩光闪现的空间，然后，左壁的屏幕上出现了从细胞分裂到产生个体动物，依次是鱼类、鸟类、哺乳类的诞生，最后是人类诞生了，发明了工具，并逐步改良，终于着手建设海底城市、宇宙城市。

到了"汽车馆"里，你可以看到"未来的交通城市"的巨大模型。上面写着"2001年×月×日午后五时"。在这里，最活跃的是一种像热带鱼的超小型车。在馆的外壁有一条盘旋而上的透明管道，你可以坐上4人乘坐的小型轨道列车，一共96节，浩浩荡荡地升至36米的高空，然后进入大型的"电影空间"，做一次新奇的兜风，看一看汽车工业的未来。

如果你不进展厅，在科学万博的园地里，还有几种车在露天运行。一种是"空中缆车"，它把会场的A区和E区连了起来。这种单线自动循环式索道缆车每小时可载送240人。另一种是小型单轨电车，它把万博会场站和北入口连了起来，全长1500米。每列17辆小车，可坐90人。还有一种小型慢速公共汽车，在会场中来回奔驰，它有个怪名叫“保力巴士”。“保力”是非洲话译音，意思是“慢慢地来”。这种车的最高时速只有12千米，特别适合未来社会里老人和儿童乘坐。如果你喜欢快，那就去坐“未来的”高速输送客车，时速为每小时300千米。这种根据磁悬浮原理制成的高速客车，简直是在铁轨上飞。现在日本的新干线上的客车时速是150千米。只有它的一半。法国巴黎到里昂的高速客车时速270千米，就与此相近了。由此可见，科学万博上展出的一切，都并非“可望而不可即”的。它们是未来的，也是现实的。这样的情景，带给人希望、期待与振奋。当你向2000年前进之际，这一切都会迎面而来。所以，在参观之后，你不妨写几句观感，随着那些兴致勃勃的男女，去到“未来邮亭”，在那里，可以给2001年的你寄上一封信。

15年后，当你接到这封信时，将会是什么样的心情呢？也许你会说：

“1985年的科学万博，已经过时了。目前的一切，比当时预料的要先进得多。”

（原载《知识就是力量》1985年第11、12月号）

# 从筑波到秋叶原

## 科学万博的脉搏

参观了筑波科学万博之后，人们在对它展品的高精尖新、展艺的趣幻险奇发出赞叹的同时，也进行着思考：这次科学万博的脉搏是什么？

那争奇斗艳的电影电视，那别开生面的机器人表演，那轻游快驰的观览车群，那由计算机操纵的声光图像所给你的启示，难道不足以说明，科学万博是要向你表达：未来是机械与电子高度结合的信息世界。

精密的机械制造与先进的电子技术合流，将创造崭新的一代物质文明。电视将向高清晰、大和微方向发展，电影将向全景立体的方向前进，机器人将服务于生产和生活，车辆将自动地向目的地驰骋。计算机不仅广泛地帮助人们生产、设计、制造、测试、监控……而且深入家庭照料人们的生活，为你布置温度、湿度均相宜的住室，为你管理家务和烹饪，甚至弹首曲、跳个舞为你解闷分忧。在人与人之间、人与机器之间、机器与机器之间传送着大量的信息，你可以随时获得所需信息。"秀才不出门，能知天下事"，君子要远游，助你四海行。"海内存知己，天涯若比邻"，曾用来描写知己之人心相通。如今，卫星和光缆将结束心相印、不相见的局面，既听其声，又见其人，近在咫尺，促膝交谈，还可以录下那美妙的一瞬。

当你漫步在科学万博的大街广场，当你进出于科学万博的馆厅楼堂，你看到的、听到的、感觉到的都是各种不同的信息，是未来世界的信息，这信息是为了幸福的"人间"、舒适的"居住"、美好的"环境"和高度发展的"科学技术"服务的。这就是科学万博展出主题的精髓，就是科学万博的脉搏。

产生、存储、变换、传送和执行各种信息的设备，已经在这里展出了。当然，它们还是一些雏形，还是没有广泛应用的产品。但是，它们集中地给了人们这样一个信息：这一切不是憧憬，而是现实，它会走出展厅，来到你身边，其速度还不会很慢。不信，你从筑波回到东京之时，抽空到秋叶原去看看，在那里你就会听到这种前进的脚步声。

## 一个现代化的窗口

"秋叶原"，这个名字，在日本几乎家喻户晓。对到东京的外国人来说，这也是一个不去就会感到遗憾的地方。如果你对日本朋友说："我想在东京买点电子电气产品。"他就会说："走，到秋叶原去。"

去秋叶原的交通非常方便。国铁、地铁、电车、汽车都可到。一下车，不必问路，只要随着人群走，没多远就会进入一个喧闹繁华的世界。这，就是赫赫有名的“秋叶原电气街”：一个日本现代化的窗口。

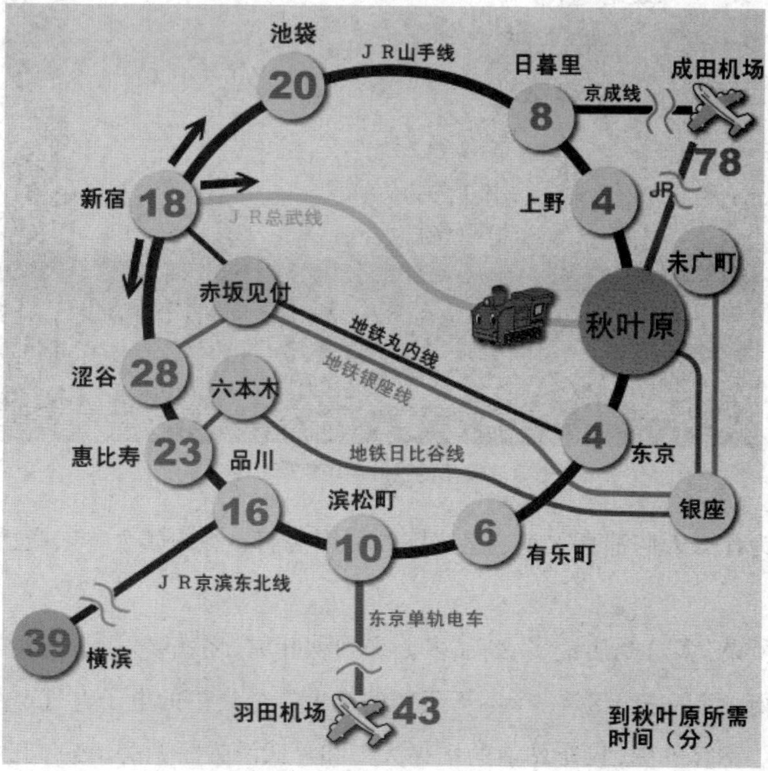


**条条道路通“秋叶原”** 这是一张经国铁、地铁、电车、汽车线路到秋叶原的示意图，图中数字为该处、用相应的交通工具到秋叶原所需时间(分钟)。

你听，那此起彼伏的立体声音乐伴随着高声叫卖；你看，那琳琅满目的货架伴随着五光十色的广告。站在这个闹市之中，白天，是一眼望不到边的店铺和人群；夜晚，到处是画面交替的屏幕和闪光的店牌。一到节假休息日，更是熙攘非凡，只好停止地面交通，不准车辆通行。大街小巷，尽是人。购物的、观光的、日本人、外国人都在观看着、议论着、挑选着。在电气电子产品日益进入家庭的时代，常常是合家老小、对对情侣云集在这里挑选着心爱的电风扇、电饭煲、电子琴、录音机、录像机、电唱机、家用音乐中心、激光唱机、电子钟表、空调机、洗衣机、电冰箱、电子玩具、计算器、个人电脑……

繁华的秋叶原电气街

为什么人们都喜欢到这里来呢？可用人们熟悉的四个字来概括：多快好省。

所谓“多”，是店铺多、商品多。来到秋叶原，你就会发现，它实际不是一条街，而是一个区，一个不折不扣的全世界最集中的电子电气产品购物中心。不算外围，仅车站前的中央大街和总武线铁桥两旁，就有五六百家电气电子商店。它们之中，既有占据多层楼寓的大公司，也有只占一个小小摊位的小卖店。不管哪里，商品都十分充足，花色多、品种全。这些店铺中，石丸电气、山本无线、亚马给瓦、劳克斯、广濑无线、第一家电、米拉米电气、阿诺登、纳卡那、角田无线等都是颇有名气的商店。在这个集市上，你可以买到普通的螺丝钉、电子元件，还可买到最新的微型电脑，真是应有尽有。

所谓“快”，是指流动快、更新快。这里商品销售量之大也是全世界电子门市中极少有的。每天成千上万的商品被来自日本各地和世界各地的人流带走。新产品又从松下、索尼、东芝、日立、三洋、精工、卡西欧、西铁城、NEC、JRC……人们熟悉和不熟悉的公司蜂拥而来。一位日本朋友对我形容：日本的电子电气厂家制出产品后，第一部送到公司陈列室，第二部就送往秋叶原。这话虽不是百分之百准确，但却可说明：这是一个时代气息很浓的新产品展销市场。人们常常可以得到这样的预告：某月某日某种新产品在本店上市。一些前两年还只是在议论中的商品，例如8毫米录像摄像机，它的磁带盒比普通录音盒带还小一点；又如微型彩色电视机，用液晶彩色显示，大的像日常的小收音机，小的像电子表。再如厚仅二三毫米的薄片状收音机等等。

所谓“好”，是指选择条件好、服务好。试想想，那样众多的商店挤挤一地，不用走多少路就可货比三家。其实，到这里的人往往是货比十家，看看哪一家最好、最便宜。在这样的竞争之下，商店在服务上自然肯下功夫，以便招揽顾客。售货员对顾客的殷勤、客气、耐烦劲儿，真是一家胜似一家。当你踏进店门，微笑伴着鞠躬欢迎你光临；货柜前，售货员随着你的目光给你介绍产品；选购时可以试看试听，还同你讨论什么颜色、什么式样适合你的家庭。看不到“不退、不换、不保修”的牌子，见不到只顾说笑、不顾售货的场面。一手交钱、一手交货时，听到的是谢谢购货之词，离开时，从躬身相送的售货员嘴里说出的是：“再见，欢迎再来。”如果你拿不动或不想拿，还可以送货上门。

所谓“省”，是指省钱、省时间。谁都知道，商店集中，就会节省货比三家所花的交通费和时间。而且秋叶原的这些商店，都是以薄利多销为推销策略，这里商品的标价常比制造厂商所订标准价格低20%～40%。对外国顾客，免税店比比皆是，售货员们还常常会说汉语，至少可以用书写汉字与中国顾客“交谈”。当你漫步在这电子电气商品的丛林中，你还常常可见到标着价目的标签上划着一道道红线，这是告诉你：这个价格还可以商量。对于大型高价产品，还常常标着分期付款的价格。如果你碰上“庆祝开业”多少周年之类的“黄道吉日”，你还可以看见“大出血”的牌子，意思是“大减价”。那就买到便宜了。总之，来到秋叶原，决不要“来也匆匆、去也匆匆”。要多看几处，看看有没有更新、更便宜、性能更好的产品，看看哪里在“大拍卖”、“大出血”。这样就会买到价廉物美的产品。

## 时代前进的脚步声

在秋叶原，最感人的还不是丰富的商品和殷勤的服务，而是在这里你可以听到时代前进的脚步声。

就以电子电气产品进入家庭的步伐而论。20世纪60年代初，人们还是在这里欣赏简单的半导体收音机、普通的盒式录音机和图像质量一般的黑白电视机；在70年代大量上市的已是集成电路的收音机、立体声多声道录音机和高质量的彩色电视机；80年代以来微型的便携式单放机："随身听"、双卡录音机和组合音响系统、录像机和激光电视电声唱机已充满这里的大街小巷。如今，人们来到这里选购的标准已经是："三自一包"、"三合一少"、"三定一遥"。

所谓"三自一包"，是指收音机要自动无噪声调台：录音机要自动反转放唱、自动声控录音；电唱机要自动换面、唱臂自动复位；电视机要包括全频道、声相放映功能和同时监看两个台节目的能力。

所谓"三合一少"，是指收音机、电唱机、录音机组合音响系统；电视机、录像机、激光电视组合声像系统；还有沙发椅、音响、声像设备组合的所谓"体感声像系统"；它们都要求按键少、旋钮少，以便操作控制。

所谓"三定一遥"，是指收音机和电视机可以定时自开自关；录像机可以定时自己录像；录音机可以定时自己录音；而且它们都可以遥控。

最近，还有一个趋势，那就是小型化。收音机像厚纸卡片一样；录放机加上收音(包括收调幅、调频台和电视伴音)只不过像早期的"随身听"；棉帽子一样的大型立体声耳机已被小圆片状放在耳孔里的耳塞机代替；彩色电视机装在手表上；录像摄像机不过1千克；手掌大小的遥控器握在手中可以操纵室内的一切。一位日本朋友风趣地说："我们日本人总想把一切都放在自己的周围，所以一切都变小了。"但是，这个"变小"，说起来容易，干起来难。要小的与大的有同样(甚至更好)的功能，要花多少心血啊！

**“掌上明珠”** 这是当年索尼引以为傲的、袖珍型“随身听”(右),大小几乎与它所用的盒式磁带(左)一样了。

人们的需求是没有止境的,人们的创造能力也是无限的。新的时代将提出新的要求,新的一代也将创造新的产品。当下次再到秋叶原时将看到什么呢?

常言道“一叶知秋”。那么,在这个秋叶原上,就不仅仅是知秋了,而是一片秋收的美景。它是日本人民创造活力的展示。我希望,在我们中国,在北京,我们的电子电气同行们也能创造出一个自己的“秋叶原”来!

(原载《知识就是力量》1986 年 2 月号)



# 从秋叶原到社会

## 一叶知秋不是秋

日本东京的秋叶原电器街,商品似锦,游人如织,是一个现代化电子产品的集散地，一个世界性的、经营型的科学技术之窗。它，如秋天的一叶，象征着秋日的美景，代表着硕果累累的电子产品的秋天。

在秋叶原街，人们看到的主要是用来装备 20 世纪末叶现代化家庭的一些用品。当你走到那些商店的四楼、五楼等高层店室之中，你会见到一排排微型通信设备，一行行微型电子计算机。

陪同我的日本无线株式会社(JRC)的朋友，顺手拿起一部微型电台对我说："你看，我们公司的产品也摆到这里来了。"这句话貌似平常.却令人回味。

想当初，"日本无线" 这个日本电子产业界的 "老前辈"。在它整整 70 年来的开发、经营中，生产的都是专业性很强的电子产品。它的船用电子产品闻名于世，它的微波通信系统、车载电台和航空电子产品在各国广为应用；它的医用电子系统、电子元部件也受到专业工作者的好评。可是，这个老牌企业，也仅仅被世界上从事雷达、通信、导航、遥感、工业控制、医疗等行业的专业人员以及这类产品的经销商们所知，千千万万的"老百姓"是不知道它的。因为，长期以来，在那对对情侣、组组家人出没的秋叶原上，见不到它的产品。如今有了。这不仅代表"日本无线"产品市场的开拓，也说明一个世界性的趋势：高档的通信和计算机产品正在悄悄地进入家庭。也就是说，秋叶原上的一片秋叶，象征了我们这个时代信息化的步伐。

当然，一叶毕竟只是一叶，只能象征，不能包括。在电子技术高度发展的今天，在人类正向信息化社会前进的时代。岂止家庭，社会上各行各业都在电子化、信息化的崭新征途中前进。不信的话，请你从秋叶原的繁华闹市中走出来，到工厂去、到医院去、到办公室去、到你所关心的各行各业当中去，你就会发现，那里才是真正的电子世界。

## 累累硕果伴秋游

崭新的时代，往往需要用一些崭新的词语来表达。"技术先导型企业"这个说法就是其中之一。简单说来，这个名词的含义是：用当代最先进的技术思想作指导，用当代最先进的技术手段来武装，使之成为本行业乃至各行业表率和先导的企业。从秋叶原出来，当然首先应该到这样的企业中去，才能充分地感受到时代的气息。

当你走进一个个一尘不染的车间时，你会感到奇怪：怎么这样好的车间竟无人工作。原来，这是一座无人工厂。今天，电子技术与精密机械的高度结合，已经创造了这样的奇迹。想当初，农业革命把人类从原始生活中解放出来；工业革命又把人类从繁重的体力劳动中解放出来；而今天的信息革命就是要把人类从单调而精密的生产活动中解放出来，以便从事更富有创造性的事业。用机械手、机器人和各种自动控制、操纵系统装备起来的无人车间、无人工厂就是这新技术革命的典型产物。技术人员把这叫做“工厂自动化”。从事计算机专业的人却喜欢称之为“计算机辅助制造（CAM）”。其实，工厂自动化与计算机辅助制造并不完全是一个概念。工厂自动化有着更为广泛的含义。它包括工厂中工作的各个方面，诸如设计、制造、质量控制、测试、管理、材料保管和输送等等一系列问题，而不光是制造。当然，这一切（在自动化工厂中）都离不开计算机的帮助，但并不能用计算机来代表一切，诸如遥控、遥测、遥信系统、机械手和机器人等等都不是计算机一词所能概括的。

在工厂自动化中，最时髦的是所谓“柔性生产系统”。这种系统可以靠改变程序达到生产多种产品的目的。这对于发展高适应能力的商品生产是非常重要的。想当初，顾客们是有什么商品就买什么。后来可以在众多商品中挑选自己最满意的。但在“顾客就是上帝”的时代，在电子、机械的能力高度发展的时代，制造厂希望最大限度地满足顾客的需要。顾客对自己要买的产品提出要求，生产厂就按这个要求去尽快地实现。当然，这是最理想的情况。要做到各种产品完全因人而异，这还是将来的事。但是，如今的柔性生产系统，已经向前迈进了一大步。过去，生产一种产品的生产线要改为生产另一种产品时，就得大动干戈、大拆大换；如今，生产线可以不动，只改变它的程序就可以了。当然，这是指同一类型的产品，不是说做电视机的生产线改成生产西服。

我们在日本科学技术与经济协会的负责人陪同下，参观了立石电机株式会社的一个制造厂。这个有着52年历史的公司，从当初生产普通继电器开始，发展到今天制作先进的柔性生产系统，可以算是当代日本的技术先导型企业之一。它为日本的社会自动化也做出了一定的贡献。

## 万紫千红满目秋

常言道："万紫千红总是春。"说的是春天百花怒发、生机勃勃的景象。我不是诗人，我是一个生产者，用我的眼光来看，春只是万物萌发的季节，春天嫩绿的色彩占上风，春天的树上是花蕾。而秋天的树才果实累累，秋天的红叶会染红整个山冈，秋天的田野会给人带来更实实在在的喜悦。秋天是红色占上风。

这段评论和我们的主题有什么关系呢？我是说，从工厂自动化这个问题扩展一步看，你会看到一个社会自动化时代的到来。站在信息时代的高度，你见到的是万紫千红的丰收美景。

社会自动化（英文简写SA），这是一个新提法。是继生产活动领域自动化之后，向生活服务领域自动化前进的新概念。它比所谓"电子家庭"或"家务自动化"要广义得多。它的基本含义是社会上为公众服务的一切领域的自动化。

举例说来，交通部门的自动售票、检票，银行业务中的自动存款、取款、自动数钞票，医院中自动化验、检查，商店业务中的自动计价、传送货物，剧场中的自动灯光管理等等都属社会自动化范畴。这一切已经是现实生活中的事了。随着人们需求的发展以及现代技术，特别是机械与电子相融合的技术的发展，社会自动化这个概念，将日益扩展和充实，也日益为人们所熟悉。

在社会自动化的征途中，贡献最大的是那些从事机械技术与电子技术相融合的人们。为机器注入智能，这是20世纪末、21世纪初先导技术的主流，是一切关心社会技术进步的人所注目的课题。

我参加了日本第14届技术预测会，会上，专家们重点讨论的就是所谓“人工智能”问题，通俗说来就是让机器学会思考（判断、推理、适应、学习等等）。在日本最突出的表现是调动巨大的人力、物力搞所谓“第五代计算机”。同时又突出地抓两类产品：智能机器人和自动翻译机。

在筑波的科学万博会场上，人们已经看到了这些智能机器人的雏形，它们生动有趣的表演，引起人们一阵阵爽朗的笑声，同时人们也看到了自动翻译的初步成果。如今，一些日文—英文自动翻译机已经在市场上出售。当然，由于它们刚刚问世，它们的翻译技能还比较一般，然而，如果不是文艺作品，而是一般性的、规范化的文件，这种翻译能力还是可以的。

常言道：“万事开头难。”既然这个头已经开了，在未来的秋叶原上难道不会有更新的展品出现吗？在人们的生产场地、生活领域也一定会有更多、更好的智能化设备问世。

让我们满怀信心地迎接社会自动化的到来吧。

（原载《知识就是力量》1986年4月号）

## 载歌载舞

聆听音乐，观赏表演，这是人类文化生活的重要内容。于是，千百年来，剧场、影院相继出现；留声机、收音机、录音机、录像机陆续发明。如今，一种新的设备又已经开始流行，它将使你

### 耳目一新

1983年10月9日，是日本的大阪市建城400周年。乘坐新干线的高速列车，我们从东京赶到了大阪。然而，吸引我们的却不是那几十万人的

盛大集会，也不是那鲜花、彩旗、华灯、焰火的艳丽美景。我们急匆匆地在朝潮桥车站下车，是受着强烈的专业兴趣的吸引。因为在那里的“恒久展示场”正在举办“1983年日本电子工业展览”。

五个展览厅琳琅满目。有成套设备，也有零、部散件；有大型机器，也有微电子产品；有工矿企业用的专用装备，也有民用的消费产品。在那里，既可以获得超大规模集成电路的启示，也可以见到微型电子计算机应用的新闻。置身其中，令人感到社会的信息化正在大踏步前进。本文就是要介绍一下我对二号厅的观感，谈一谈视听设备的、一条不算太新的新闻。

“视听设备”，这个词你也许感到陌生。“视”者目睹，“听”者耳闻。“视听设备”就是能使人耳闻其声、目睹其像的设备。也有人称之为“声像设备”。

自从1877年美国著名的发明家爱迪生向听众展示了他的划时代发明——留声机以来，听音和可视设备逐渐进入家庭，成了人们生活中“时髦”的象征。起初是留声机、收音机，而后是电唱机、电视机，接着又是录音机、录像机。

下面又将是什么机呢？

走进恒久展示场的2号厅，立体声音乐充耳而来，五光十色的图像迭目而至。这里是几十个荧光屏组成的屏幕，那里是上百的画面构成的彩柱；这里是成排的立体声耳机，那里是成行的音箱、音柱。画面不停地变换，音乐不断地更新。各家公司的解说员、推销员都在拉开嗓子：请来看啊，这是本公司的最新产品……

当人们走上前，顺着那通向音箱、音柱的电缆看去，在大家已经比较熟悉的各式录像机中，一台台与众不同的设备显露其间。它的面板像录像机一样，有着一排排按钮，旁边还显眼地立着个满是按钮的遥控器。而它的顶盖却像电唱机一样打开，下面放着光灿灿的精制唱片，却又没有人们看惯了的像蛇一样的唱臂带着唱针轻压其面。它的旁边配放着像电视机那样的监视器和一对立体声音箱。凝目细看，机箱的左上角写着："Laser Disc"这，就是视听新葩：激光唱机（或曰激光唱盘）的英文名称。而它在已经流行的英文词典中还来不及出现。那闪光的唱片就是电视唱片。正是：

光声电学三结合，载歌载舞唱片来。

**声色盛宴**　这是2号厅中，由100个彩色屏幕构成的巨大彩屏。



## 技术的步伐

想当初，30岁的爱迪生用他那个卷着锡箔的圆筒实现了几千年来人们梦寐以求的记录和重放声音的理想的时候，受到了多么崇高的赞誉。如果你有幸见到当时一个个观光者对着那简陋的设备叫喊、唱歌、吹口哨、打喷嚏的样子，也许会感到可笑。同时，你也会为100年来人们在技术上取得如此巨大的进步而惊叹不已。相比之下，10年以后（1887年）当伯利纳制成平盘唱片和唱机的时候，引起的轰动却小得多，而它才真正是今天的唱片和唱机的雏形。甚至，直到20世纪上半叶，人们还满足于在家庭和娱乐场所，围在带着个牵牛花式大喇叭的留声机旁，聆听每分钟78转的老式粗纹唱片重放出的讲话和音乐。而它的“美妙”程度只不过能反映几百到几千赫兹的频率范围、高音和低音都有明显的失真。直到50年代，这种状况才明显地发生变化。这应归功于密纹唱片的出现和立体声磁带录音设备的问世。它们使人类的听音状况大为改观。

国际上常见的密纹唱片有两种：一种是每分钟45转的，直径大小以12.5厘米和17.5厘米两种尺寸为主，近年来也有直径为30厘米的大片。它通常用来录上一首或多首歌曲或乐曲。这称为密纹单曲目和密纹多曲目唱片。另一种是每分钟$33\frac{1}{3}$转的，直径却以30厘米的大片为主，也有25和17.5厘米的片子。这种唱片可以放唱25分钟左右，因而称为密纹长放唱时间唱片，最宜录制大型交响乐、歌剧、戏和大合唱等。我国目前发展的就是这种。当然如果把它与60年代发展起来，如今已大为普及的盒式录音磁带相比，它的“长放唱时间”就显得短了。

标准的盒式磁带有C-30、C-45、C-60、C-90、C-120、C-180等种。这里，“C”为英文“盒带”（Cassette）的词头，而后面的数字表示以分计算的录放时间。它们的带盒尺寸都是一样的，即长为100毫米，宽为64毫米，厚为12.5毫米。带速均为每秒4.76厘米。

磁带录音由于能反复录放而又携带方便，一下子颇有将唱片、电唱机取而代之、一统天下之感。其实未必，唱片至少还有一“高”、一“低”两大优点。所谓“高”，是指电声指标高。优质的盒式节目磁带，做到20～18000赫的频率范围，信号噪声比为52分贝，谐波失真2.8%。而优质的密纹唱片频率范围却可从20～20000赫，信号噪声比达60分贝，谐波失真只有1%。所谓“低”，是指唱片对环境的要求远较磁带为低。它的温度和湿度适应范围宽，还不怕强磁场干扰，不怕太空中宇宙射线和微粒的轰击。因而它曾作为地球上的人们送给宇宙中“知音”的礼物，装在“旅行家”宇宙飞船上，送往太阳系外，预计这种唱片在外层空间可保持其性能达10亿年之久。正因为如此，不论在国内还是在国外唱片的产量仍高于盒式节目磁带好几倍。总之，两者各有千秋。如今，人们主张的是并驾齐驱。而且自70年代以来一个明显的发展趋势是把电唱机、录音机、收音机、音箱组合起来成为所谓“家庭音乐中心”，使人们在居室之中就能享受到音乐厅里立体声乐曲所带来的欢乐。

与听音设备竞相发展的是人们对可视设备的追求。这件事也得从爱迪生说起。正是他想制造一个像满足人们听觉的留声机那样来满足人们视觉的“留像机”，这导致他发明了活动电影放映机。1894年4月在纽约的百老汇大街的电影馆首次公开放映。那盛况自然胜过如今任何一部影片的首映式。现代的电影当然比那时高明多了，而在家中看电影最初只不过是少数富翁的奢侈之举。到了20世纪30年代，当电视广播实现之后，才渐渐使普通的家庭也能在家中观看剧场、影院演出的实况了。半个世纪后的今天，人们已经不满足于在家里被动地看看电视台播放的电视节目，而是要自录自放了。

也是在20世纪50年代，人们致力于发展磁性录音的同时，磁性录像的研究也逐步发展起来。

磁性录像与磁性录音在原理上是一样的，只是技术上大大地前进了。因为图像信号所占频带要比声音信号宽得多。声音不过20～20000赫兹，而图像却是50～6000000赫兹，是声音的300倍。根据理论分析，磁带能记录的上限频率是和磁头与磁带的相对速度成正比。因此，录像机的视频磁头和磁带的相对速度就应比录音机中音频磁头和磁带的相对速度快几百倍。为了提高相对速度，录像机中不再采用录音机中那样的固定磁头，而是让磁带也走，磁头也转，使之相对速度达到了每秒几十米。

如今，市面上流行的盒式磁带录像机主要是磁带宽度为3/4英寸和1/2

英寸两种，而后者是目前进入家用的主角。它的最长播放时间已可达8小时。而与之配合的摄像机重量已降到1千克以下。更轻更小的录像设备也已在开发之中，它的磁带只有1/4英寸（8毫米）宽，而且摄像机、录像机合为一体。不久人们将能看到这种像盒式录音带那样大小的盒式录像带在市面上流行。

## 视听新葩

可是，人们仍然忘不了唱片的优异性能和制造、使用的方便程度。于是崭新的激光唱机出现了，与之配合的是电视唱片。

其实，电视唱片并不只是“唱”，而是有声有像、载歌载舞。它可以像一般密纹唱片那样用机械方法刻出音槽。但更好的方法是用激光束来刻制。即用图像（包括伴音）节目信号控制一束经过聚焦的高功率激光束来对唱片的原盘进行刻录。常用的办法有二：一种是，唱片原盘上涂有金属膜，当它被激光束照射时，该处将会因高温气化而蒸发，于是在旋转的唱片原盘上就由内向外刻出了顺时针方向的螺旋形槽。另一种更好的办法是，唱片原盘上涂有光刻感光胶，它受激光束照射而曝光，再经显影、固化、腐蚀等化学处理，于是就形成了螺旋形的纹迹。这就是原版唱片。再用金属电铸法制成模板（即所谓头版、二版和三版）。用它即可压制唱片。

唱片通常是用光学透明硬塑料（如聚氯乙烯）用模板加热模压而成。片基厚为1.2～1.3毫米。也可用聚丙烯融熔喷塑而成。塑料面上的纹迹与原版相同。在压上信息的这面上再覆一层铝反射膜，而后再涂一层塑料薄膜保护。最后将两片这样的单面唱片，以保护层相向的方式黏合起来，即成一张双面唱片了。而它的两边是1个多毫米厚的透明塑料片基，保护着银光闪闪的信息面。因而它不怕灰尘、烟雾、指印、水渍的“侵袭”，安全可靠，光彩夺目。

重放时，也是用激光束照射唱片，信息面上纹迹的情况，决定着反射激光束的强弱，这个反射光由光敏二极管变为电信号，再经过适当地处理、放大后送到监视器。于是，监视器的荧光屏上就显示出唱片所载节目的图像,而音箱里则放出美妙的伴音了。

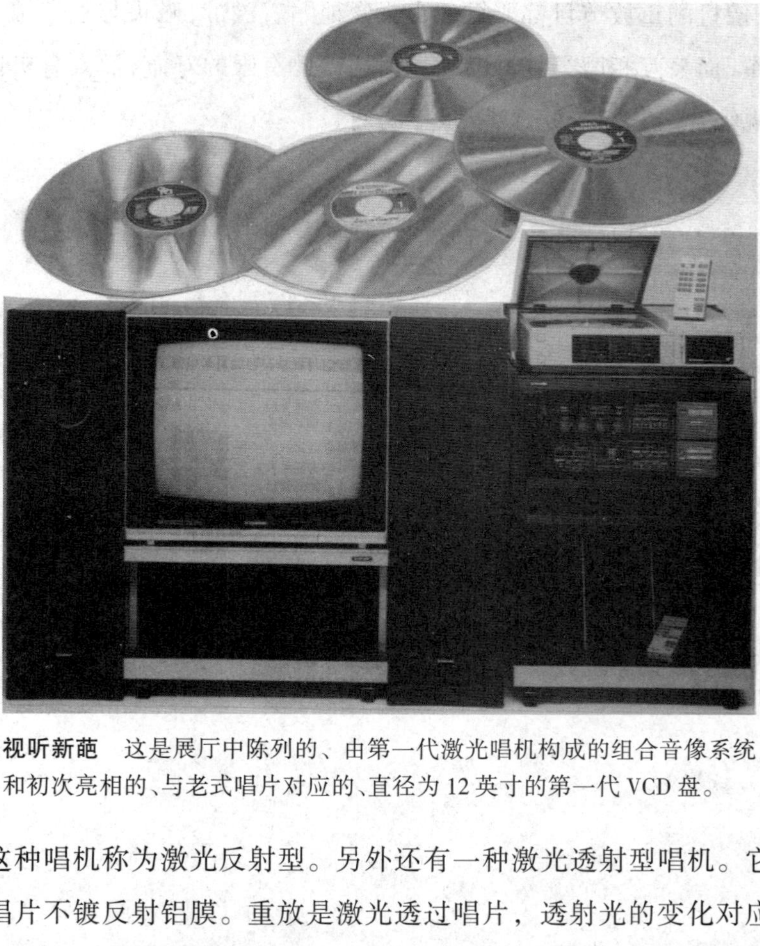

**视听新葩** 这是展厅中陈列的、由第一代激光唱机构成的组合音像系统和初次亮相的、与老式唱片对应的、直径为12英寸的第一代VCD盘。

这种唱机称为激光反射型。另外还有一种激光透射型唱机。它的压制的唱片不镀反射铝膜。重放是激光透过唱片，透射光的变化对应于信号,再由光敏二极管转换成电信号。但目前比较流行的还是激光反射型。

想当初,普通唱机是靠唱针与音槽接触而随其凹凸不平产生振动,唱头再将此振动转变为电信号。起初是用钢针,后来用钻石针。但总免不了唱针的磨钝和唱片的磨损。也难免唱片的外界擦痕和唱针的机械折损,从而使重放质量逐渐恶化。激光唱机的应用,从根本上改变了这一状况,再也没有尖硬的唱针在宝贵的唱片上磨来划去了。代替它的是那永不“变钝”的激光束,同时,机械唱头在唱片上划动时产生的沙沙声也消失了,唱片毫无磨损，声音与图像“永葆青春”。

与录音机和录像机相比，激光唱机的这种优点也是不言而喻的。录音机、录像机的重放节目都要靠磁头紧紧地贴着磁带，磁头与磁带相互配合地工作，而又互相磨损着。渐渐地消耗彼此有限的寿命，而没有机械接触的电视唱片之花却芳姿饱满，永不凋谢。

（原载《国际新技术》1984年3月号）

DISIPIAN

# 第四篇

# 花花世界传秘闻

HUAHUASHIJIECHUANMIWEN

2011年1月20日美国第14颗KH-11间谍卫星发射

# 黑间谍小姐之死

间谍，这个词汇，听起来讨厌，想起来神秘，谈起来却津津有味。而我要讲的一切，也许连这三个特点都没有。但是，总会有几个有好奇心的人，想看一看：它到底有没有一点点……

1996年，在苏联的银幕上，映出了一部电影，名为《死亡季节》，描写一个苏联间谍在外国从事谍报活动多年，屡建奇功，后来被捕，被判长期徒刑，最后，苏联用一个对方的间谍作交换，将他赎回。

这个苏联间谍是谁？那个对方间谍又是谁？他们的主子为什么对他们那样感兴趣？本文就从这里说起。

## 捡来的便宜

报童波塞非常高兴，他顺利地收完了报费，蹦蹦跳跳地向楼下跑去，有道是：欢喜鸭儿打破蛋，脚下一滑，手中的硬币就叮叮当当地散落在楼梯上。波塞只好耐着性子，一枚一枚地拾着。突然，他发现有一枚硬币裂成两半，中间夹着一片微型胶片。这是1953年在美国发生的事。

他把硬币和胶片一起送到了警察局，又转到联邦调查局的密码专家们手里。但是，岁月一天天过去，却始终解不开这个密码和硬币之谜。

三年之后，美国又在巴黎捡到另一个便宜。一个35岁的苏联间谍雷诺·海哈南到巴黎警察局自首,要求到美国政治避难。他自称是苏联驻美洲特工头子鲁道夫·伊凡诺维奇·阿贝尔的助手。他由于行为不检点,得不到阿贝尔的信任,遣他回国“度假”。他怕回国之后难于立足,于是途经巴黎时投向西方。

这就是那种海哈南与阿贝尔联络的硬币

那枚硬币就是海哈南同阿贝尔联系之物。它是1948年造,有美国总统杰弗逊的头像,在字母R的地方,有一小小的孔,用针一扎,硬币就能分开。

“千面人”阿贝尔

海哈南随同美国中央情报局的特工一起飞回美国,搜捕阿贝尔。

谁知,精明的阿贝尔在海哈南离去的第二天就溜之乎也,跑到佛罗里达去躲了3周,而后才改名马丁·柯林斯返回纽约,不回原址,而在曼哈顿的兰灯旅馆开了个房间。

美国特工虽然有叛逃者的帮助,也花了半个月的时间,才抓住阿贝尔。在联邦调查局对他的审讯和诱降面前,他一直镇定自若。美国人达不到目的,终于在1957年10月23日宣判其有期徒刑30年。

阿贝尔到底是个什么样的人?一个间谍的身世,人们很难说清。据说,他1902年7月2日生在圣彼得堡(苏联改为列宁格勒)。精通英、德、波兰等六七国外语。1927年,加入红军情报局,开始间谍生活。第二次世界大战中,潜入德国,担任了希特勒的汽车司机,得以将德军的高级机密向苏联领导报告。战后,由于他的功勋,被提升为苏联国家安全委员会(克格勃)的上校军官。

尔后，于1947年冒充德国难民安德莱·卡育犹斯经由加拿大进入美国。1950年定居纽约,改名艾美尔·高尔福斯,以摄影师兼画家的身份作掩护。间谍工作十分得手，直至叛逃者的出卖被捕为止。他的忠诚和尽职,不仅得到其主子的赏识,甚至美国的特工头子杜勒斯也感叹地说:“我真希望我们能有两个像他一样的人在莫斯科就好了。”

人们送了他一个外号：“千面人”。意思是说他可以用各种不同的身份、在各种不同的地方刺探情报,而不被识破。

这就是以摄影师兼画家身份作掩护的阿贝尔在纽约的住所

对于这样一个高级间谍的落网,怎么能不使苏联政治局惊讶万分。阿贝尔的主子们千方百计地寻找机会,力图救他回国。

5年以后,他们终于找到了这样的机会。

## 洲际导弹在哪里

第二次世界大战的烽火刚刚消散,1946年3月,美国总统哈里·杜鲁门把英国首相温斯顿·丘吉尔请到了美国。在密苏里州富尔敦的威斯敏斯特学院的讲台上，杜鲁门介绍说："我知道他有一些建设性意见要说。"随后，丘吉尔发表了一篇被认为是"冷战"开始的信号的演说。在这篇演说中，他慎重的宣布："铁幕"已"横贯大陆而降下"。从此，"铁幕后面"就成了苏联的代名词。西方说那里是一个消息被"封闭了的社会"。可是，他们又急于要知道那里的种种消息，其中，对美国人说来，一个朝思暮想的问题就是：苏联的洲际导弹在哪里？有多少？试验得怎样了？因为，装有核弹头的洲际导弹，能从苏联打到美国。

问题是这样提出来的：

1944年夏，苏联俘获了几百名德国V-2导弹的工作人员和专家，把他们搞到希姆基导弹工厂与苏联人员一起研究导弹。同时，还在这个工厂的旁边秘密地建了另一个影子工厂，完全由苏联人工作。有苏德两国人员的工厂用来获得德国人的技术，也用来验证苏联的设计。当他们的火箭技术已超过德国人所掌握的技术时，50年代初，他们开始遣返德国专家。这些人回到德国之后，为西方带去了苏联发展导弹的不详之音。

苏联的导弹试验是在卡普斯丁·亚尔靶场进行。这个导弹发射基地是1946年建成的，位于伏尔加河下游，北纬48°31′，东经45°48′，距伏尔加

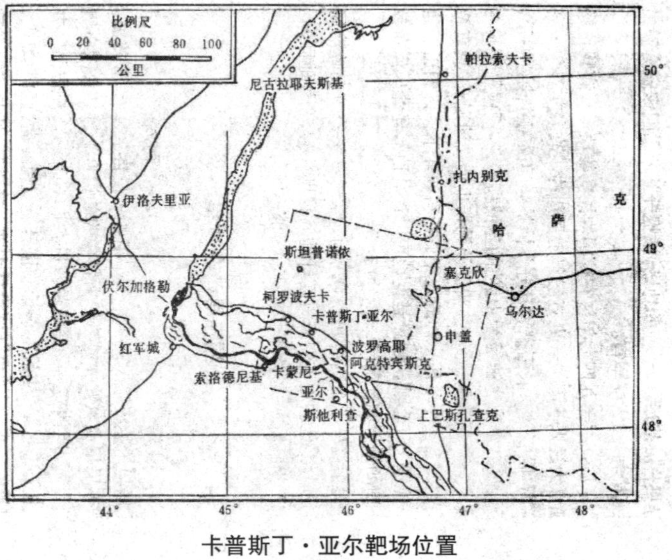


卡普斯丁·亚尔靶场位置

格勒(原斯大林格勒)约90千米的地方。

为了监视它的试验情况,美国在土耳其的萨姆松建立了一个巨型雷达站。它位于苏联基地的西南方，相距1550千米。对于观察苏联的试验有着良好的视野。美国《航空周刊》报道监视的结果时说:雷达的数据表明在1956年期间,由不定期的发射试验转为每月5次的定期发射,这是一个重大转变。

但是,美方很快就发现;在这里试验的只是中程弹道导弹。其射程为1500千米,弹着区在克孜勒・库姆沙漠之中,而洲际弹道导弹却是在苏联内地的另一个发射场试验,那里超出了当时美国雷达的作用距离。

这可怎么办呢?

## 古城谍影

有一个城市总是充满着战斗的氛围,它的旅馆里装饰着匕首和剑,街上的行人也枪不离肩,这就是巴基斯坦的北方大门白沙瓦。早在公元前5世纪,被誉为欧洲史学之父的希腊历史学家希罗多德就在他的著作中提到过这个城市。并以赞美的笔调描绘当地人是多么犷悍勇猛、视死如归。今

帕坦人的后裔

天仍然能看到这些帕坦人的后裔，穿着白色衣裤，外套一件花背心，背着枪，胸前挎着子弹带，在市场与街头出没，在茶馆与马路上聊天。他们显得那样的魁伟、潇洒、英武。

在距白沙瓦 18 千米的地方，是有名的开伯尔山口，奇峰错列，巨壑纵横，最窄处只有 12 米宽，它是巴基斯坦与阿富汗之间的通道，也是南亚次大陆同中亚地区陆路交通的捷径。公元前 5 世纪，波斯王大流士征服了喀布尔后就是从这里侵入白沙瓦，然后进犯印度河流域的。200 年后，希腊的亚历山大大帝的军队主力也是通过这个山口南下印度洋的。以后鞑靼人、蒙古人、英国人……都在这里打过仗，成了兵家必争之地。所以千百年来白沙瓦城总是这样警惕地注视着世界。它看惯了战争年代的烟火风云，也领略了和平时期的明夺暗争。如今，在它的身旁又出现憧憧谍影。

开伯尔山口



对苏联战略空军和洲际导弹的担心，促使美国加紧行动。1954 年 11 月，艾森豪威尔总统批准了中央情报局要求洛克希德公司制造的U-2 型高空侦察机的绝密计划。这种飞机机身长，尾巴高，翅膀宽，总长 15.1 米，高 5.2 米，翼展 24.4 米，重约 8 吨，装 1 台涡轮喷气发动机，驾驶舱仅容一人，机上没有任何火炮装置，而是在肚子里装着高灵敏度的航空相机，它们可以透过机身下七个舱孔对外拍照，把宽约 200 千米、长约 5000 千米的地面景物全拍下来，可供洗印成4000张双幅照片。据说，这些照片经过处理和高倍数放大后，其清晰程度甚至可使判读人员辨认出在十几千米高空拍摄的报纸名称。另外，飞机上还带有电子侦察设备，以侦察苏联雷达的配置和性能、特点，负有探测秘密核试验的使命等。尤其优异的是，它还设计得使苏联对它无能为力。当时，苏联的歼击机只能飞到18000千米，至多20000米，而U-2型飞机却能达27400米，地对空导弹当时也达不到这样的射程。它的设计者甚至向官方吹嘘：连当时苏联的雷达也探测不到它。总之，它是当时世界上“前所未有”的高级间谍工具。由于机身涂有黑漆，因此，后来得了一个“黑间谍小姐”的雅号。为防万一，飞机上还装了即时自毁装置和反雷达侦察的设备。

“黑间谍小姐”的风韵

U–2上的侦察相机

为了操纵这种飞机进行间谍飞行，美国中央情报局招聘了一帮间谍飞行员，成立了一个双十中队，驻扎在土耳其阿达纳附近的美国空军基地：因斯里克空军基地。而U-2飞机的“机窝”则设在巴基斯坦的白沙瓦机场。那里，用重重的铁丝网和警卫，为美军圈了一个军事机场，由中央情报局控制。那里的设备十分简陋，飞行员全睡折叠床，自己热军用罐头吃。所以，他们只是在要执行间谍飞行任务时，才从土耳其飞来。

1956年6月，U-2飞机开始越过苏联边境进行第一次有限制地绝密高空侦察，并逐步扩大其侦察范围。到1957年春，发现了一个新的洲际导弹试验基地，同年年中U-2飞机拍摄了这个发射场的照片。它位于哈萨克加盟共和国丘拉坦城附近，在卡普斯丁·亚尔以东1100多千米，在咸海以东150千米，拜科努尔镇西南288千米。*美国人把U-2的间谍飞行称为“越空飞行”，对此非常重视，每一次飞行都要经过艾森豪威尔总统亲自批准。他把这看成是他的情报政策中的一项重要行动。

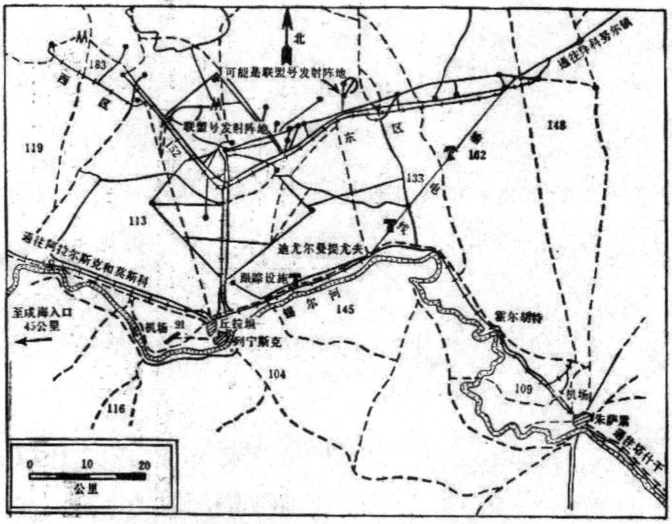

丘拉坦发射场位置（图中数字为海拔高度）

黑间谍小姐到底有什么功劳？可以用当时美国国防部长盖茨的话来概括：U-2的飞行已对有关机场、飞机、导弹、导弹的试验和训练、特种武器仓库、潜艇的生产、原子弹生产以及飞机的部署……提供了重要的情报来源。

---

* 这个基地，西方常称之为“丘拉坦发射场”，而苏联公开叫“拜科努尔宇宙发射场”。1975年，这里接待了第一批美国访问者，可是在20年前却是绝对保密的。

一位美国编辑当时也这样说：几十年来，甚至在美苏还是盟国的第二次世界大战期间，俄国人除了迎合自己的需要外，有关他们的军事力量几乎都是严守秘密的，只是在过去几年里，由于U-2型飞机的侦察飞行，才使美国能够部分地透过铁幕。感谢U-2的侦察飞行，它使我们发现俄国人于20世纪50年代中期公开展出的新型喷气式轰炸机原来是一种企图用以转移美国视线的“熏青鱼”，而他们那时实际上是在拼命发展洲际导弹技术。



可是，好景不长。

## 意外的夭折

在美国弗吉尼亚州威廉斯堡附近，有一个幅员9000英亩（1英亩折合0.40469公顷）的“农场”，一些神秘的人物在这里进行训练。里面有靶场、跳伞塔、营房、办公室、教室和模拟外国封闭边界的设施。这里名义上是五角大楼的一个研究、试验场所，实际上是中央情报局训练间谍的地方。

1963年一个训练班毕业的间谍谈到他在那里受训时，观看一部U-2型飞机的电影时的情景。

他说：“放映前教官说，U-2型飞机是情报局的一个胜利，因为这些飞机在苏联上空至少飞行了四年之久。在此期间，苏联领导人恼羞成怒，既无击落U-2型飞机的能耐，又不愿让全世界知道自己的无能。电影所用的摄影技术证明‘飞行摄影机’确实出色地完成了侦察任务。”

放完电影，灯光通明。教官向大厅后面做一手势说：“先生们，这就是我们电影中的英雄。”

只见弗朗西斯·加里·鲍尔斯站在那里。受训人员起立鼓掌。

这个鲍尔斯，何许人也？他为何如此受到特工们的崇敬？

原来他就是双十中队的队长。1960年5月1日，他驾驶U-2型飞机作了一次轰动世界的间谍飞行。

**“农场”景观** 这就是那片多年来、从国会议员到平民百姓都议论纷纷，却又无官方证实的中情局的“农场”（The Farm）。军方原有个名称叫“霹雳营”（Camp Peary）。在这片神秘土地上，停着飞机、飙着快艇、跳着降落伞，如此“好玩”的地方，却又到处竖着“闲人免进”的警告牌，还用高架铁丝网上加电网把它团团围住……

下面就是有关他的故事。

弗朗西斯·加里·鲍尔斯是一个既贪财又惜命的家伙。他身材粗壮，加上留个平头，看上去很像一个足球场上的后卫，给人的印象好像是肯卖力、靠得住，而又没有什么头脑。他之所以充当职业军人，作一个冒险的间谍飞行员，也并不是出于“爱国”，而是为了攒钱。在为中央情报局工作之前，他两口子的总收入是每年8400美元。这在美国是一个很不充裕的收入。于是，四年前，这个27岁的空军中尉，与中央情报局的特工挂上了钩，表示愿意为驾驶U-2卖命。靠这份差事，他每年能挣3万美元。就是为了这钱，他才甘冒“越空飞行”的危险，但在他心里却经常嘀咕，他曾说过：“在要害的地方，一个螺丝钉松了，就能使飞机栽下去。”他就这样胆战心惊地在双十中队中度过了四个年头。

不过，值得他庆幸的是，近两年来，飞行的次数越来越少，但恐惧却与日俱增。1960年年初，他终于憋不住了，他向一个中央情报局的官员问道：

**鲍尔斯和他的U–2C** 由于U–2高空飞行，飞行员要穿特制的加压服装，由头盔给氧。你看，鲍尔斯就穿着这种特制的飞行服。

“如果发生了什么情况，我们有人掉在俄国境内怎么办？那个国家那么大，要走到边境，可真是够走的，在那里有没有接头的人？你能不能告诉我几个名字和地址？”

虽然这种所谓“越空飞行”当时即将进入第五个年头，但据说还是第一次有人公开提出这样的问题。他得到的回答是：

“不成，我们提不出。”

鲍尔斯还不肯罢休：“那好吧，假定发生了最坏的情况，一架飞机坠落，驾驶员被俘，他应该怎么说呢？具体地讲，他应当说多少呢？”

据鲍尔斯回忆，他得到的回答居然是：

“你照实全说算了，反正他们会逼得你全说出来的。”

果然没有多久，他就碰上了“最坏的情况”。1960 年 5 月 1 日，他驾驶着 360 号 U-2 型飞机，从白沙瓦起飞，对苏联进行侦察。预定的航线是：横越阿富汗和喜马拉雅山的支脉兴都库什山，在斯大林纳巴德附近进入苏联，然后飞越咸海、丘拉坦发射场、车里雅宾斯克、斯维尔德洛夫斯克、基洛夫、阿尔汉格尔、坎达拉克沙和科拉半岛上的摩尔曼斯克，在穿过苏联之后，还将飞越巴伦支海和挪威的北海岸，最后到达美国在挪威的博德基地。整个航线像个大“之”字形，全程 5750 千米，四分之三是在苏联境内，预计需要 9 个小时。

可是，当他只飞了差不多一半的时候，在斯维尔德洛夫斯克上空被打下来了。他既没有开动飞机自毁装置与 U-2 同归于尽，也没有用他的主子给他的含马钱子毒剂的细针“殉职”，而是跳伞了。于是，他的飞机上的一切间谍工具，包括摄影机、录音机、雷达、通讯设备、地图、飞行计划以及自杀用的毒针都成了苏联的战利品。

赫鲁晓夫亲自主持，在苏联莫斯科的高尔基公园举办了U-2 飞机残骸展览会。而被俘的鲍尔斯则向克格勃审讯者说出了他所知道的一切。

爱激动的苏联头头赫鲁晓夫，亲临 U–2 展览会场现身说法

对于他这次间谍飞行的前前后后，人们传说纷纭，他自己也写过回忆录。但至今人们仍然感到神秘。

NEW YORK, FRIDAY, MAY 6, 1960. FIVE CENTS

SOVIET DOWNS AMERICAN PLANE;
U.S. SAYS IT WAS WEATHER CRAFT;
KHRUSHCHEV SEES SUMMIT BLOW

CAPITAL EXPLAINS

Reports Unarmed U-2 Vanished at Border After Difficulty

PREMIER IS BITTE

Assails 'Provocatio Aimed at Wrecking May 16 Parley

NEW YORK, SUNDAY, MAY 8, 1960. TWENTY-FIVE CENTS

U. S. CONCEDES FLIGHT OVER SOVIET,
DEFENDS SEARCH FOR INTELLIGENCE;
RUSSIANS HOLD DOWNED PILOT AS SPY

LONDON TROUBLED

Fears That U.S. Stance for Summit Parley Will Be Injured

'CONFESSION' CITED

Khrushchev Charges Jet Was 1,200 Miles From the Border

ACTION EXPLAINED

Officials Say Danger of Surprise Attack Forces Watch

**新闻** 这是两份报刊，上面是1960年5月6日星期五的《纽约时报》，说的是苏联打下美国飞机，美国人辩解说是气象飞机，误入苏联领空（注：据《赫鲁晓夫回忆录》称，他当时玩了个花招，在最初公布打下美国飞机时，故意不说生擒驾驶员之事，看美国如何表态。果然，美方中计，以为“死无对证”，就谎称是“气象飞机”因故障而不得已飘入苏联领空）。插图是赫鲁晓夫在会上认定首脑会议告吹；下面是两天后（5月8日、星期日）的《时代周刊》，插图是赫鲁晓夫宣布活捉了间谍飞行员鲍尔斯，并高举一幅幅缴获的物证照片，说明是间谍飞机。从而迫使美国改口。通栏标题就是说，美国改口承认：飞越苏联是为了搜集防卫情报，而俄国人则以间谍罪拘捕了飞行员。

# 神秘的航程

鲍尔斯最后这次飞行，并不是例行飞行，而是在长时间停顿后，决定在1960年4月进行的两次“越空飞行”中的一次，而且是第一次企图飞越苏联全境，也是黑间谍小姐的冒险生涯中第一次从一个国家起飞而到另一个国家降落，所以美国人兴奋地取了个任务代号：“大满贯”。

4月9日进行了第一次侦察，飞机安然返航，照片冲洗后经过判读，据说发现了另一新的、疑为洲际导弹基地的证据。为此，计划在一个月后进行第二次U-2飞行。在上一次，鲍尔斯就已被指定为后备驾驶员，这一次当然责无旁贷了。4月中旬的一天，他接到指挥“越空飞行”的空军军官威廉·谢尔顿上校的命令，让他准备好进行从白沙瓦到博德的飞行，并且告诉他，如果在飞越苏联摩尔曼斯克地区的坎达拉克沙城时，发现燃料不足，可以抄近飞往芬兰和瑞典的备用机场。谢尔顿还补充说：“降落在任何地方都比降落在苏联好。”

然后，谢尔顿上校又问他：“你要那种银元吗？”

他顿了一下回答说：“好吧，我要。”

于是他从谢尔顿手上接过一枚像吉祥锁一样的小玩意儿，即一枚带金属环的银元，可以固定在钥匙链或项链上。如果把金属环拧下来，里面是一根直针。这针，其实还是一个外鞘，拔开，便露出一枚细针，靠近针尖有一些小槽，槽里是带黏性的褐色物质：马钱子毒剂，轻轻一刺，立即致命。中央情报局为它的特工们精心制作了这个“礼品”，以为他们会在必要时殉职。可是，大多数驾驶员，包括鲍尔斯在内，都既不想带氰化剂药片，也不想带马钱子毒针。这次鲍尔斯却破例接了下来，其实他是想：这枚毒针也许能当武器来用。所以，他顺手放进了他飞行衣的口袋里。

可是，令人不安的三天过去了，这次飞行却仿佛永远也不会进行了。

华盛顿宾夕法尼亚大道1600号(白宫)里的人一直下不了决心。最后,终于确定4月28日星期四为出发时间。于是,谢尔顿上校、鲍尔斯同18名其他专业人员和机组人员从土耳其飞到了白沙瓦。临行前,鲍尔斯还带上了刮脸用具、便服、半包过滤嘴香烟、妻子的照片,若干德国马克、土耳其里拉和苏联卢布,若干金币、手表和戒指,大约100美元现钞,若干美国邮票,一份美国国防部身份证、一份美国国家航空航天局的证件、各种仪表检验证、美国和国际通用汽车驾驶执照、兵役卡、社会安全卡,以及印有美国国旗的招贴,上面用俄文等14种文字印着“我是一个美国人”。这就是鲍尔斯为自己的“最坏的情况”所准备的一切。

鲍尔斯在星期三下午四点钟上床睡觉。星期四早晨两点钟,他被叫醒,通知他:起飞时间推延24小时。次日,又是如此,这一次他已起来,在“受免费招待”——呼吸氧气。第三天,已经是星期六了,又是再延期24小时。

鲍尔斯就在这样的弛张折磨之中,挨到了星期日清晨五点半,接到通知:六点起飞。

于是,他紧张而又懒散地爬上飞机,做起飞前的检查,而心里却总在嘀咕着到白沙瓦后一直歉然的事情,那就是,留作这次飞行用的那架最好的U-2,已送去维修还未回来。他如今爬上去的这架360号U-2,是个外号叫做“癞狗”的蹩脚货,经常闹毛病。

紧张加上丧气,与座舱里酷暑般的闷热,使鲍尔斯衬衣都湿透了。可是,到了六点,却没见起飞信号。这种事也是U-2历史上的第一次。过去,驾驶员进入座舱前,总统的批准令早已来到,而今天好像故意与鲍尔斯作对。好容易又熬了20分钟,绿灯才亮。他咬一咬牙,似乎想甩掉在他脑子里盘旋已久的那些不祥之兆。飞机咆哮着离开了地面,升入高空。他拿出飞行日志写道:

机号:360;架次:4154;起飞时间:当地时间上午6时26分;格林尼治标准时间1时26分;华盛顿时间下午6时26分;莫斯科时间凌晨3时26分。

起飞之后，他按规定终止了与流动空勤调度官的无线电联系。间谍飞行的特殊性使他必须在整个航程中忍受这极端的孤独、寂寞的恐惧，一切自作主张。

飞机进入苏联边境时，云层极厚，好在中央情报局对这一地段并无兴趣。到了咸海上空，云消雾散，他看到一架单引擎喷气式飞机在下面的平行航线上向后飞去，拉出一道白色的尾烟。一会儿，又看到一条尾烟，这时已方向相同了，可能是刚才那架飞回来了。他猜测苏联的搜索雷达可能已发现了他，所以令飞机搜索。但他并不紧张，因为这飞机在他下面很远，苏联的驾驶员不会看到他。

向东飞行了大约 50 千米，来到了丘拉坦发射场上空，他看到了苏联的人造卫星和洲际导弹发射台，就打开各架摄影机。继续飞行时，云层又增厚，他又把摄影机关掉。

在车里雅宾斯克以南 80 千米的上空无云，他清晰地望见了曾被视为欧亚两洲分界线的乌拉尔山脉。就在这时，飞机的自动驾驶仪失灵，机身上斜，他关掉自动驾驶仪，人工操纵了一会儿，又打开，它工作了 10 分钟又不行了，只好用手继续操纵着飞行。越过一片庞大的油库区和一处综合工

鲍尔斯想："老天爷，我这回是碰上了！"

业区，他侧转机头向斯维尔德洛夫斯克方向飞去。在这里，他看了看高度表是 65000 英尺（1 英尺折合 0.3048 米），又侧转 90 度向北飞去。突然，他听到后面一声爆炸，飞机猛然向前一颠。这时，他看到的一切都成了橘红色的。鲍尔斯想："老天爷，我这回是碰上了！"

在紧张与慌乱之中，他弃机逃生，跳了伞。掉在庄稼地里，被农庄庄员捉住，交到了克格勃手中。他不打自招地说出了一切，于是引起了一场惊动世界的轩然大波。

## 轩然大波

1959 年 9 月 15-28 日，赫鲁晓夫带着他的老婆、儿子、女儿、女婿以及其他随行人员，去美国访问了 13 天。最后，于 25-27 日，同艾森豪威尔一起来到美国马里兰州卡托克丁山区的总统山庄举行会谈。这个山庄建于 1930 年，有 6000 英亩大。第二次世界大战中，美国总统罗斯福把它叫"香格里拉"。到了艾森豪威尔任上，他干脆用他的孙子的名字重新命名为"戴维营"。在他们会议之后，"戴维营精神"就成了表示苏美缓和的代名词。后来，当时的四国首脑：美国的艾森豪威尔，苏联的赫鲁晓夫，英国的麦克米伦和法国的戴高乐，商定 1960 年 5 月 16 日在巴黎举行最高级会议，讨论东西方和平共处和裁军。接着赫鲁晓夫还邀请艾森豪威尔访苏。

鲍尔斯的被俘，使这一虚幻的东西方"蜜月"结束了。起初苏联人还给艾森豪威尔圆场，不把他牵扯进去，可是 5 月 11 日艾森豪威尔却自己承认 U-2 飞行是他批准，是为了美国安全而采取的必要措施。既然掌权的总统都向世界直言不讳，那么不打自招的鲍尔斯当然也就可以算成"英雄"喽。

在苏联的一片抗议声中，四国首脑会议开了一天就不欢而散。美国也不得已宣布停止对苏联领空的 U-2 飞行。"黑间谍小姐"死了，而鲍尔斯却活着。苏联人大张旗鼓地举办了展览。

**苏联人兜出了鲍尔斯的老底** 上面的三幅像都是鲍尔斯。

1960年8月,苏联最高军事法庭,在莫斯科对鲍尔斯进行了公开审判,鲍尔斯的父、母和妻子还到场旁听。结果被判刑10年(其中3年监禁,7年苦役),关进了克格勃的卢比扬卡监狱。

公审现场

可是美国中央情报局总觉得于心不甘。他们不相信 U-2 真是被苏联的地对空导弹打下来的。于是寻找机会,下定决心用苏联间谍“千面人”阿贝尔上校把鲍尔斯换回来,了解一下真情。经过一个美国律师和柏林一个德国共产党律师的斡旋,终于在 1962 年 2 月初,在东、西柏林间的格利尼凯尔桥,交换了这两个间谍。原来如此,那轰动苏联的间谍影片《死亡季节》,就是以阿贝尔和鲍尔斯为原型的。

这是电影《死亡季节》中,双方交换的场景

这是实际的东、西柏林间的格利尼凯尔桥

Times.

LATE CITY EDITION

U. S. Weather Bureau Report (Page 46) forecasts: Cloudy, windy and cold today; fair and colder tonight. Fair tomorrow. Temp. range: 30—18; yesterday: 45—33.

10 cents beyond 50-mile zone from New York City except on Long Island. Higher in air delivery cities.

FIVE CENTS

POWERS IS FREED BY SOVIET IN AN EXCHANGE FOR ABEL; U-2 PILOT ON WAY TO U. S.

TRANSFER IS MADE

American Student Is Also Released in East Germany

By TOM WICKER
Special to The New York Times.

WASHINGTON, Saturday, Feb. 10 — Francis Gary Powers has been released by the Soviet Union in exchange for the release of Col. Rudolf Abel, the convicted Soviet spy, the White House announced at 3:20 A. M.

Associated Press
Francis G. Powers

The New York Times
Col. Rudolf Abel

**皆大欢喜**　在苏联关了一年九个月零十天之后，鲍尔斯得以与苏联间谍阿贝尔交换。这是 1962 年 2 月 10 日《纽约时报》的报道。标题说，苏联释放鲍尔斯以交换阿贝尔，U–2 飞行员在回美途中。插图是两位当事人肖像，左为鲍尔斯，右为阿贝尔。

这两个臭名昭著的间谍回到本国后就都成了“英雄”。阿贝尔又是升将军，又是写回忆录，还得了列宁勋章，留在克格勃总部负责美洲谍报工作。1971 年 11 月 15 日苏联官方宣布他去世。而鲍尔斯呢，回去以后中央情报局向他反复调查，美国参议院也向他质询。他的飞行成了间谍学校的教材。经过一番折腾之后，1962 年 11 月他离开了中央情报局，到制造 U-2 飞机的洛克希德公司当了飞机试飞员。1970 年，他居然还纪念起他“光荣”被俘十周年，写起那段历史的回忆来了。

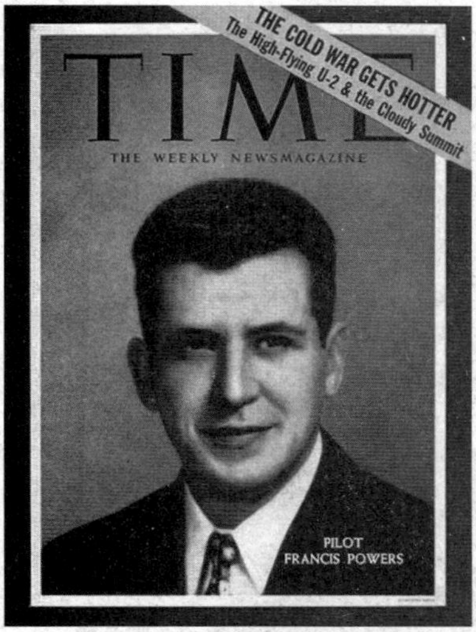


1960 年 5 月 16 日《时代》封面人物

鲍尔斯的回忆录《越空飞行》

然而，U-2 到底怎样下来的呢？赫鲁晓夫有他的说法，鲍尔斯又有他的托词，中央情报局还要为他的技术宠儿——U-2 飞机辩护，再加上一些文人雅士生花之笔的渲染，却居然成了一桩悬案，留给了好奇的读者去分析。

## 令人生疑

1974 年，在赫鲁晓夫下台十年的时候，美国利特尔-布朗出版公司，出版了斯特罗勃·塔尔克肖“英译和编辑”的《赫鲁晓夫回忆录》，煞有介事地用第一人称的口气对 U-2 事件作了一番记叙。大意是这样的：

1960 年 5 月 1 日早上 5 时，苏联当时的国防部长马利诺夫斯基元帅给他打电话说，一架 U-2 侦察机越过阿富汗国界进入苏联领空，正向斯维尔德洛夫斯克飞行。赫鲁晓夫回答说要用一切可能的方法把它打下来。后来，在红场上举行“五一”节阅兵式时，苏联防空部队总司令比留佐夫元帅走近站在列宁墓检阅台中央的他，耳语说：那架U-2 已经被击落，发射了两枚导弹，飞机被第一枚导弹击中，驾驶员鲍尔斯在飞机被击中时弹射出机外并跳伞降落，被农庄庄员抓住送交部队。

**苏制 C–75 型防空导弹** 苏联人说就是用它把 U–2 打下来的（注：这里“C”是俄文，在西方译成英文后，就成了 S–75 了）。苏联人说只用了两枚就打下来了；美国人说用了好几十枚，而且并未打中，是靠集团爆炸的冲击波震坏后、掉下来的。其实，不管怎么说，飞机是下来了，驾驶员也抓住了，百般保密的 U–2 飞机也曝光了，两国关系也搞砸了，世界也哗然了。

这给喜欢吹嘘的赫鲁晓夫一个资本，于是，他在回忆中说：“感谢我们的技术人员和工程师，他们为我们军队制造了能够击落美国人认为是无敌的飞机的武器。”

**抓住辫子了** 1960年5月7日，赫鲁晓夫在克里姆林宫最高苏维埃的会议上，高举一张张间谍物证照片，大骂美国人“像小偷一样”；同时，又大赞苏联的武器多么高明……

可是，美国人怎么看的呢？

一位美国将军说："我真不明白，俄国佬到底是怎样打下U-2的？我们得了解一点情况才行。俄国不是一本合拢的书，总得打探出个原因来。"

另一位将军也说："俄国佬的火箭不可能打那么高，我不信他们真有洲际导弹，但鲍尔斯说是导弹把U-2打下来的，这会是真的吗？"

而中央情报局局长杜勒斯则说："除非U-2没飞上68000英尺。"

这句话倒是提醒了一些人。于是，在1977年香港广角镜出版社出版的一本名为《克格勃》的书中作了一番更为离奇的描写，说打下U-2飞机并不是什么超级导弹，而是克格勃特务的一件"杰作"。而且是赫鲁晓夫亲自策划，用以搞垮四国首脑会议的。这更像一篇间谍传奇了：

1960年4月的一个深夜，赫鲁晓夫的秘书格兰尼托夫从克里姆林宫来到克格勃总部。他并没有找它的头子谢列平，而找专管中东和南亚地区对外谍报的负责人马林斯基。

格兰尼托夫开口就说："我先讲明，我是直接从克里姆林宫来的。"

马林斯基有点儿紧张，但格兰尼托夫继续说下去："中央做出了一个重要决定，赫鲁晓夫同志派我来找你，需要你为我们办一件事。对，要你一手经办，这就是我不去找谢列平同志，直接来找你的原因。"

"那我感到荣幸之至，不知我能为尼基塔·谢尔盖耶维奇做些什么呢？"

"你是负责中东和南亚地区的，你也知道美国的间谍飞机4年来在我国领空上飞行……

"你必须把所有的事抛开，今晚就飞到阿富汗去。总部会给你预备好一架特别的军用机。我把计划的纲要讲给你听，至于其他细节，你去补充。总之，一句话，一定得把这种美国飞机打下一架来。"

第二天，马林斯基飞到阿富汗首都喀布尔，召见了克格勃在当地的头头。

"我需要一个技术人员，他必须是帕坦人，有亲戚在巴基斯坦，同时又是个懂飞机的行家。最重要的，他还得可靠，听我们的话。"

"一个帕坦人，这种民族很少有好的工程人员。不过，让我找找看吧，你给我多少时间？”

“到明天早晨。”

被找到的人叫穆罕默德·嘉兹尼·汗，是阿富汗的空军米格式喷气机驾驶员，在苏联受过训，是帕坦人，在白沙瓦有一个好朋友。他化装成一个西北边区的帕坦族贫民，混进了白沙瓦，找到了他的朋友牟尼伊·汗。他的朋友帮助他用钱收买了一个美军机场的食堂侍者，打听到了机场情况，停机坪上正停着 U-2，准备作一次远航，驾驶它的是加里·鲍尔斯。

机场美军基地部分是用几重铁丝网围着，U-2 飞机还另有专岗，每两个钟头换一班。穆罕默德趴在地上，用红外线望远镜窥视着，他注意到每次换岗，都是在飞机的右舷，离机门较远。他一直等到夜里两点，趁着交接班的警卫换岗、聊天之际，只用了两分钟，就赤脚溜进了驾驶舱。在那狭小的空间满布着仪表，靠着他做驾驶员对飞机的了解，又靠着他同克格勃特工在喀布尔别的飞机上反复地练习，他不用多久就摸到高度表，他把固定塑料罩的右上角的小螺钉拧下，换了一个特制的强磁性螺钉。然后一动不动的等了两个钟头，再趁着交班的机会溜出飞机。

那颗磁性螺钉的作用是这样的，当飞机飞高时，高度表指针就向右摆去，指示高度。但在飞上上万英尺后，钢质指针就由于越来越靠近磁螺钉而受到吸引，被慢慢地吸过去，指到 6800 英尺的地方，而飞机实际上仍在万把英尺的高度飞行。

U-2 飞机的仪表盘

作者就这样为苏联的导弹击中飞机找到了一个顺利的借口。但是，对中央情报局来讲，这未免也有点丢脸。一架绝密飞机，竟然在执行一项重要任务之前，就轻易地被人做了手脚，自己的“高超的”反间谍手段哪里去了？鲍尔斯呢，也不能接受直接命中的说法。于是，他又作了一个只有他自己才知道是真是假的回忆：

“在距离斯维尔德洛夫斯克南方300千米的地方，云雾消散了。我再次把航向对准。

“当时自动驾驶仪出了毛病，我把它关上，过了几分钟又打开，工作了10分钟，它又不行了，我再次关上，自己手控。

“在斯维尔德洛夫斯克上空，我改变了航向。当我在看时间、高度等仪表时，听到、并感到一下爆炸。但是我看不出飞机有何异常。也许是有些加速气流从飞机后面轻微地撞击了一下。

“我把目光从仪表盘上移开，向上看去，我所看到的一切都是橘红色的……

“我当时认为爆炸是在飞机后方的外面发生的，因为如果发生在机身上，就会在座位和操纵杆上感觉到。因此，我几乎可以保证，爆炸是发生在飞机外面。”

U-2飞机坠毁现场

“起初,我曾以为什么事也没有。正在这时,我糊涂了。后来,右边的机翼发生倾斜。这对飞机原不为奇,因为飞机永远会以机身为轴左右摆动。我紧握操纵杆,再将飞机保持水平,又过了一会,机头下栽。这只有一种可能:机舵早已分离。”

鲍尔斯说,他后来在慌乱中开了降落伞,落在离一个村子很近的庄稼地里,被一群赶来的庄员围住。

“他们想跟我说话,我只是摇头,示意我不懂他们在讲什么。其中一个人指指我,然后伸出两个指头。我觉得他好像是在问我是否还有一个同伴。因此我摇摇头,指指我自己,伸出一个手指,表示飞机上只有我一人。于是那人向上面指指,我抬起头来,看到天上有什么东西。和他一样,我以为是另一顶降落伞。但是我知道,在飞机上并未带另一顶降落伞呀!”

到底这是不是一顶降落伞或者是别的什么东西?他没有说。而奥地利星际协会的技术处却出来圆场了。

它说:“美国U-2飞机在一段时间中被一只飞碟跟踪,有几次由于两者挨得太近,使U-2的自动驾驶仪失灵。鲍尔斯关上它。又过了一会,飞碟进攻了。在他周围的电场突然增高,他把这一变化说成是爆炸,但又说不清楚。他看到的橘红色光,实际上是我们在阅读数以百计的有关飞碟的报告中提到过的,当飞碟加速时,就发出这样的光。此时鲍尔斯丧失了时间概念,这肯定出现在他直接处于磁场中时。这段时间足以不知不觉地使U-2机舵变形,U-2栽下,而飞碟留在空中,被误认为是第二顶降落伞。”

越说越玄!而1962年8月25日投向美国的克格勃间谍平可夫斯基却提供了另一种解释:

“赫鲁晓夫说鲍尔斯是被第一枚导弹击落的,他是撒谎。事实上,向飞机一共发了14枚导弹。而飞机是因为爆炸产生的冲激波而崩裂的。检查鲍尔斯的飞机,没有得到任何直接命中的证据。14枚射向鲍尔斯飞机的导弹中,有1枚竟将一架追逐他的米格-19飞机击中,驾驶员是一个中尉,也被打得粉身碎骨而牺牲了。”

那14枚导弹爆炸的闪光，会不会使U-2飞机周围一片橘红？那米格-19会不会被误认为是第二顶降落伞？

算了，我不想引诱读者去作那些根据不足的推理，还是回到谍影憧憧的现实中来吧。

## 阴魂不散

“黑间谍小姐”阴魂不散。虽然它在苏联上空“中弹身亡”，可是，在世界各地还是有它的谍影。在我国、在东南亚、在古巴、在中东……它都在刺探着秘密。

在1962年10月震动世界的“古巴导弹危机”中，它又大大地露了一手，正是它拍摄的高空照片揭露了苏联在古巴修建导弹基地的秘密。最后是美国总统肯尼迪迫使苏联总理赫鲁晓夫接受在美国飞机的监视下，用船撤回运往古巴的导弹。这次也像1960年5月一样，热闹了半个月。不过上次U-2是被告，这次却成了原告。

八年之后，它又在古巴立了一功。1970年8月26日。一架U-2在一个名叫卡约·阿尔卡特拉斯的岛屿上拍摄到新的施工活动照片，而在11天之前的一次飞行中还看不出这些活动。这个小岛是组成一个海湾的许多星罗棋布的小岛中的一个。这个海湾有一条航道通往古巴南海岸的西恩富戈斯港。

同时还发现一个苏联特遣舰队。它由一艘潜艇供应船、一艘导弹巡洋舰、一艘导弹驱逐舰、一艘远洋救护拖船、一艘重型救护舰、一艘商用油轮和一艘载有两只80英尺长的海军专用汽艇的两栖登陆艇组成，正驶向西恩富戈斯港，并于9月9日抵达。9月16日，U-2照片表明，两座新营房、行政大楼和一些文娱设施，包括一个足球场已在岛上建成。在古巴本土上，建立起一个船坞、燃料库和大型通讯设备的一些早期装置，并由地对空导弹和警戒雷达加以保护。总之,U-2发现了一个永久性的苏联海军基地。这次美国总统尼克松与国务卿基辛格没有用当年肯尼迪的公开对抗的手法,而是用悄悄外交的途径抗议和交涉,而苏联则采用阳奉阴违的办法软磨。但无论如何这次U-2的侦察是有成效的。

1981年,美国又决定重开U-2飞机的生产线,投资5.5亿美元,再生产25架,加装新的侦察设备——高分辨率侧视雷达。这种雷达的波束与飞机航线垂直,随着飞机向前飞行,它就在机侧目标区域上扫过,从而获得该地区的雷达图像。正是由于它是向飞机两侧“看”去,“侧视”之称即由此而来。比起照相机来,它不受能见度和气象条件影响,能对航线两侧的广大地区进行侦察。这种装了侧视雷达的U-2,美国另外改了个名字:“TR-1型”。也不再用来作战略侦察,而用来装备部队,作战术侦察。它可在离阵地前沿48千米的后方飞行,侦察敌方80千米内的情况,并可及时地把侦察结果由无线电传输系统转发到地面指挥部。

那么,“黑间谍小姐”的衣钵由谁来继承呢?中央情报局已另有新欢,这就是“黑鸟”。

据传,1960年初,中央情报局的科技人员在内华达州的一个秘密基地同洛克希德公司合作研制一种新型高空、高速、远程侦察机。1964年2月29日,美国总统约翰逊向新闻界透露这种飞机存在的消息,说它是“一种空军远距离雷达侦察机”,名为“A-11”。5个月后,在另一次记者招待会上,他又透露说这种飞机也称之为“能够在世界范围进行侦察的高级军用战略侦察机”。1966年1月,终于最后揭晓。它的正式名字是:SR-71型战略侦察飞机。共生产31架。装备美国战略空军司令部加州比尔空军基地的第九战略侦察联队。这种飞机为了“隐身”(减少表面的红外辐射和雷达散射截面),除了尽可能用非金属构件外,在反射大的金属表面还涂了一层用塑料黏合剂黏合的铁氧体颗粒,整个机身呈暗蓝色,故取名为“黑鸟”。

U-2A 单座原型（1955 年 8 月首飞）

U-2C 单座加强型

U-2E/F 空中加油机型

U-2B 双座教练机型

U-2R 扩容加吊舱型（1967 年首飞）

U-2G 航母舰载机型

U-2S 现代先进型（1994 年 10 月首飞）

TR-1 战术侦察机（1981 年 8 月首飞）

**U-2“家族”** U-2 从 20 世纪 50 年代至今，出过多种型号和变种，但总的说来，其发展经历了三个阶段：第一阶段是 1955 年 8 月推出原型机 U-2A，而 U-2B 是其双座教练机型，鲍尔斯驾驶的是其加强型 U-2C，U-2E/F 分别是“A”型和“C”型的空中加油机型，U-2G 是“C”型的航母舰载机型，而 U-2H 则是“G”型的空中加油机型；第二阶段是 1967 年改进设计，推出 U-2R，它比原型扩容达 40%，后又于 1981 年 9 月推出结构与之相同的TR-1 战术侦察机型，TR-1B 为其双座教练机型；第三阶段是投入 170 亿美元资金，进行发动机、机身和遥感器的现代化，于 1994 年 10 月推出 U-2S，而 TU-2S 为其双座教练机型。美空军计划用到 2020 年，军用时，U-2 的外号当然不是叫“黑间谍小姐”，而变为“蛟龙女士”了。

“黑鸟”比“黑间谍小姐”既身材高大，又能力高超。它总长32.74米，为U-2的两倍多，高5.64米，翼展16.94米。比U-2飞得又高又快，最高可达25929米，速度最高可达3.31倍音速(每小时3530千米，注：两项均创造了有人驾驶飞机的世界纪录)。一般歼击机和防空导弹对它无能为力。它上面装备的高空侦察设备(科学上又称为“遥感器”，即用来遥远地感知目标特性的仪器)：有侧视雷达，型号是AN/APQ-73；红外侦察设备；可见光相机等。一小时可侦察155000平方千米的地区，相当于我国山西省那样大。胶卷可在飞机上自动冲洗。在“黑鸟”的身上还带有一种“法宝”，那就是用来截获电子情报的电子侦察接收机。用它可以截获导弹的遥测信号。其根据是，各种弹道导弹在部署前都要经过几十次飞行试验。在试验中，导弹上的各种电子仪器监视着各分系统的工作情况，例如振动、旋转、燃料消耗、助推器点火等。这些数据要利用无线电遥测方式发回地面，帮助工程技术人员和地面控制人员掌握试验的进程和故障。所以，遥测信号就像是导弹的“脉搏”。例如，截收到有关燃料消耗的遥测信号，就可以估算出导弹的发射重量、投掷重量和射程。

又过了些时日，人们才从纷乱的传闻中理出头绪。其实，SR-71“黑鸟”说穿了还只是军方公开的称号，而中情局的飞机，在方案验证时，是用A-11，而在1960年2月11日正式合同中，已定名为A-12“牛车”(据说总统先生说“A-11”并非口误，而是为了保密，故意混淆视听)，它是单座高空侦察机，用以执行中情局的、偷偷摸摸的任务，中情局订购了12架，有一架为双座教练机，它是把原型机的照相机舱改为第二座舱。为了区分，原型机称A-12A，教练机称A-12B。

而A-12的改进型才是SR-71，它是双座型的。即乘员为两人，一为驾驶，另一为系统操作手。它是明目张胆的、用于空军的战略侦察任务，共生产31架。当然，不管是偷偷摸摸、还是明目张胆，干的都是悄悄地侦察别人的、像间谍一样的勾当。既然设计上又是一脉相传、相貌相似，在习惯上，人们还是把它们统称为“黑鸟”家族。(注：在“黑鸟”家族中，还有一个成员：YF-12A，它只生产了3架。官方很快对外公开，说它不是用于侦察，而是用作远程截击机的试验样机。这就一箭双雕，既探讨了超音速截击机的新思路，又平息了对A-12的议论和猜测。）

A-12“牛车” 是美国人引以为傲的飞得最高、最快的有人驾驶飞机。

SR-71“黑鸟” 由于高空高速，乘员都要穿像宇航服一样的飞行服。

自从20世纪60年代后期以来,“黑鸟”家族的谍影就常常出现在世界的上空,窥视别国的秘密。

**洛克希德“臭鼬工厂”的A-12生产现场** 看了前面两张相片,你大概会以为A-12(从而SR-71)都是矮胖子;现在,居高临下一看,才发现:它们如此窈窕!

但是,自从1960年那场U-2闹剧之后,即使是本领更为高超的“黑鸟”们,也不打算再冒那种长途“越空飞行”的风险了。然而,“不入虎穴、焉得虎子”,不飞入上空又怎能拍得那一幅幅珍贵的照片,探得那一桩桩情报呢?即使是截收遥测信号,也都会有一定的困难。比如,这种飞机在24000米的高空飞行,也只能侦察到苏联境内900千米的纵深,而且还要等到导弹爬升到64千米高度后,沿着土耳其、巴基斯坦和苏联边界飞行的“黑鸟”才能收到导弹发送的遥测信号。这样说来,被U-2辛辛苦苦掀开了铁幕,岂不又“关”上了么?看来,超级间谍(间谍卫星)登场的时机已经到了。

**近况掠影**　这是“侦察机大本营”——美国加州比尔空军基地(Beale Air Force Base,California),这里驻扎着美国第9战略侦察联队,在这里可以找到U-2和SR-71最新的踪影。上图是2013年1月25日,U-2“蛟龙女士”训练后着陆的情景;下图是2012年12月18日,该基地展示场上停着的SR-71“黑鸟”。

（原载《知识就是力量》1982年第6、7、8期）

# 深空谍影

间谍，像过街老鼠，人人喊打。君不见，这里在揭露中央情报局的丑剧，那里在控诉克格勃的罪行。可是，人们却对发生在太空中的一切漠不关心。本文将提醒你：注意那深空中的谍影。

## “发现者”的悲欢

在美国的著名城市旧金山的南部，加利福尼亚州的森尼维尔(Sunnyvale)，有一座神秘的建筑，外面岗哨林立，内部机关密布。1960年8月11日，一群穿着便衣的人混杂在一些全身戎装的军官之中，走进了一个昏暗的大厅。在那里一排排控制台前坐着聚精会神的人员，那数以十计的显示器屏幕上透出的彩光，把人们的面孔绘上了红橙黄绿的颜色，使人联想起庙宇神殿里的鬼神。可是，这里既没有凄厉的喊叫，又没有疯狂的笑声。而是那样的寂静，以致耳语的人都好像怕细微的声波会使荧光屏上的图像或数字变形。这是什么地方？这就是美国空军的卫星试验控制中心。人们在干什么？在观察他们的超级间谍的踪影。

这就是代号叫“发现者-13”的间谍卫星(它是1960年8月10日，从美国加州的范登堡空军基地，用“雷神-阿金纳A”火箭发射升天的)。它已在天上游荡了一天，要到令其返回地面的时刻了。下午3时11分，新建成的阿拉斯加州科迪亚克(Kodiak)卫星地面站接到了森尼维尔中心的命令:“回收!”

**“蓝方块”** 这就是森尼维尔那座神秘的建筑,由于它是个没有窗户、而又通身漆成蓝色的建筑物,故当地人叫它“蓝方块”(Blue Cube)。

这时“发现者-13”正在北极上空开始它绕地飞行的第17圈,它收到了科迪亚克地面站的简短编码指令:“弹射胶卷舱。”于是立即回了个人们盼望已久的、熟悉的遥测信号。

胶卷舱从卫星上弹射了,反推火箭也已点燃,下午3时26分,橘黄色的降落伞都已张开,朝着预定回收的海域下降。那是在夏威夷西北约480千米的地方。那儿有载着直升机的军舰在水域游弋,有“C-119型飞行车厢”回收飞机在上空盘旋。期待着,期待着那扣人心弦的回收时刻的到来。可是这时,在3千米高空,一块厚的断裂云层挡住了视线。幸好夏威夷的地面雷达和在该地区飞行的早期预警飞机的大型机载雷达发现和跟踪着胶卷舱。当训练有素的回收飞机驾驶员看到那鲜艳的橘黄色降落伞的闪光时,已经来不及放下那秋千式的大挂钩去钩住它了。

空中回收已经失败,人们寄希望于波涛翻滚的海上。4时5分,低空搜索飞机发现水中有一个闪闪发光的目标,飞行员惊呼道:“胶卷舱!”接着,飞来一架直升机,它在海军蛙人打捞队的帮助下,从海中捞起了这个“宝贝”,放到了美国海军的“海特胜利”号军舰上。这，就是人类从太空中回收第一个人造物体的情景，也是美国的超级间谍第一次向它的主子交差的秘闻。

美国人曾为此成功而大肆吹嘘，头条新闻报道。当时的美国总统艾森豪威尔还在华盛顿亲自“接见”了这位超级间谍。并无限感慨地把它作为美国“在空间领域活动中领导世界，以造福人类”的证据。

**总统的礼遇** 这是1960年8月15日，美国总统艾森豪威尔（中）在白宫、他的椭圆形办公室，隆重“接见”超级间谍的场面。照片中，参加仪式的人还有（从左起）：空军部长夏普（Dudley C. Sharp）、国防部长盖茨（Thomas S. Gates）、空军参谋长怀特上将（Thomas D. White）和马提森中校（Charles “Moose” Mathison，负责胶卷舱回收的部队的副队长）。总统手中拿的是怀特上将从回收舱中取出、递给他的美国国旗（这次“发现者-13”未带相机，当然也没有胶卷，在胶卷盒中装的是一幅24英寸×18英寸的美国国旗）。

**稀世珍宝** 这就是美国人从太平洋中捞起的、“发现者-13”上的回收胶卷舱，也是人类第一个从太空回收的人造物体。由于从“发现者-4”至“发现者-11”连续8次带相机发射均失败，故用“发观者-12”进行诊断试验，未带相机；这次也是用空回收舱进行诊断试验，并检验雷达跟踪，也未带相机，但它的回收成功却给美国人吃了定心丸。

**胶卷盒** 这是美国中情局博物馆展出的“发现者”卫星用的胶卷盒。它的高×直径是8.1厘米×16.5厘米，胶卷轴则是7.2厘米×15厘米。右边是标签中部放大图，上面的日期是1968年6月28日（这是该计划的第127次发射）。

可是，回想起这一年半来，“发现者”这群超级间谍的悲惨遭遇，总统先生恐怕也会有些感到脸红吧。1959年2月28日发射的“发现者-1”并没有按其主子的愿望，在太空窥视别国的秘密，而是由于稳定系统发生故障，在轨道上翻起筋斗来了。

**美国第一代间谍卫星升空** 美国的第一代间谍卫星内部称“日冕”（CORONA）照相侦察卫星，但为保密对外称为“发现者”（DISCOVERER）科学研究卫星。

而“发现者-2”也并不景气。在它的大哥上天半月之后(1959年4月13日),它也被“雷神-阿金纳A”火箭驮上蓝天。它顺利而欢快地飞着,给主子以幻想和信念。飞到第17圈时,人们已兴奋得按捺不住了。慌张地发出了指令:“弹射胶卷舱。”天呀,早了一点!于是胶卷舱倒是弹出了,反推火箭也点着了,甚至鲜艳的降落伞也打开了。然而,它却没有向夏威夷那些期待已久的飞机和军舰飘去,而是飘呀,飘呀,飘到了挪威的最北部,飘到了离苏联边境不远的地方。美国人迅速地派出了搜索队,寻找这个从天而降的“宝贝”,但却一无所获。人们的分析是,苏联的搜索队比美国还快,从而这个初出茅庐的超级间谍可能落入了对方的手中,幸好这次未带相机只是个模拟舱。

“发现者”照相侦察卫星

尽管前两个超级间谍都未能返回老家，但美国人仍然觉得庆幸。因为总算证明了它是既可以入轨，又可以回来的。可是紧接着于当年6月3日和25日发射的“发现者-3”和“发现者-4”却更不争气，它们干脆没有入轨。以后一直到“发现者-12”都是以失败而告终。因此，“发现者-13”的成功，就更为美国人所珍惜。以致总统先生也不惜鼓动簧舌为之吹嘘。一周后，即8月18日，“发现者-14”乘“雷神-阿金纳A”飞上蓝天。这一次，第6593航空试验中队的机长米切尔上尉(Harold E. Mitchell)立了一功，在约2800米处钩到了这个“宝贝”。于是，继海上回收之后又第一次实现了空中回收。

**第6593航空试验中队** 这是驻扎在夏威夷的瓦胡岛希凯姆空军基地的、专门训练来进行空中回收胶卷舱的第6593航空试验中队，在进行飞行前动员。台前讲话者为中队队长普拉特中校(Ed Pratt)，从左数第二排第三人为米切尔上尉。

空中回收胶卷舱的情景

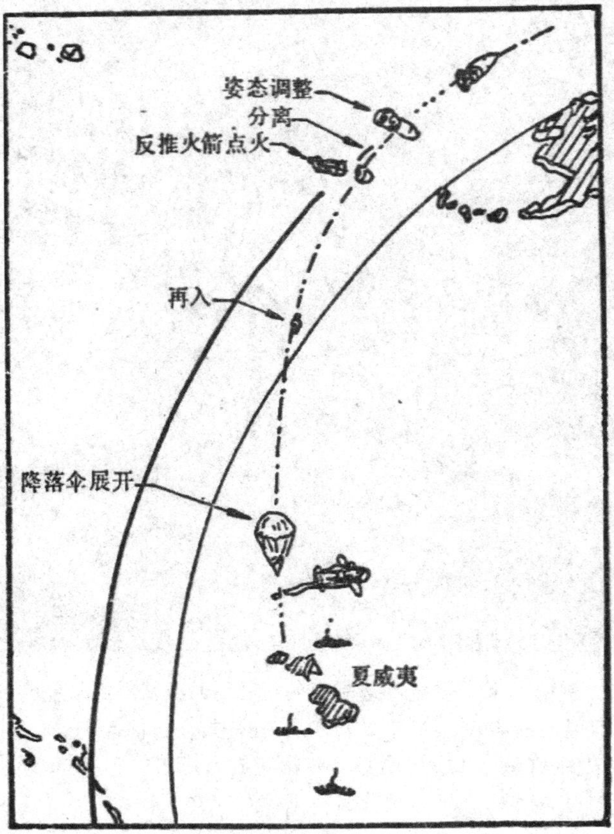


空中回收胶卷舱示意图

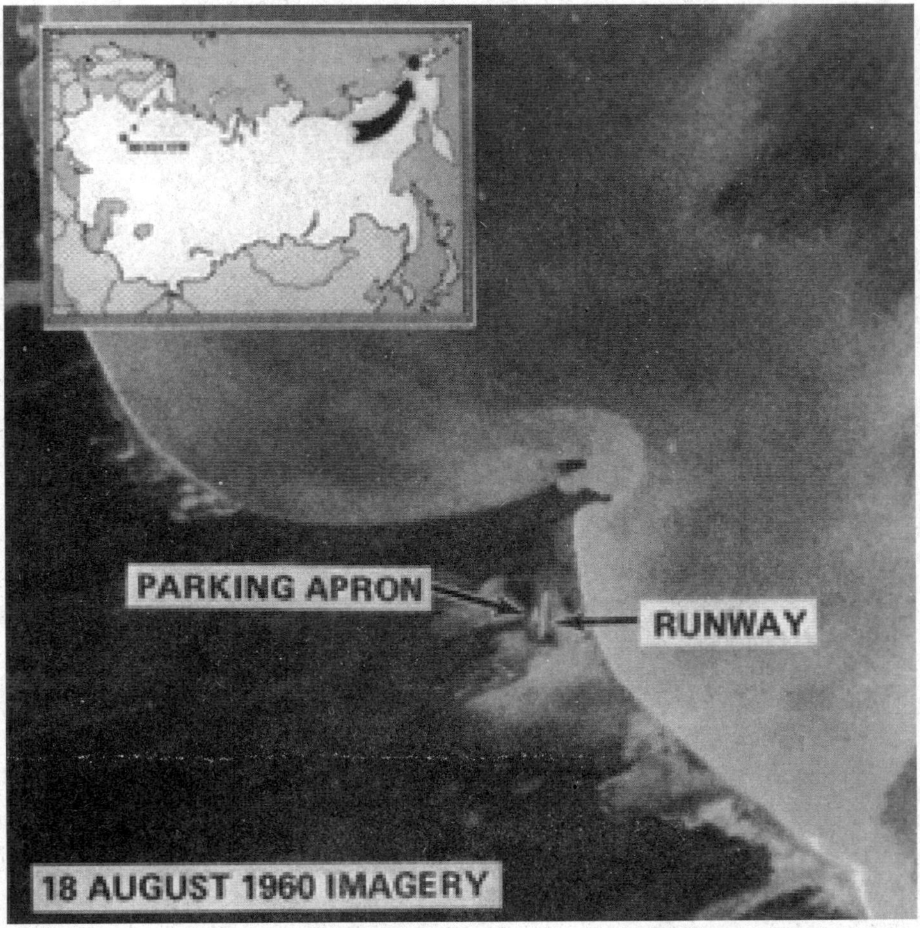


**“文物”照片** 这是美国中情局公布的第一张卫星照片（当然也是全世界第一张），它就是1960年8月18日那个“黄道吉日”，由米切尔上尉从空中捞回来的“宝贝”胶卷舱中的一张。如今，它作为珍贵文物保存在美国中情局的“冷战博物馆”中。它照的是苏联的麦斯施米塔空军基地（英文是Mys Shmidta，俄文是Мыс Шмидта，位于俄罗斯的楚柯奇半岛上，隔着白令海峡与美国的阿拉斯加州相望）。这是苏联最靠近美国的轰炸机基地。难怪那年头美国人为这一发现兴奋异常。虽然第一代侦察相机分辨率较低，图像还比较模糊，但美国人已经满意了，因为这是一步质的跨越，在U-2飞机失手之后，只过了短短三个半月，他们又能够飞越“铁幕”，自由自在地在对手的上空遨游了。不但不用担心被击落，而且可以放心地获取更多的相片，通过判读，就能获得大量渴望的情报。你看，图中左箭头指的是停机坪，右箭头指的是跑道，左上方示意它的地理位置（北纬68度52分06秒，西经179度22分24秒）。也就是在这样愉快的心情鼓舞下，为了加强领导卫星侦察和图像判读工作，美国政府决定，把中情局的原“日冕计划”办公室和U-2飞机侦察办公室合并重组，并于1961年8月25日，成立美国“国家侦察局”（NRO），统管卫星侦察工作。

**《日冕计划:美国第一代间谍卫星》** 1995年,美国总统克林顿下令解密已经过时的、"古董"间谍卫星的资料。中情局才羞羞答答地、十分不情愿地、半遮半盖地执行了。于是文人墨客们忙着把打探到的"旧闻"汇集成册,这就是其中颇具代表性的一本,它是1997年出的,在这本近400页的巨著中,细数了"发现者"的家珍。根据它的统计,美国"日冕计划"间谍卫星,从1959年2月28日第一颗上天,到1972年6月4日最后一颗回收胶卷舱落地,共发射了145次。其中,前38颗对外称为"发现者",后续的直接称"日冕"。

这以后,"发现者"又活动了一年半,但也不是风调雨顺的。在又发射的26颗中,有7颗没有入轨,有5颗虽然入轨,却回收未遂。总之,到1962年2月27日的整整三年间,38位间谍,取得成功的只有12位。在大半失败的辛酸之中，美国人也充满了成功的喜悦。因为，这在间谍卫星初露身手的年代，已是难能可贵的了。最起码，它证明了这种间谍工具，经过改进是能如愿以偿的。更重要的是，它已经为其主子开始收集到朝思暮想的情报。以致美国的专栏作家在当年12月23日发表的文章中写道："在以前，我们只能猜测（苏联导弹力量的情况）……但在1960年8月以后，我们开始了解到，那里的洲际导弹并不像我们原先估计的那样多。"

联想到U-2飞机的下场和从1946年以来为发展间谍卫星所作的努力，就知道得出这样一个说起来十分轻松的结论是多么不容易啊！

可是，作为回收型的"发现者"，在天上待的时间短，又不能带很多的胶卷，所以无法普查美国人最关心的"铁幕"后边，辽阔的苏联领土上，到底部署了多少洲际导弹？为了完成这个任务，美国人决心发展一种无线电传输型照相侦察卫星。它把沉重的可回收的胶卷舱换成了可以拍照的胶卷，把复杂的回收程序换成了把胶片在卫星上显影，然后由电子扫描转换成电信号，用无线电波发回地球。这样，比之回收型卫星来，它的照片数量大幅度增加，而获得情报所需的时间却大为减少。美国人把完成这种任务的间谍卫星取名为"萨莫斯"（SAMOS），它是"卫星与导弹监视系统" (Satellite and Missile Observation System)的英文词头缩写的译音。

就在"发现者-13"上天的整整两个月之后，"宇宙神-阿金纳A"火箭驮着"萨莫斯-1"腾空而起，那"宇宙神"喷射出的长长火舌的火光与人们脸上泛着的喜悦的红晕相辉映，眼看着第二级也已点火，可是，没有入轨。人们寄希望于"萨莫斯-2"。1961年1月31日下午2点55分，美国空军兴奋地宣布："萨莫斯-2"已在轨道上。轨道的近地点474千米、远地点557千米，倾角97.4度，周期94.97分。卫星在轨道上的重量为1860千克，其中仪器重约150千克。可以想象，它正欢快地把它侦察到的情报，源源不断地传回地面，传到中央情报局，传到美国白宫的决策人手中。可是，好景不长，一个月后，它的发射机就关闭了，美国官方对此没作任何解释。而这颗卫星却在天上运行了很长时间，直到1971年10月21日才再入大气层烧毁。不过，虽然只有一个月，卫星也差不多绕地球转了500多圈，应该有充分时间把1000张以上照片传回地面站。加上“发观者”不断升空，该轮到苏联人紧张了。于是发动了一场反对美国“把空间军事化”的宣传战。这使得美国人在又发射了一颗“萨莫斯-3”之后，为了保密决定不再说明每次卫星发射所属的计划，而只宣布运载火箭的类型和是否入轨。从此，间谍卫星除了绰号以外，再也不宣布名称，而只有发射年号和编码序号所组成的代号了。

“萨莫斯”有什么功勋？当时的美国国防部长麦克纳马拉在对国会的报告中说；“我们对俄国的导弹和空军基地的位置和数量，已有一个相当精确的估算，在今天（指60年代初），毫无疑问，我们的战略报复力量完全有能力摧毁苏联的目标系统（泛指苏联的基地），甚至在首先遭到核袭击后，仍然有这种能力。”这也许有点吹牛，但不管怎样，超级间谍的确给他们增强了信心。

**“萨莫斯”升空** 这是在范登堡空军基地用“宇宙神-阿金纳”火箭发射“萨莫斯”的情景。从1960年10月11日至1962年11月11日，共发射了11颗“萨莫斯”。其试验情况，也与第一代回收胶卷型照相侦察卫星十分相似。虽然其中也是大半因事故而告吹，只有5颗传来了图像，而且大多数图像传输的质量也还不尽如人意。但是，在失败的辛酸中，也有着喜悦。因为无线电传输型照相侦察卫星总算迈开了第一步。他们根据“萨莫斯”的经验，进行了多方面（特别是对相机和传输方式）的改进，就会有新的间谍卫星飞向太空了。

这就是美国的第一代间谍卫星的概况。至1976年底在天上飞的已经是第五代。下面还是来看看美国人的对手苏联的情况。

## “宇宙”家族

虽然苏联在1957年10月4日抢先发射了世界上第一颗人造地球卫星，可是，使苏联人恼火的是，当美国已在报刊上披露、炫耀它的超级间谍已掌握了苏联导弹部署之时，苏联人却还没有自己的间谍卫星。尽管美国人自称他们是一个“开放的社会”。它公布了自己的战略武器库的数据，其中包括空军基地和导弹基地的位置。可是，苏联人能放心吗？它决不能把自己的军事计划建立在潜在的敌人自己宣布的情报之上。它需要派自己的超级间谍亲眼查一查美国的部署。看一看世界的情况。而为此它却又苦苦奋斗了5年。

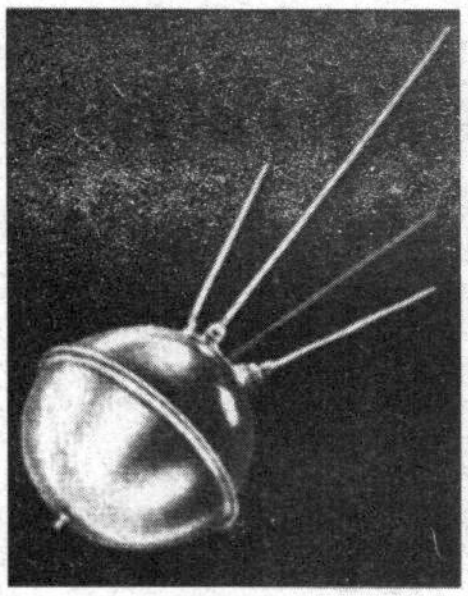

“宇宙-1”

“宇宙-2”

“宇宙-3”

“宇宙-4”

**“宇宙”家族** 苏联人急了，不到一个半月，匆忙派了这样4位“超级间谍”上天，而且第4位全身而退，高高兴兴把家还。读者朋友，千万别认为它们是小“家伙”！为此，我们特别选了一张“宇宙-4”的、有人在旁边的相片。老苏的照相侦察卫星重量通常都在4~6吨之间。

1962年3月16日，苏联发射了一颗取名“宇宙”的卫星，说是用来研究地球磁场和其他实验。它的轨道近地点为 217 千米。20 天后又发射了“宇宙-2”,说是用来进行宇宙辐射测量。但范·艾伦辐射带要在 3000 千米以上才有,而“宇宙-2”的近地点却只有 212 千米,远地点也只有 1559 千米。4 月 24 日又发射了“宇宙-3”,说是进行补充测量,但近地点还是只有 328 千米。两天后“宇宙-4”又上天,进入近地点为 298 千米的轨道。三天以后,苏联宣布整体回收成功。于是,真相大白,这些“测量”卫星其实是照相侦察卫星。

7 月 28 日又发射了“宇宙-7”,四天后回收。两个月后又发射了“宇宙-9",也是四天后回收。10 月 17 日发射“宇宙-10”,还是四天后回收,12 月 22 日,“宇宙-12”上天,并运行了八天后回收。1963 年 3 月至 5 月又发射了“宇宙-13,15、16 和 18”。一年多一点的时间,9 位超级间谍往返,带回了些什么,是不言而喻的。以至爱吹嘘的赫鲁晓夫再也忍不住了,1963 年夏,他对当时在苏联访问的比利时外交部长斯帕克说:“要监督地下核试验,到现场检查确实没有必要。无论如何现在卫星将担负起这项任务,如有可能,我将让你看看我们的卫星照片。”而到了 1964 年 5 月,他甚至直接对美国前参议员本顿说:“如果你愿意,我可以让你看看从外层空间拍摄的你们的军事基地的照片。要是约翰逊总统希望看的话,我也愿意给他看。”可惜,正当他吹得起劲的时候,他就“光荣地退休”了,要不然他也许还能透露点什么吧?这当然是玩笑话。但是,迄至今日,苏联已有几百颗照相侦察卫星遨游过太空,窥视了别国的秘密。这却是事实。天空已成了美苏争霸的另一个角逐场。

而“宇宙”系列却是一个庞大的家族,它早已突破一千大关。尽管这些卫星重量悬殊(重者达 20 吨,轻者只有 40 千克),轨道各异(远的超过 4 万千米,近的不过 200 千米),使命有别而又保密甚严。但有道是“要得人不知,除非己莫为”,人们仍然能根据其轨道参数、机动情况、遥测信号、发射时机等各种资料分析出它的秘密。看出了它们当中有干照相侦察的、有作电子侦察的;有进行海洋监视的,也有进行导弹预警的;既有进行军事通信的,也有用于导航和测地的；还有进行卫星式武器试验和其他技术性试验的；当然也的确有进行科学探测的。在这个大家族中，间谍卫星是得天独厚的，它们就占总数的一半以上，而照相侦察卫星又名列前茅，约占总数的1/3还多。平均每年发射26颗左右，而且逐年增加，这几年都超过了30颗。

苏联的照相侦察卫星都是回收型，初期是卫星整体回收，后来才发展成为回收胶卷舱。不过，老苏不像老美，他既不要空中钩挂那种“杂技”，也不干海上打捞那种“花招”，而是老老实实地一律在苏联本土回收。一般的程序是，当卫星在预定回收的最后一圈到达塔什干（注：苏联乌兹别克加盟共和国首都，苏联解体后，现为乌兹别克斯坦首都）上空时，仪器舱与回收舱分离，装有胶卷与信标发射机的回收舱下降到一定高度时打开降落伞，进行软着陆。这时，信标机连续地以四对字母TK、TG、TF或TL中的一对莫尔斯电码发射信标信号，直至着陆。

当年，苏联没有无线电传输型卫星，但它又不愿放过地球上每时每刻的风云变幻。因此，必须靠频繁地发射和回收，来窥视别国的秘密，来满足称霸世界的欲望。这就使得它的“超级间谍”往往是一个回来汇报，另一个就赶快启程接替。就以1980年春天为例吧，当“宇宙-1149”于1月23日返回之时，“宇宙-1152”就于1月24日启程接替；而当它2月6日返回之时，“宇宙-1155”又于2月7日上天；它2月21日返回时，“宇宙-1165”又于当天出发；它在3月5日回来，“宇宙-1166”已经在天上转了一天……你看，它有多忙！

还不仅此，除了这些“正常”发射之外，若遇紧急情况，老苏还会派出应急间谍（它特制的快查型侦察卫星）去刺探情报。例如，1973年10月第四次中东战争期间，从10月3日到10月20日，短短17天时间，它竟发射了5颗快查型侦察卫星，以掌握战况。它们是：

“宇宙-596”，10月3日发，10月9日收；

“宇宙-597”，10月6日发，10月12日收；

“宇宙-598”，10月10日发，10月16日收；

“宇宙-600”，10月16日发，10月23日收；

“宇宙-602”,10月20日发,10月29日收。

类似情况,屡见不鲜,不胜繁忙之至！正是：

一星未落,一星又升,为了争霸,煞费苦心！

那些年,它的间谍卫星也在技术上经过了四代更新,其发射数量远远地超过了它的对手(美国),成了派遣深空间谍的“冠军”。

## 模糊的界限

间谍卫星的发射从来是偷偷摸摸,而载人飞船和航天飞机的发射却始终是大肆宣传。可是,试想想,在那蓝天之上、卫星之中的仪器尚且能侦察地面的万千信息,那一个个的活人,难道就不能俯视这地面的景象么？更何况他们还能直接操纵仪器、决定取舍,岂不是能更加自由自在地窃取秘密么？那么,飞天之人对地球的观感如何呢？请看下面的一段记述：

“白天,地球大部分是浅蓝色。我发现绿色很少出现。河流是深蓝色,密林是蓝绿色,唯一看来特别绿的地区是西藏高原。有些高原的湖泊鲜绿而光亮,很像一堆硫酸铜矿石。阿拉伯沙漠显出特别的褐色,但撒哈拉大沙漠褐得不明显。而且还发现,如果垂直向下看就比斜着看颜色要更真切。

“我能在湿度低而无云的地区,例如喜马拉雅山区、西藏高原以及美国西南部沙漠地区,发现单独的房屋及街道。我看到喜马拉雅山附近高地有几处单房独舍的烟囱在冒着烟,那轻逸的飘姿说明风是从南面吹来的。我可以看见田野、道路、溪流和湖泊。我看到车辆在喜马拉雅山区、在亚利桑那州西部、在得克萨斯州沿着道路行驶。最先看到的是飞扬的尘土,然后是清晰的道路,而当光线正对时,能辨出那物体大概是一辆汽车。

“我看见一台蒸汽机车,先是看见冒烟,其后我注意到这个物体显然是沿着轨道行驶,这是在印度北部。我也在缅甸与印度接壤地区的大河中,看到了船行的痕迹。

“我看见澳大利亚的伯斯与该地南部的英国炼油厂发出来的一道明亮橙色的光，如果有月光，云层及地貌均能看见。月光的亮度足以使我察觉地面的活动。有几次我能从云中发现城市发出的光。最后那一晚上，我甚至利用上海市发出来的穿过云缝的光帮助我准备偏航。”

这人是谁？他居然能从100多千米高的飞船之上，看见房屋和车辆，看见湖泊和河流，看见婆娑的炊烟，看见上海市的灯光？这简直令人不可思议！因为，根据地面的试验证明：在这样的距离上，人的眼睛只能分辨几十米以上的物体。但是，宇宙医学的试验表明，太空中的失重条件能使分辨力有所增强，特别是对于伴有可以帮助鉴别的拖曳痕迹，例如烟囱和火车头的烟，船行的水迹，道路上的尘土等等。而给我们介绍如此细致的观感的人就是美国第一代载人飞船——“水星”号的最后一名乘客，他的名字叫库柏。1963年5月15日他驾驶着“水星-9”飞船在近地轨道（近地点161千米，远地点267千米，倾角32.55度，周期88.6分）上飞行了23圈，历时34小时19分49秒。

**“水星”号（Mercury）飞船和库柏（Maj Leroy G. Cooper Jr.）**

从他的报告中不难得出这样的结论：人在太空是可以对地球实施侦察的。不仅如此，库柏还在这高高的绕地飞行的轨道上用照相机拍摄了29张地球的照片，其中有几张西藏的相片特别有价值，因为它揭示了许多在地图上尚未标出的地形和地质特征。

**库柏作品** 这是“水星-9”号上的库柏，于1963年5月16日在绕地球飞行第22圈时照的，这是西藏与克什米尔西北地区，上中部是喀喇昆仑山脉，左下、右上的两块黑斑是西藏的高山湖泊。

设在佛罗里达州卡纳维拉尔角的“水星载人航天计划”的控制中心

不过,库柏也并不是第一个在太空轨道上给地球拍照的美国人。在他之前“水星-8”的航天员希拉,于1962年10月3日为地球拍了第一张“肖像”。

希拉(Walter M. Schirra, Jr.)和他拍的地球“肖像”

**希拉回来了!** 美国人喜欢海上回收。这是“水星-8”被从海中打捞起来,由直升机吊送美国“基萨其号”航空母舰(Kearsarge)的情景。

他们的成绩，不仅引起了地理、地质工作者的兴趣，而且给军事、情报部门以极大的诱惑力。试想想，那些自动摄影的超级间谍们所得到的照片，需要在谍报中心进行长时间分析判读，才能把许多毫无意义的地形和地物去掉，揭露出珍贵的秘密情报来。可是，当卫星上有了人，利用人的分析判断能力，再加上适当的工具，例如足够放大率的双筒望远镜和性能优异的摄影机，他就能顺利地侦察到许多要害目标，并迅速地将它拍下。

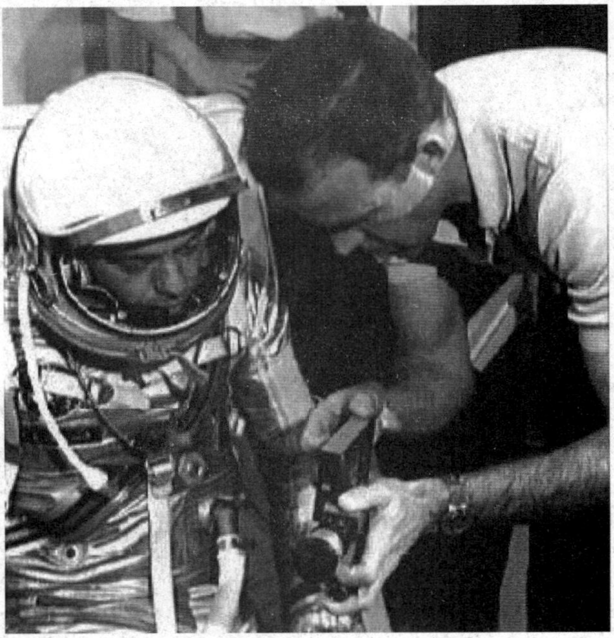

**钻研** 这是库柏（右）在与航天员谢泼德（Alan Shepard）研究16毫米手提式宇航相机的使用技巧。该相机是由麦克唐纳飞机公司专为水星号设计的。其实，谢泼德才是美国载人航天第一人，他乘“水星-3”于1961年5月5日上天，在天上只待了15分22秒就回来了，虽然成了“民族英雄”，但却未来得及在太空照相。本打算1963年10月，再乘“水星-10”飞，可惜后来取消了。直到1971年1月13日，他才再次飞天，而这次却是作为“阿波罗14”的指令长，登上了月球。

由于“水星-10”任务取消，库柏就成了美国“水星计划”的最后一位航天员。而且，正是由于他所证实的航天员航天侦察的潜力，使美国国防部于1965年1月23日宣布：同意“载人轨道实验室”的工业研究计划。其目的是“为了确定军事人员在空间的潜力”。打算为此投资15亿美元！这种“载人轨道实验室”预计在轨道上停留一个月，通过周期性地弹射可回收的密封舱来回收侦察胶卷和磁带。一个月后，用一种名为“双子星座”的飞船把航天员接回地球。不过，这项计划并未实现，因为四年之后它的东西尚未出世、经费却翻了一番，而那时美国第四代间谍卫星已待起飞，得失相比，它并不那么吸引人了。但是，这期间“双子星座”飞船却引起了轰动。

“双子星座”载人飞船

1965年8月25日苏联军队的机关报《红星报》发表文章指责“双子星座-5”的航天员康拉德和库柏（就是那个“水星-9”的航天员）正在进行拍摄城市、铁路、港口和轮船等详细照片的间谍活动。

“双子座-5”的航天员：库柏（右）和康拉德

其实，这种能载两人的“双子星座”飞船的摄影活动也不是从5号开始的。它第一次载人飞行，是1965年3月23日发射的“双子星座-3”。该次，航天员格里索姆和约翰·扬就拍了照，据说有几张关于美国亚利桑那南部索诺拉西北部地区的彩色照片还特别引起了地质部门的兴趣，至于国防部的兴趣如何？却“无可奉告”。只是有一个事实，那就是同年6月3日“双子星座-4”的航天员麦克迪维特和怀特的摄影任务却加重了。据说他们用一种瑞典哈塞尔布莱德公司制造的改进型轻便照相机（焦距为80毫米）拍了几百张“意外清晰”的彩色照片。美国人说其中有美国西南部和墨西哥北部地区39张相互搭接、近乎垂直的相片，还有北美、非洲和亚洲其他地区的60多张垂直和倾斜的照片。剩下那几百张拍的是什么地方却又是“无可奉告”。不过，当同年8月21日“双子星座-5”上天之时，却除了带上原来那种焦距为80毫米的相机外，还增带了两架有远摄镜头的照相机。一架焦距为250毫米，另一架为1270毫米，这种小型望远镜用的镜头能干什么并不需要费力分析。所以，美国航空航宇局也毫不掩饰地宣布：将用于“国防部主办的试验”。美国人后来把那些用80毫米短焦距镜头相机拍摄的全部彩色照片都公布了。可是用远摄镜头相机拍的照片国防部却只透露了两张，而且还把它弄模糊了。即使如此，其实用价值是十分明显的，正如美国《航空和空间技术周刊》杂志在登载该照片的说明中所写的：“照片判读员认为，他们能够辨认出商业大街与河流交界——即肯尼迪总统被刺的地方附近的三层地下铁道。”即使是用短焦距相机拍摄的美国宇航基地卡纳维拉尔角也可清楚地看出道路、建筑物和发射塔。此外，据透露，航天员们还在太空观察了火箭的发射。例如，在“双子星座-5”绕地球飞行第61圈时，恰好飞过美国新墨西哥州霍洛曼空军基地上空，当时地面正发射一枚小型火箭。航天员康德拉报告说：“发射了，我们看到了，我们看得很清楚。”后来，在飞行第62圈时，又经过范登堡空军基地上空，地面正在发射一枚“民兵”导弹，他们也轻易地观察到它的发射。还有消息说，“双子星座”的航天员不仅拍了陆地的照片，而且拍了许多海洋、河口、港湾的照片，特别是“双子星座-7”以后，这项任务作为硬性任务确定下来。而仅据美国航宇局公开宣布，到“双子星座”计划结束时（1966年11

月)，仅这类照片就突破了一千大关。这就不难理解苏联人为什么那样忙于提出抗议了。

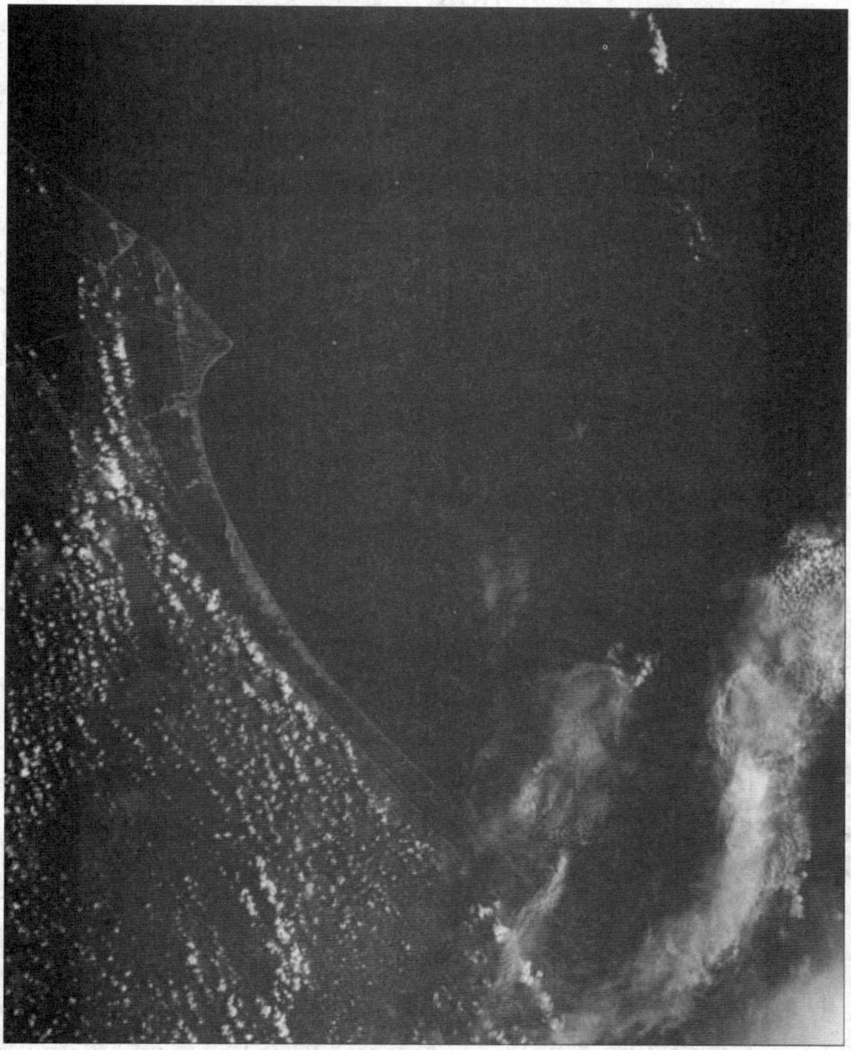

**卡纳维拉尔角** 清楚吗？这就是当年“双子座-5”上的库柏，用80毫米短焦距相机拍摄的美国宇航基地卡纳维拉尔角(北纬28.5度，西经80.5度)的照片。当然，若把它与现在谷歌地图上的图像相比较，简直是“小巫见大巫”。但在那卫星侦察初露锋芒的年代，这已经是轰动世界的奇迹了！这种图像，只有美国的图像判读中心的照片判读员、用专用的设备才能看出“门道”(即“清楚地看出道路、建筑物和发射塔”)，而你我却只能看个“热闹”。

# 亦步亦趋

抗议尽管抗议，美国人还是“我行我素”。苏联人呢，也不过是造造舆论罢了。说穿了，这玩的也是“贼喊捉贼”的把戏。所以，当时的美国总统约翰逊在回答苏联的指责时说，他邀请苏联人派代表参观下一次“双子星座”的发射。其实，他明明知道苏联人是不会来的，因为苏联人自己也干着同样的勾当。他如果去看了人家的“双子星座”，那么又如何能拒绝美国人来参观他的“上升号”载人飞船的发射呢？而且，难道人们会天真地认为，苏联人在他们频繁的载人航天飞行中，会不让航天员带上照相机，甚至也不让航天员看看他出发的地球，看看苏联、美国和中国的土地？

当然不是，地球，在苏联航天员的眼里，并不比美国航天员模糊。听听

吧，下面是他们的观感：

“在非洲以东二三百千米处，我们在20秒钟内看到了涌起的海浪。在平静的水面上，就像是九级浪那样一个宽为一两千米，长为100千米的海浪涌出水面。给人的印象是两个巨浪相遇，相互撞击后涌出了平坦的水面。”

“我们清楚地看到了波浪的阴影。”

“我们在进行观察，发现海洋中有斑点就报告，渔民们就可到那里去捕鱼。”

据说，渔民们还向他们发了致谢电呢！

他们是谁？是苏联第三代载人飞船“联盟号”和载人空间站“礼炮号”的乘员、创造了在太空飞行175昼夜的世界纪录的航天员柳明和利亚霍夫。由于这一纪录，让苏联在与美国的太空争霸中拔了头筹，使苏联人兴奋异常，决定把他们原本保密的宝贝拿出来展览，于是就有了下面这张照片。

展览当然很风光，但细想起来，俄国人也有点脸红。因为柳、利二人在轨期间也有个挫折。情况是这样的：“联盟32号”于1979年2月25日，从丘拉坦发射场，将航天员柳明和利亚霍夫驮载上天，26日与已在太空的“礼炮6号”对接之后，他们进入“礼炮6号”中生活、工作。一个半月后(4月10日)，苏联人又发射“联盟33号”，运送苏联第一位文职(非军人)指令长鲁卡维什尼科夫和保加利亚空军的航天员伊万诺夫，到“礼炮6号”来接替柳明和利亚霍夫。可是第二天“联盟33号”载人飞船的主发动机故障，而对准机构也工

**“联盟-32号”与“礼炮-6号”组合体光彩亮相**　图中左半段是“联盟32号”载人飞船(俄文是“Союз 32”，英文是“Soyuz 32”)；右半段是“礼炮6号”载人空间站(俄文是“Салют 6”，英文是“Salyut 6”)，它是1977年9月29日进入轨道的，在“联盟32号”之前，它已接待过“联盟26、27、28、29、30、31号”，该站在轨共运行5年，共接待16组33名航天员登站工作，于1982年7月29日坠毁。

作不正常，与“礼炮6号”对接失败，只好于12日用备份发动机紧急返回地面。使这次苏联人的“国际合作项目”颜面尽失、无功而返。又因这两艘飞船是用的同一种主发动机，而且“联盟32号”也已超过在轨安全期，为确保柳、利二人返程安全，决定另外派出配备改进型发动机的“联盟34号”飞船上天去接柳、利二人回来。“联盟34号”于6月6日发射，去程并未载人，而是携带与两个人重量相当的货物。8日“联盟34号”与“联盟32号”-“礼炮6号”组合体的第二个对接口对接成功。随后，“联盟32号”则于6月13日不载人自行返航（它在天上飞了108天）。两个多月后，由“联盟34号”载着柳、利二人返回地球，并于8月19日中午，在杰兹卡兹甘（注：苏联的哈萨克加盟共和国中部的一个城市，苏联解体后，现属哈萨克斯坦）东南170千米处着陆。后来，柳明又参加由波波夫任指令长的“联盟35号”，于1980年4月9日发射上天，并与“礼炮6号”对接成功。这次，又创造了在轨时间185天的新纪录。

面对这个连续打破纪录的英雄，记者怎能不进行访问呢？于是就有了“海浪和鱼群”的感言。但是，谁能肯定他们既看不见军舰，也看不到由潜艇发射的导弹呢？尽管苏联人守口如瓶，人们还是知道苏联当局为了其军事目的，计划了一系列对地面侦察和观测活动，不仅航天员用肉眼观察；还大量使用了相机摄影，并及时用电波传回观感，并且在他们返回地面时还带回拍摄的成果，有的还不时地弹射回收胶卷舱，而且，他们的观察还否定了云层会挡住视线的结论，从而对云遮雾盖的海洋也送回了珍讯奇闻。

**要走了**　柳明（左）和利亚霍夫在出发前，在“联盟号”–“礼炮号”教练舱上合影。

**回来了**　柳明(左)和利亚霍夫经过175天太空飞行回到地面,地勤人员接他们出舱后,立即为他们进行体检。长期的太空失重生活,不仅使他们体重减轻,而且体力减弱。据说,他们出舱后接受献花时,感到"如举1吨的重物"。

常言道"没有不透风的墙"。过了一些日子,人们终于打听到:"礼炮6号"上最大的科学仪器之一就是由苏联和民主德国的蔡司公司合作研制的"MKF-6M型多光谱相机"。该相机有6个镜头,其中4个工作在可见光波段,2个工作在近红外波段,每次曝光可拍155 × 225平方千米的地面。借助它,航天员拍摄了数以万计的照片。据透露,苏联人根据这些照片取得不少重要成果。例如,绘出了曼格什拉克半岛盐渍化地区图和黑海薄冰区水下地形图;发现了阿尔泰山区过去未曾发现的冰川;帮助校正了正在建设中的贝阿大铁路的某些线路路段;及时防止了森林害虫对森林的危害;提供了关于森林、大气、土壤的干旱程度以及气流方向和速度等资料。依靠这些照片还能发现地下矿藏,例如西伯利亚的石油。军事上有什么收获呢?苏联人当然不说。但至此,我们已经不难断定,苏联人的结论甚至比美国人还来得乐观。当他们的航天员已经能在天上工作半年多的今天,一定已经有许多情报送到克格勃、送到克里姆林宫决策者的手中。

坐在哪里？ 这是在美国加州的特拉维斯航空博物馆展出的“雷神”火箭发动机实物，2013年4月13日，我坐在它的喷口上比比大小。

事实上，不论是美国还是苏联，之所以对大型空间站的兴趣越来越大，之所以对能反复使用的运载工具——航天飞机的研制如此卖力，除了他们大肆宣扬的“科学目的”之外，一个最主要的动力就是它们的情报和军事潜力。在地球上，人与机器的关系中，人是占主导地位的。在太空中，也仍然如此，虽然人不能像机器那样长期地、不间断地侦察和观测，但人的介入能选择适合摄影的气象条件，节约昂贵的航天胶卷，能及时判断目标的性质，或注意特殊的现象，能判定哪些地方需要重复观测；哪些地方又不需要多费工夫，还能为地面图像的判读提供可贵的线索或背景材料等等。一句话，机器在它的特定性能范围内，对地面目标是“一视同仁”的，而人却能有所选择。机器是死的，人是活的。如果再考虑到对敌方卫星的“策反”、“捕捉”和“检查”，考虑到空间反卫星武器的操纵以及其他种种不可告人的军事目的，人上太空的必要性就更为明显了。特别是在载人航天的安全性和舒适性日益提高的今天，真正的航天间谍的出现已经是必然的了。

（原载《知识就是力量》1982年第9期）

# 卫星机密盗窃案

用科学技术武装间谍，用间谍盗窃科学技术情报，这也是国际斗争中一种悄悄进行的闹剧，下面就是一些片断……

## 间谍受审

1978年11月17日，一个23岁的青年，站在美国联邦法院的被告席上，他的名字叫坎皮莱斯，是美国中央情报局的间谍。

中间带手铐者为坎皮莱斯( William P. Kampiles )

这倒奇怪，美国居然还会审问自己的间谍！原来，坎皮莱斯将一份美国的、厚达350页的绝密文件，以3000美元的代价，卖给了苏联的克格勃间谍。

这是一本美国“KH-11”人造卫星的技术手册。坎皮莱斯在中央情报局总部的行动中心监视组任职时，有机会接触这份绝密材料。在审判中，虽然辩护律师力图为他开脱，但是终因论据不力，辩护无效，坎皮莱斯被判犯了叛国罪，判有期徒刑 40 年！这一案件的宣判，使美国舆论为之哗然。

一本人造卫星的技术手册，为什么这样宝贵呢？谁不知道有成百上千的人造卫星在遨游太空？原来这种“KH-11”卫星非同等闲，它是美国新研制出来的当今世界上最先进的间谍卫星。它能侦察、监视苏联的军事部署、武器试验和备战活动等种种重要机密，而且及时地传向华盛顿的情报中心。所以，美国人给他们的新生骄子取名叫“锁眼”（KEYHOLE，KH 就是它的缩写）。大概就是说，它可以从对方紧闭的“房门”的钥匙孔窥视秘密。但是，它所获得的大量情报，却要依靠各种参考资料来研究和判读，而失窃的技术手册就是这些资料中极重要的一本。看了它就知道“KH-11”的技术性能；就知道这个在头顶上悄悄溜过的间谍的使命和获得情报的方式；还可以从中分析已掌握了哪些情报，截获到了什么样的消息；甚至可以在“锁眼”继续工作的日子里，用假现场来混淆视听，使对方从这“失密”的门锁的窟窿眼里，看到的是一些没有价值的消息。你想想，这怎么能不引起舆论的哗然和法官的愤怒呢？

## “大鸟”的秘密

其实，间谍卫星的存在早已是个公开的秘密。敌对的双方或潜在的对手都知道对方可以用人造卫星担负各种间谍使命。所不清楚的只是每颗卫星的具体情况，包括发射目的、仪器装备、实际水平、获得和处理情报的方式等。各国对间谍卫星的发射和应用，不像其他航天器那样大肆吹嘘和报道。而是相反，当事机构总是尽量保密。因此，有关情况常常是根据一些间接的途径甚至另一方的报道或评论来推测和分析。本文也不例外，因而数字难免欠精确，事例难免有出入。但是，总还可以看出个只鳞片爪，了解一个大概吧。

从 1962 年初到 1970 年美国的间谍卫星历经了三代的改进。回收胶卷型担负详查任务，它的分辨率从2~3米，提高到0.6米；寿命从2~3天，提高到10~15天。无线电传输型担负普查任务，而且除了可见光摄像外，还用红外扫描器保证夜间和阴天侦察；又用多光谱摄像来识别伪装。同时由于寿命延长到3~4周，使得发射数量可以减少，例如1965年发了13颗，而1970年则减至4颗。

1971年6月15日，范登堡空军基地的发射台上，又是一片繁忙。一枚17层楼那么高的庞然大物竖立在台上。这就是“大力神3D”运载火箭和卫星的结合体，运载的是美国的第四代间谍卫星。它的官方名称为“低轨道监视平台”，代号是“467”，非官方名称却叫“大鸟”。6月15日当天，太平洋夏季时间上午11点41分，一声巨响，火箭把“大鸟”送入了轨道：近地点184千米，远地点300千米，倾角96.3度，周期89.1分。

**“大鸟”待展翅高飞** 这是1971年6月15日，在范登堡空军基地的发射台上，用“大力神3D”发射“大鸟”前的情景。

在这样的轨道上，每隔三天半地面目标重复一次。在这样低的轨道上，为了不致过早地再入大气层，阿金纳的发动机每隔 7～10 天点火一次，以提高轨道，延长寿命。所以，第一颗“大鸟”在天上就飞了 52 天。这只“大鸟”，可谓大矣。长 15.24 米，直径 3.05 米，重 13.3 吨（包括推进剂），地面分辨率为 0.3 米，而且身兼详查和普查双重任务。

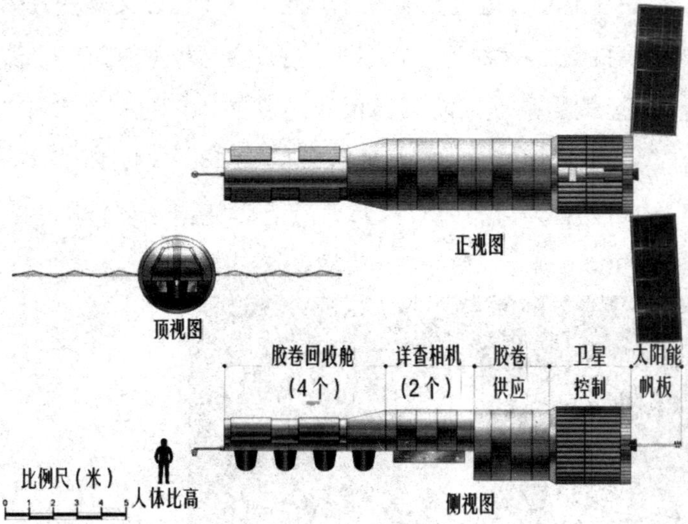


“大鸟”结构示意图

“大鸟”是美国洛克希德公司研制的。它“长”着两只明察秋毫的眼睛：一只是珀金·埃尔默公司研制的有很高分辨率的详查相机，据说可以分辨出地面上的单个行人；另一只是伊斯门·柯达公司研制的带有新型胶片扫描器的普查相机。“大鸟”上有 6 个可以回收的胶卷舱，可以定期地把拍得的情报装在里面送回地球，由驻夏威夷的美空军第 6594 试验联队用装有打捞装置的“HC-130”飞机作空中回收。然后从这里用飞机送到华盛顿郊外的安德鲁斯空军基地，再送往国家图像判读中心。

“大鸟”的神秘之处还在于，人们猜测它带有一些更为奥妙的侦察仪器。这个说它有一台四个或六个谱段的多光谱相机，可以揭露伪装和探测目标的细微变化；那个说它装有红外扫描仪，对夜间侦察十分有利。它可以探测出地下导弹发射井为保护导弹加温所散发出来的热量。还有的说“大鸟”使用了电视系统和侧视雷达，还有一个直径为6.1米的可展开天线，能在卫星经过地面基地上空时，在短短的10分钟过顶时间内把侦察到的情况传给地面基地。这些基地由七个地面站和六艘跟踪船组成。七个地面站分别设在新罕布什尔州的新波士顿、加利福尼亚州的范登堡空军基地、夏威夷的瓦胡岛、阿拉斯加州的科迪亚克岛、关岛、印度洋的塞舌尔岛和东非某国内。

**“大鸟”肖像** 这是“大鸟”正在洛克希德工厂吊装的情景，“头上”戴着测绘相机、“胸部”白色凸起物为回收胶卷舱，“腹部”装着详查相机，“尾部”有两个可展开的太阳能帆板，像一双翅膀。

更令人惊讶之处是，“大鸟”还经常驮着“乘客”出游。第一次载“客”是1972年1月20日发射的第二颗“大鸟”。它带有一颗代号“P-11”的子卫星，是作电子侦察用的。它是一个每面0.3米×0.9米的八面体，重约57千克，轨道为472/549千米。

**间谍现身** 别误会，这不是一节火车车厢，而是“大鸟”间谍卫星。在经历了漫长的猜测岁月、在第一只“大鸟”上天40年之后，2011年9月17日，人们终于得以目睹它的“庐山”真面目。美国国家侦察局为庆祝自己50岁生日而举行活动，在首都华盛顿的美国航空航天博物馆的哈齐中心，向业内人士展览了一天。这是当天展出现场。如今人们才从官方渠道正式知道：该局将其照相间谍卫星均冠以“KH”型号，于是，“大鸟”排行老九，即官方型号为“KH–9”。

平均每年有两只“大鸟”飞向蓝天。第二只“大鸟”飞了40天，第三只到第六只则是2～3个月，而“大鸟-7”则飞行了123天，并且第一次带了两颗子卫星；“大鸟-10”已延长到150天；到了1977年6月27日发射的“大鸟-14”则已接近半年，长达178天。

## 新伙伴登场

一只接一只的“大鸟”在天空翱翔之际，又一个新伙伴登场了。这就是1976年12月19日的一次不寻常的发射。一枚“大力神3D”从范登堡的发射台上飞起，把一颗新间谍卫星送入近地点247千米、远地点533千米的轨道。这几乎比一般“大鸟”要高飞一倍。起初，人们还是把它列入“大鸟”系列。可是，它的行动奇怪，令人生疑。4天之后，它把轨道变为341/535千米，3个月后，又下降为246/530千米。真是一只怪鸟。

这只怪鸟也载了两个子卫星，它们的轨道分别是：236/535千米和253/531千米。

同时，人们发现，这只怪鸟的发射并没有打乱“大鸟”的飞行。半年后“大鸟-14”飞上了155/239千米的轨道。接着1978年3月16日“大鸟-15”上天。正好一年后，1979年3月16日又一只“大鸟”在177/244千米的轨道上飞翔。据说这种回收胶卷型的卫星，美国人打算一直使用到20世纪80年代中期。

那么，那只怪鸟又是干什么的呢？原来，它就是美国间谍卫星的第五代新秀。它是由汤姆逊·拉莫·伍德里奇公司研制的，工程代号为“1010计划”，型号为“KH-11”。

战术的要求和技术的发展，已使人们不能再满足于回收胶卷舱和按基地指令在基地上空汇报这样不及时的方法了。

**“怪鸟”飞天**　这就是1976年12月19日的那次不寻常的发射。

人们希望在总部直接而不延迟地(实时地)看到被侦察的目标。所以,“1010计划”的目的,就是要研制一个能实时地提供图像的卫星侦察系统。为此,“KH-11”使用一种新型的、高分辨率的电荷耦合器件(CCD)的数字相机(据称分辨率可达0.1~0.15米),算是美国第一代光电成像侦察卫星,并使用同步轨道上的数据中继卫星来传输图像数据。这些图像不需要发给遍布世界的地面基地,而是直接发给华盛顿的“国家图像判读中心”,进行分析、判读,又及时又方便。这就把间谍卫星的侦察水平大大地推进了一步,成了当时间谍卫星的“王牌”。

**“锁眼”看到的景象之一** 这是1984年由《詹氏防卫周刊》透露的、KH-11拍摄的、苏联唯一的航母总装厂——位于黑海的尼古拉耶夫造船厂(也称为“黑海造船厂”)。它是经过“模糊”处理之后才向外界透露的。但已可清晰看出船厂的情况，图中最显眼的是两座“龙门吊”,它们是该船厂的起重主力,起重量均为900吨。由此可见该卫星的侦察能力。这个造船厂,从1960年开始建造苏联的“莫斯科号”航母起,随后的苏联航母:“列宁格勒号”、“基辅号”、“明斯克号”、“新罗西斯克号”、“戈尔什科夫号”、“库兹涅佐夫号”亦全都在此建造。当然，也包括只完成了45%的苏联第一艘核动力航母“乌里扬诺夫斯克号”和只完成了67%的“瓦良格号”(这也就是苏联解体后,俄国以偿债形式给了乌克兰,而乌克兰又拆掉一切设备后把船壳卖给中国的这艘世人注目的“瓦良格号”。经过中国更改安装、继续建造,并加装自己研制的设备后,于2012年9月25日,正式更名为“辽宁号”航空母舰,加入中国海军序列。)

**“锁眼”看到的景象之二** 这是透露的另一张照片，照的是中国的喷气式轰炸机。

坎皮莱斯居然把这张王牌的秘密卖给对方，这就难免使主子恼羞成怒了。第一颗“KH-11”卫星在天上游荡了两年零四十天之后（超过普通“大鸟”4倍的寿命！）于1979年1月28日按地面指令再入大气层烧毁。

写本文时，在天空遨游的已是第三颗。它是1980年2月7日发射的。它的情报正通过数据中继卫星源源不断地、实时地传到华盛顿，传到美国中央情报局的手里。不过，当经过了坎皮莱斯案件的风波之后，在行动中心监视组的办公室里，放着的一定是另一本更换了内容的新手册了，克格勃的间谍也许正在打着它的主意。

下面这张图，为美国当年的间谍卫星及其发射年份做了个小结。图中按相同比例画出了美国间谍卫星的轮廓（不包括运载火箭）并用一中等人体做比较；图下方用年份为横坐标，以便大致示意出其执勤年份。

想当初，人们只能根据透露的只言片语来分析这些“超级间谍”的踪迹。如今，随着资料的逐步解密，人们才有了一个比较清楚的脉络。实际上，美国国家侦察局，把它的照相侦察卫星都“装”进了以“KH”为编号的一个“篮子”里，即归纳为“锁眼计划”。于是，就有了图中这样的标注。而这时，“KH”已不再只是代表“锁眼”(KEYHOLE)这个词，而是泛指“照相侦察卫星”了。

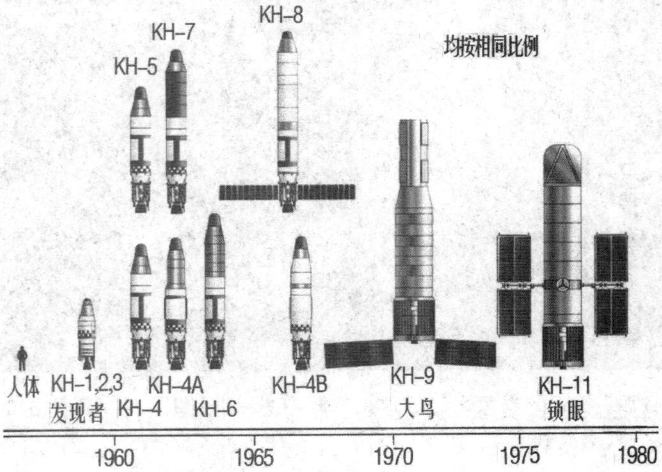


“超级间谍”家谱

其实，图中这些高矮胖瘦不同的“家伙”，只不过是运载火箭的“有效载荷”，真正的差别是它们“肚子”里装的相机及保证相机正常工作的系统。所以，“KH”编号实质上是相机系统的代号。比如，左边最小的“家伙”，外形轮廓不变，它“肚子”里却装过3种侦察相机：“KH-1”、“KH-2”、“KH-3”型(分辨率为15～30米)；而其他的，则各装一种侦察相机。38颗“发现者”系列卫星中，绝大部分是这种小个子，但也有1颗是装“KH-4”型相机(分辨率为8米)、有4颗是装“KH-5”型相机的中等个子。而整个“日冕计划”的145颗照相侦察卫星中，则还包括“KH-4A”型、“KH-4B”型、“KH-6”型相机的中等个子。“大鸟”系列用的是“KH-9”型，“锁眼”系列用的是“KH-11”型。另外，后几种相机还有自己专用的名字：“KH-5”叫“ARGON”，区别于其他相机，它是一种低分辨率(分辨率为140米)的测绘相机；“KH-6”叫“LANYARD”(分辨率为2米)；“KH-7”和“KH-8”叫“GAMBIT”(“KH-7”的分辨率为0.6～1.2米；“KH-8”的分辨率为0.5米，而且又派生出带两个胶卷回收舱的“A”

型和带三个胶卷回收舱的“B”型)；“KH-9”叫“HEXAGON” 或“BIG BRID”；“KH-11”叫 “KENNAN” 或“CRYSTAL”。与之相应，也常把装这些相机的“家伙”称为相应名称的卫星。也许读者朋友会奇怪：怎么图中没有“KH-10”？其实“KH-10”叫“DORIAN”，本来是有的，它是用在前文提到过的“载人轨道实验室”上，后来也与该任务一起被取消了(后来美国人又重打锣鼓另开张，搞了个“天空实验室”)。当然，也还会有后继者，例如“KH-12”，但已经离本文主题太远了，还是留给另外的文章去描述吧……

**与“大力神”合影** 这是在美国加州特拉维斯航空博物馆展出的“大力神”火箭发动机实物，2013年4月13日，我站在其喷口旁比比尺寸。

(原载《航空知识》1980年第4期)

# 神秘的战争

炮声隆隆，硝烟弥漫，战鹰呼啸长空，坦克奔驰地面，爆破手排除暗堡，战士冲锋向前。这，也许就是人们心目中的战斗情景。可是，你可曾想到：在这威武壮烈的场面背后，有着大量的电子设备在工作着。现代化的军队，离不开电子兵器的武装。用来给飞机、舰艇导航的导航系统，用来传递指挥员的命令和情报数据的通讯系统，用来控制火炮和导弹以及用来搜索跟踪飞机和军舰的雷达系统等等，它们都是靠发射或者接收无线电波来完成任务的。有矛就有盾。为了侦察这些电子设备的情况，干扰它们的工作，各国又秘密地研制出各种各样的电子侦察和电子干扰设备。在战争中出其不意地、灵活地运用它们，就能够收到事半功倍的效果。敌对双方进行着侦察和反侦察、干扰和抗干扰的斗争，这种激烈的电磁斗争就叫“电子对抗”或叫“电子战”，那么，这种靠电波进行的隐蔽而神秘的战争是什么样的呢？

## 奇　袭

第二次世界大战期间，一个不平常的夜晚，在波涛汹涌的英吉利海峡上，有一群群小艇在游荡。艇上载着一些网状的东西，还拖着亮晶晶的气球。这难道是一队队渔船在联欢？你看还有几架凑趣的飞机在上空盘旋，不时撒下一些银白色的花絮。

可是，为什么它们既没有张灯结彩，又没有欢声笑语呢？原来它们并不是在游玩，而是在配合一次举世闻名的战役：诺曼底半岛登陆战。在这次战役中，英美联军利用电子干扰的方法，成功地把大批德国武装力量引诱到登陆地点以东的地区，保证了登陆的顺利成功。

小艇上的网状东西叫做角反射器，它是由三个相互垂直的金属网状平面构成的。那些亮晶晶的气球是一些表面上涂了铝层的气球。飞机上撒下来的银白色花絮是许许多多条状的铝箔。这些都是用来反射无线电波的。大家知道，雷达发射的无线电波遇到飞机、军舰等物体以后就会被反射回来。雷达的接收机收到回波后，荧光屏上就会显示出一些亮斑。根据亮斑的位置、大小等特点，就能够判断出敌情。英美联军小艇上的角反射器和气球，把德军雷达发出来的无线电波反射回去，这样德军的雷达接收机荧光屏上就显现出一些像大型战舰的小亮斑。而空中的铝箔使得雷达接收机的荧光屏上显示出看来很像大群护航飞机的亮斑。于是，德军司令部得到的情报是：有大批敌舰和飞机向诺曼底以东的加莱方向袭来。德军司令部就赶快调兵遣将，把大量的海防快艇、作战飞机和部队调向加莱地区。而英美联军的2000多艘舰艇却运载着几十万大军悄悄地奔向诺曼底半岛，保证了联军奇袭成功。

角反射器、涂铝气球和铝箔条等干扰器材，本身都不辐射电波，而只是靠反射敌方的电波，达到干扰敌方雷达的目的。这种本身没有辐射源的干扰方法就叫做“无源干扰”。用作无源干扰的器材很多，有涂上金属的纸条、金属条和金属片，还有各种金属丝、玻璃纤维和尼龙丝等。由于铝箔条用得最多，因此，又统称为“箔条”。在第二次世界大战期间，英美在德国本土投撒的铝箔就有20万吨之多。现代的箔条自动投放器能在10分钟内形成长八九十千米，宽二三十千米的干扰云，使雷达的荧光屏上一片白，看不到真实的目标。

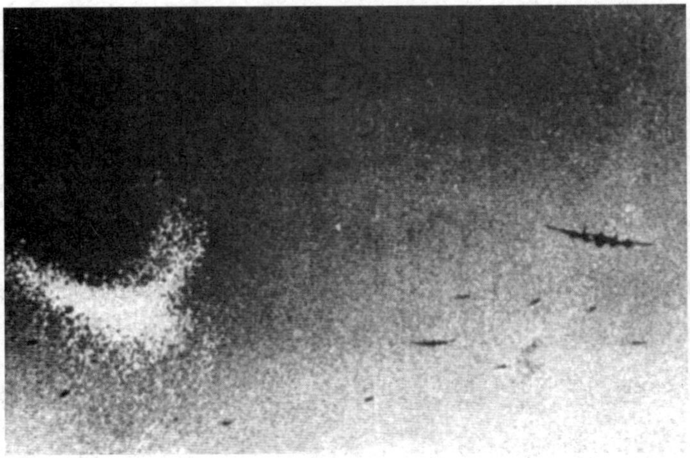

**布云** 这是由英国“兰卡斯特”型轰炸机改装的电子战飞机，正在空中布撒箔条干扰云。

## 空中之谜

1969年一个天高云淡的夏日，北大西洋公约组织的一个雷达值班员，在进行例行的空中搜索。突然，雷达荧光屏浅绿色的衬底上，出现了可疑的亮斑。他急忙拿起电话：“哈罗，有情况。在波罗的海上空，有一架苏联飞机，它放出了一片好像是金属屑构成的云。飞机不见了，而那片云却在空中慢慢飘浮，反射着雷达电波，遮掩了它后面的空情。”

一架北约飞机接到命令，从基地紧急出动，去查看这稀有的“云”。一会儿，基地听到了飞行员的报告：“我的雷达可以跟踪这片飘移的云，可是我的眼睛却什么也没有看见。没有箔条，也没有金属丝。眼前只有一片蓝色的天空。”面对这空中之谜，专家们进行了研究，认为是一种金属微粒的气悬体，它可用飞机或者火箭的喷气发动机喷出，从而在空中布下了一道很厚的“幕”。这就像施放烟幕来掩护军事行动一样。这道能反射雷达电波的幕，能够掩护飞机或者火箭的空中行动。1968年8月苏军入侵捷克斯洛伐克时就喷撒了大量这种类型的气悬体。它使得监视布拉格上空的北大西洋公约组织的雷达荧光屏,在整个入侵过程中呈现一片“白雾”,从而掩护苏军空运,占领布拉格和捷克的其他城市。

## 勇敢的伴侣

那么,除了上面介绍的无源干扰以外,有没有自己能辐射电波的有源干扰呢？有！有源干扰的形式有两种：一种是用干扰机辐射的电波把雷达或者通信的信号压下去。这就像你同别人谈话，而第三者在旁边哇哩哇啦大声乱叫,使你根本听不清话音一样。这种方法叫做“压制式干扰”。另一种是发个假信号或把敌人的信号加以改变来欺骗敌人,叫做“欺骗式干扰”。

现代的飞机或军舰上,常常宁肯少带一点炮弹或炸弹,也要带一些干扰机或者箔条,用来保护自己。同时,由于现代战争中使用的电子设备越来越多、变化越来越快,因此一架飞机除了携带必需的武器和燃料以外,不可能携带足以对付一切威胁的全部电子对抗设备。于是，各种专用的电子对抗飞机就发展起来。在这种飞机上,一般只带各种电子对抗设备,而不带任何杀伤武器。可是在实战中，它却要先于其他飞机和轰炸机接近敌方阵地,而撤退的时候它又要留在其他飞机的后面,施放干扰,掩护返航。它“手无寸铁”,还这样“英雄虎胆”,真是各种作战飞机的勇敢的伴侣。

在第二次世界大战末期,美国用“B-29”轰炸机改装成电子战飞机。这种飞机带有 13 部干扰机和一吨箔条。由于大量的电子设备都有天线，因此它有个外号叫“豪猪”。从 1945 年 3 月到 6 月，美空军对日本进行了七次大规模空袭,共出动飞机 6960 架次,由于运用了电子干扰,而使损失不到 2%。

B-29 飞机上配备的“APT-1”型雷达干扰机

B-29 电子战飞机

现代化的电子战飞机所装的电子设备还可以用电子计算机来控制。例如，美国的“EF-111A”电子对抗飞机，载有 3 吨电子对抗设备，活动半径可达 3200 多千米，可以连续工作 5 个多小时。还有一种小型的干扰机，它可以利用火箭、高射炮弹、迫击炮、遥控飞行器等，投掷到敌方的阵地，干扰敌方的通讯系统和武器系统。

EF-111A 电子对抗飞机

## 飞贼与水鬼

对号入座，这是人们看戏、看电影的常识，剧场、影院是认号不认人的。接收电波也是这样，要对“号”接收，这个所谓的“号”就是无线电波的频率。这对大家并不生疏。当你打开收音机选择电台时，就是在做“对号”的工作。接收机也是只认“号”不认人。只要频率对头，它就欣然接收。这是无线电电子设备的一大特点，也是电子战中的一大弱点。在电子战中，只要干扰机发射的无线电波的频率，同敌方雷达、通信等被干扰系统的信号电波频率一致，这无线电波就可以进到敌方的接收机里，扰乱甚至破坏它的工作。

因此，为了在电子战中取得胜利，敌对双方都要对自己军用电子系统的工作频率绝对保密。同时，又千方百计地刺探对方的有关情报。除了派间谍去窃取情报以外，最好的办法还是用电子设备来进行侦察。

这种电子侦察设备实际上就是一台非常好的无线电接收机。它能够收到敌方的各种无线电波，并且能够尽快地查明这些无线电波的频率，以及信号的其他特点；再进一步，还能够判断信号是什么样的机器发射的，就像人们根据话音来判断是谁在说话一样。要是判定是火炮控制雷达发出的信号，那就应当引导自己的干扰机尽快地对准敌方雷达频率进行干扰。

如果发现是敌人的通信、指挥系统发出的信号，就应该记录下来，尽快破译，了解敌情，作为采取行动的依据。在1967年进行的第三次中东战争中，以色列曾经破译了埃及无线电通信密码，利用这些密码向埃及运输车队发布假命令，把埃及军队诱到以色列军队的伏击圈里，使得埃及受到了很大的损失。

电子侦察设备可以固定地安装在专门的基地里，也可以用人背、马驮、车载，还可以装在飞机和舰艇上。专用的电子侦察飞机和电子侦察船，不仅在战争期间，就是在平时也能够偷偷地刺探别国的情报，所以人们常常把它们叫做“飞贼”和“水鬼”。

**美国“普韦布洛号”电子侦察船** 1968年1月11日，美国“普韦布洛号”(USS Pueblo AGER-2)电子侦察船，从日本佐世保港出发，靠近朝鲜水域，执行对苏联和朝鲜的电子侦察任务。在最后一天(1月23日)进入了朝鲜清津港外海约12海里处，被朝鲜人民军截获，船上82人被捕(1人在开火中中弹身亡)。朝鲜指责美国军舰入侵，要求道歉、赔偿；美国抗议朝鲜劫持误入的“海洋调查船”，要求放人、还船，使朝美关系接近战争边缘。这就是当年引起世界哗然的“普韦布洛号事件”。

**“普韦布洛号”上的电子侦察设备**

**朝鲜首都平壤大同江畔的“普韦布洛号”景点** 经过近一年的“马拉松”式谈判，年底朝鲜放了人，而船则作为战利品留下供游人参观。2013 年 3 月 26 日，美国科罗拉多州议会做出决议：将 1 月 23 日命名为“美国海军普韦布洛号日”，并要求朝鲜还船。朝鲜未予理会。

美国的U-2高空侦察机则是一种照相侦察机。它有个外号叫做“黑间谍小姐”。这种飞机装有先进的航空相机。为了侦察苏联洲际弹道导弹的实际情况，1956年6月U-2飞机开始飞入苏联上空。1960年5月1日，飞行员加里·鲍尔斯驾驶的U-2飞机，从巴基斯坦的白沙瓦基地起飞，向挪威北部的博德基地作横贯苏联的飞行，在斯维尔德洛夫斯克附近被苏联的地对空导弹击落了。于是在一片抗议的吵闹声中，美国停止了对苏联的U-2侦察飞行。

**北京军事博物馆展出的U–2间谍飞机残骸**　U–2间谍飞机这么好的飞机，怎么舍得从此不用呢？不能在苏联飞，难道不能在中国飞么？美国中央情报局心有不甘、计上心来：我们出钱、出技术，让台湾的老蒋出人、出基地，就可以飞进中国大陆去侦察，他们的武器不如苏联，不用担心；而且，就算打下来了，也不是鲍尔斯那样的美国人，是他们中国人内部的事情。妙，真妙！就这么干。于是1961年2月1日，在中情局精心策划下，经蒋介石批准、由蒋经国亲自抓的国民党空军“第35中队”成立了，队徽为黑猫，故又称“黑猫中队”。中情局先后为该队培训了28名驾驶员。至1974年11日该队撤编，共执行了220次任务，其中有一半（110次）飞越中国大陆，被中国第543导弹部队击落5架（军博展出了其中4架）。5名驾驶员3死、2俘（叶常棣、张立义），此2人于1982年11月10日在香港被释放，但台湾不愿收留，只好由中情局安排赴美国定居。

大陆出的书

台湾出的书

一段历史两本书，是非功过正反述，同根相煎授人柄，团结奋斗谁敢欺

可是，无独有偶，苏联自己也干着同样的间谍勾当。他们除了用“杜-16”、“杜-20”、“米亚-4”、“安-12”、“伊尔-28”和“雅克-28”等型号的飞机作间谍飞机以外，还专门设计了“米格-25”高空高速侦察机。

**“米格-25”侦察机** 苏联的“米格-25”是速度和高度均可与美国“黑鸟”媲美的飞机，创造过几项世界纪录。分为截击型和侦察型，两者区别是侦察型减少武器而增加侦察设备，体形稍有变化。侦察型占总产量的60%，且有多种变型，有的在机头的雷达罩后面装5台航空侦察相机（1台地形侦察相机、4台侧向侦察相机）；有的装侧视雷达和其他电子侦察设备，甚至改装成有一定打击能力的侦察轰炸型或突防反雷达型。

米格-25 飞机上 5 个照相机窗孔

在海上，苏联的电子侦察船经常伪装成拖网渔船、科学考察船和商船，在世界各地海域从事间谍侦察。“巴肯号”、“和平号”和“海滨号”，就是其中的几艘。

**苏联的电子侦察船** 苏联人很少披露其电子侦察船的情况。而西方媒体则说，苏联早期的电子侦察船设备很落后，但自从美国的“普韦布洛号”落网之后，苏联的电子侦察船就“突飞猛进”地发展了。此图所示为苏联的“里拉号”（属“里拉”级，该级共生产 4 艘，西方称其为“巴尔扎姆”级）电子侦察船，船长 105 米、宽 15.5 米，吃水 5 米，满载排水量 4500 吨，最大航速 20 节，续航力 7000 海里/16 节。船桥上部装有 2 个高 5 米的球形天线罩，用于卫星通信；3 个桅杆上装有各种无线电监听、测向设备。此外，船上还有武装，主要有 2 座 4 联装 SA-N-5 型舰对空导弹和 1 座 AK-630 型 6 管 30 毫米自动速射炮。该船常用于跟踪美军的航母编队。

# 超级间谍

如果说间谍船和间谍飞机的行动常常是偷偷摸摸的话，那么另外有一种间谍工具则是大摇大摆，在众目睽睽之下，刺探着军情，这就是间谍卫星。

间谍卫星又叫做“侦察卫星”。它可以用光学摄影方法进行侦察，也可以用电子设备来进行侦察。采用摄影方法进行侦察的卫星，叫做照相侦察卫星。采用电子设备进行侦察的卫星，叫做电子侦察卫星。

照相侦察卫星用拍摄照片的方法获得情报。我们可以把它比做人的眼睛。为了“看”得清楚，它不能飞得太高。它飞行的轨道通常是椭圆形的，近地点一二百千米，远地点三四百千米，这样它在空气中损耗得就比较快，一般寿命只有几天到几周。同样，我们可以把电子侦察卫星比做成人的“耳朵”，它用电子侦察设备，在飞过目标上空的时候，侦收和记录雷达、通信等电子设备的无线电信号。甚至有人认为它也能窃听电话。为了增加寿命，它一般被射入大约500千米的接近圆形的轨道上，寿命可达几个月至几年。

间谍卫星侦察到的情报传给地面人员的方法有两种：一种是当卫星飞临基地上空的时候，按照基地的指令，用无线电发回。如果是照片，那就把胶卷先在卫星上显影，再用光束扫描，变成电信号记录下来，用无线电发回。另一种是回收卫星星体，或者回收卫星上的记录设备，包括磁带盒或胶卷舱等。

有的侦察卫星，身兼数任，它可以同时进行空中摄影、导弹预警、核爆炸探测和对雷达、通信等电子设备电信号的侦收。还有一种大卫星和小卫星组合成的母子卫星，它们同时被射入较大的母卫星的轨道后，较小的子卫星再从母卫星中弹射出来，进入自己的轨道，分别执行不同的侦察任务。

由于间谍卫星可以飞经地球上任何地区，而且速度快，一般八九十分钟就可以绕地球一圈,有效工作时间长,又安全可靠,因此,已经成为苏美两国进行战略侦察的主要手段。他们平时就发射,到战时就更加频繁。比如在1973年10月的第四次中东战争中,美国发射了两颗电子侦察卫星,苏联发射了五颗电子侦察卫星,监视中东战场。美国为了使侦察卫星能侦察到埃及的苏制"萨姆-6"地对空导弹制导系统的性能,还在电子侦察卫星通过中东上空的时候,故意派遣高空侦察飞机前往战场,诱使埃及军队发射"萨姆-6"导弹。到今天,已有上千颗侦察卫星遨游天空,窥视人间的秘密。更好的侦察卫星体制,更先进的卫星载运侦察设备,更充分的利用侦察卫星,已经成为当前电子侦察所关心的主要课题。

美国 RC-135 战略侦察机

(原载《知识就是力量》1979年第3期)

# 志在蓝天建奇功

## 太空新葩

茫茫太空多奇境，迢迢天路耐人寻。生活在地球上的人们，为在万里长空、九天之外展翅高飞，已经幻想了多少世纪，战斗了多少年月！七十八年前，第一次坐飞机飞向蓝天；20年前，第一次乘卫星遨游了太空；如今，又进入新的里程，第一次驾驭着航天飞机去天际旅行。朋友，你愿意了解其中的妙事趣闻吗？那就请往下看吧……

### 异境奇观

在大西洋的彼岸，在美国佛罗里达州的南端，有一个神秘的三角形小岛，东临大西洋，西界巴纳纳河，人们称它为卡纳维拉尔角。1947年以前，那里除了冲天的棕榈树外，只有爬上岸来晒太阳的鳄鱼群，点缀着它那寂寞荒凉的沙地。经过30多年的经营，它成了世界上第一航天港。过去，美国的许多导弹在那里试飞，许多卫星和飞船在那里发射；今天，航天飞机也从那里起程。如果你有幸去到那里，你可以从卡纳维拉尔港口进去，沿着棕榈成行的公路北行，也可以跨过印第安河上的铁桥向东。或者经过一座座神秘的建筑，或者饱览一台台冲天的发射塔，你就会来到那个举世瞩目的航天飞机出发地：肯尼迪航天中心的"39号"发射阵地。

**英姿焕发** 这就是陈列在美国佛罗里达州"肯尼迪航天中心"的游客参观中心广场上的、第一架航天飞机轨道级"哥伦比亚号"(Columbia)。(这张照片是1991年12月27日我们夫妻俩去当地旅游时照的，放在这里与读者分享)每一个到佛罗里达去旅游的人，必去两个地方：迪斯尼世界和肯尼迪航天中心。两处的差别是，前者你可以进去到每一个角落尽情地游乐；而后者则只能乘车到游客参观中心，那里有航天博物馆，游客只能在那里参观陈列的运载火箭、航天飞机等展品、看与航天有关的电影和买纪念品(例如邮票、资料、饰物等等)，而对那一座座发射阵地你就只能远远地看看，或者以它为背景照几张相。当然，如果你有特别通行证，就可以去到跟前一饱眼福了……

只见那，一座高达70多米的大铁塔拔地而起。在它的东边，耸立着比它稍矮而肥壮魁伟的航天飞机。这塔人们叫做航天飞机服务塔。它的一条条巨臂伸向航天飞机，就像慈母抚摸着已经成长的孩子。通过这些巨臂，乘务员和旅客可以进出机舱；货物(人们称为航天飞机的有效载荷)可以装卸；可以输入电源、燃料。当然，比起其貌不扬的服务塔来，你一定更想详细端详那个"似曾相识"的航天飞机。

**巍然屹立** 一座高达70多米的大铁塔拔地而起。在它的东边，耸立着比它稍矮而肥壮魁伟的航天飞机。你看，这夜景多么迷人。这是“哥伦比亚号”在等待第一次升空的过程中，于1981年3月5日在肯尼迪航天中心第39A发射阵地上，度过的一个梦幻般的黄昏，美国人像盼望过节一样，等待着航天飞机首航日的到来。

这时，一架三角翼的巨型飞机映入你的眼帘。但是，令人惊异的是它没有安详端重地水平停放，而是趾高气扬地脑袋朝天。紧贴着它还并排站着三个“丈二金刚”。中间那个又高又大的是航天飞机的外挂燃料箱。它满肚子装着“水中二宝”，即氢和氧。当然，它们都是液态的。在航天飞机冲向太空之时，它将把液氢燃料和液氧氧化剂，源源不断地输向航天飞机的主发动机。在大个子的两侧各站着一个小弟弟，它们是固体火箭助推器。顾名思义，它们将辅助主发动机，将飞机送上蓝天。

你看，航天飞机雄赳赳、气昂昂地站在那发射台上，似乎在庄严地宣告：

我们，地球的子孙，更为自由地往返太空的时代开始了！

是啊，面对这雄伟的场面，怎能不浮想联翩，怎能不想起那过去的峥嵘岁月，回忆起“阿波罗”登月的日日夜夜。十几年前，也就是在这个“39号”

发射阵地上，一艘艘“阿波罗”飞船腾空而起。1969年7月中旬，“阿波罗11号”飞船载着宇航员阿姆斯特朗、奥尔德林和柯林斯，载着人类的热望，从这里出发实现了人类奔月的幻想。“阿波罗11号”的指令舱取名叫“哥伦比亚号”。无独有偶，如今，将往返于太空的这个三角翼飞机（由于它将像卫星一样沿着圆形的轨道绕地球飞行，所以人们称之为航天飞机的轨道器。连同外挂燃料箱和助推器一起，才叫航天飞机），它的名字也叫“哥伦比亚号”。它又要从这个阵地上动身，去太空旅行。

可是，经过这十几年火红的岁月，这几经征战的阵地，又已面目全新了。为“阿波罗”和“天空实验室”计划修建起来的土星火箭的飞行器装配大楼，为适应航天飞机的要求，已经改建，在它的西边，紧挨着它新建了一座轨道器处理设施，形成一个新的“组装、测试、控制中心”。在它们的西北面3.2千米处，则是一条长为4572米、宽为91.44米的超巨型跑道，供航天飞机着陆。还有一条“航天飞机运输专用线”把“组装、测试、控制中心”与39号发射阵地连接起来，该阵地有A、B两座发射台。

肯尼迪航天中心的航天飞机设施布局图

想当初，“阿波罗—土星”飞船，用的是一种带有脐带塔的活动发射台。

那脐带塔是一座高达 115.7 米的铁塔，由于它伸出一条条管道、铁臂就像给婴儿输送养分的脐带那样供给飞船，故此得名。这塔要和土星运载火箭一起在活动发射台上往返于飞行器装配大楼和发射阵地之间。如今，它已由活动发射台上搬下，改建成固定的航天飞机服务塔。加上其他一些新建、改建的设施，都已在一年前准备就绪。满怀热望地等待着人类智慧的新生骄子——航天飞机的到来，等待着那电闪雷鸣般发射的一瞬。

## 神奇的航程

这一瞬终于来到了！

只听得，发射前的倒数计时的口令威严、真切而扣人心弦地响着，“……5……4……3……2……1……0，发！”

**拔地而起** 1981 年 4 月 12 日早晨 7 点零 3 秒（美国东部时间），“哥伦比亚号”航天飞机在震天的隆隆声中、在绚丽的烟火簇拥之下，热热闹闹地、兴高采烈地离开了发射台，离开了孕育它的大地，带着人类的期望和嘱托，向茫茫的太空冲去……

就在这紧张得连呼吸声都似乎停止了的一瞬间,发出了惊天动地的巨响。只见轨道器尾部喷出三股浓烟烈火。它们出自轨道级的三台主发动机的喷口。每个喷口粗达2.4米,足足要5个人才能手拉手将它围抱。半分钟后,声音加大、烟火更烈,原来是两台固体火箭助推器也点火了。由这两个3米多口径喷口吐出的烟柱,立即与主发动机的烟柱会合成一股狂飙,产生出3000多吨的起飞推力。于是,这个长56.14米、宽23.79米、总重2000多吨的航天飞机,这个人们为之忙碌了十来年的庞然大物、这个耗资达90多亿美元的稀世珍宝,就在震天的隆隆声中,在绚丽的烟火簇拥之下,热热闹闹地、兴高采烈地离开了发射台,离开了孕育它的大地,带着人类的期望和嘱托,向茫茫的太空冲去……

**直冲霄汉** 你看,两台固体火箭助推器多么卖劲。

不一会儿，这个展翅高飞的大鸟，已飞到50千米的高空。固体火箭助推器熄火了。就在这短暂的两分钟内，它们已把重达1000吨的固体推进剂消耗殆尽。只剩下两个长45.46米、粗3.7米、重约83吨的箭壳。为了轻装前进，两个爆炸螺栓点燃8台（前后各4台）小型固体分离发动机，将它抛离。

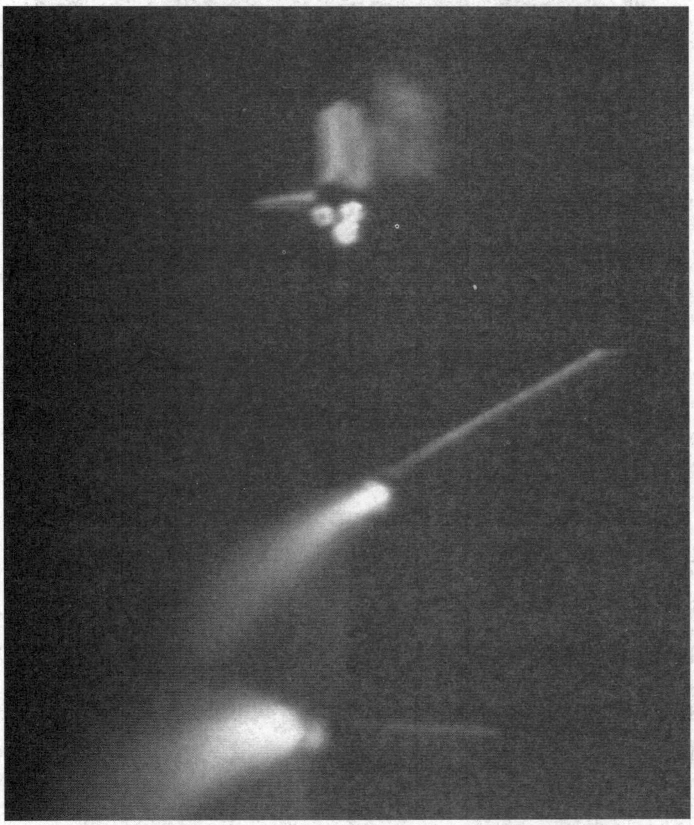

首次抛离　这是将2台燃料耗尽的固体火箭助推器抛离的情景

而轨道器则与外挂燃料箱一起继续前进。如此，又过了5分钟，它们上升到100多千米的高度。那3台主发动机，以每秒约1.5吨推进剂的消耗速度，已经把外挂燃料箱源源不断地输给它的600多吨液氧和100多吨液氢用光。于是，再次轻装。把这个长47米、粗8.38米、重达33.503吨的累赘抛向大海。

**再次轻装** 外挂燃料箱被抛向大海。

至此，在蓝天之上，就真是一艘飞机模样的轨道器在翱翔了。它的主发动机由于没有燃料供给已经熄火。继续给它以推力的，是它尾部上方的两台发动机。它随身带有5吨多的推进剂，为的是把轨道器导入它绕地球飞行的轨道、使轨道成圆形、轨道器机动或返回时脱离轨道。一句话，是为了轨道操纵用的，故称轨道操纵系统发动机。就像一般的飞机发动机使飞机进入和离开特定的航线那样，它使航天飞机轨道器进入和离开特定的轨道。

“我们入轨了！”

无形的电波从蓝天之上、从航天飞机轨道器的机舱之中传来了宇航员兴奋而愉快的声音。这声音也许会惊动我们的读者，从注视航天飞机上升的紧张情绪中缓过来，醒悟地喃喃自语：“啊，飞机里还有人呀！”

的确，航天飞机里有人，而且不止一个。

人们费尽苦心研制这样复杂的航天飞机，主要目的之一就是要在载人飞船的成就之上更进一步。人们希望：不仅那些体质优异、训练有素的宇航员们能往返于太空，一般的旅客也可以飞往天际。轨道器的机舱就设计得具有地面标准的气压和温度条件，适合于一般非专业宇航员生活和工作。这样，有科研经验的科学家和工程技术人员或者其他的工作者，如果需要去太空工作，那么只要经过一般训练便可以参与飞行。这是一个多么显著的进步啊！按设计，在一般情况下航天飞机的舱里可以容纳7人。包括一个机长或驾驶员、一个副驾驶员、一个飞行任务专家以及4个旅客。这4个旅客可以是负责货舱中有效载荷的专家，也可以是执行其他科研任务或工作的人员。在紧急情况下（例如进行空中救助）还可以再增加3人。

其实，这些飞天之人并不是进入轨道之后才与地面联络，在整个飞行过程中他们的情况都源源不断地通过无线电波传到地面，传到肯尼迪航天中

**航天双雄**　第一次飞天的"哥伦比亚号"上只有两人，左为指令长约翰·杨（John W. Young，他可是个老资格航天员，"双子星座3号、10号"、"阿波罗10号、16号"，上天、登月都有他），右为罗伯特·克里平（Robert L. Crippen，他1969年就入选航天员，但这次才上天）。按设计，航天飞机的乘员定额为7人，但在初期、试运行阶段，前4次发射都是2人，然后才逐步增加。两年后，1984年4月6日第11次发射时才增至7人。而到了同年11月8日的第14次发射，为了在太空回收和释放卫星，乘员增至9人。总之，每次不一样，视任务而定。

心的发射控制中心，传到美国一切载人航天活动的总的计划和控制中心——约翰逊航天中心，传到通过电视广播网收看这次发射的一切关心者的家中。

**皆大欢喜** “我们入轨了”传到了约翰逊航天控制中心，引起一片欢呼。

再往前算，事实上，从这些航天员，通过服务塔的通道，跨进航天飞机轨道器的舱门之时起，他们的一切活动、他们的音容笑貌、他们的一言一行乃至他们一切生理变化都处在航天中心的监测之中。虽然，当他们被遴选为航天飞机的乘客之日起，就已经处于被观察和培训之中。但是，更现实的还是在发射前两小时以内。因为，正是在那时，按照发射指挥员的命令：“开始两小时准备！”

按航天飞机的设计要求，发射准备过程要两个小时。这时，乘员们进舱就位并进行系统的全面检测。如果说在这之前航天飞机的发射还只是在进行筹备的话，那么从这时起才正式准备发射了。无线电波把这个威严而激动人心的命令传遍全球：传到关岛、夸贾林岛、坎顿岛、夏威夷岛、塔希提岛、阿森松岛的载人航天跟踪网的地面站；传到澳大利亚的伊登、加利福尼亚的洛杉矶、大西洋中的百慕大、西班牙的马德里、智利的圣地亚哥、厄瓜多尔的基多……的地面站；传到航行在大西洋、太平洋和印度洋上的测控船；传到一切为保障航天飞机正常飞行和工作的基地。朋友，如果你有幸参观、巡视一下这些为保障航天飞机发射而战斗的一个个阵地，就更会为现代科学技术所绽放的这一枝新葩而欢欣鼓舞。那是一个个配合得多么巧妙、多么默契的机构啊！

所以，"我们入轨了"这五个字，真是字字值万金！这时，也只有在这时，为这次发射而经历了许多不眠之夜的人们才能舒一口气。可是，紧接着还有更艰巨的战斗。因为，入轨才是正式航天任务的开始。在轨道上航天飞机的轨道器，除了保证自己正常的运行外，主要的应该执行这次发射为它规定的任务了。它要进行各种科研活动，要安置有效载荷，例如用它的机械手从货舱里把一颗卫星取出，送入特定的轨道；或者把需要检修的卫星从轨道上收进自己的货舱中……

约翰·杨(左)与罗伯特·克里平在驾驶舱中



在入轨后的整个工作期间，轨道器是做无动力飞行，它的飞行高度是185～1112千米，速度为每秒7.68千米。它可以在轨道上待1周至1月。完成既定的飞行任务后，就开动轨道操纵系统发动机，进行制动减速，使它脱离绕地球飞行的轨道，进入再入轨道。就是说，它要返航了！

"返航"，这是一个令人兴奋的词汇。那些飞天的人们在经过许多天的丰富而又枯燥、热烈而又寂寞、神奇而又平淡、令人羡慕而又令人担心的航行之后，多么向往回到地球的怀抱啊。也许我们的读者之中有人在某一天会亲身体验一下这种生活，那你就会更具体地说出天空、地上两处人之间的相互思念了，也就能更深地体会到“返航”这个词汇所带来的兴奋了。可是，这个词却是说者容易做者难。航天飞机之所以花了那么多时间、用了那么多钱，更主要的也就是为了顺利地返航，为了经受再入大气层这个严峻的考验，为了像普通飞机那样水平着陆，平平稳稳地降落在跑道上。

你看，航天飞机飞行的速度有时比音速还快 20 多倍，这样的超高速产生的高温可达成百上千度。根据研究，再入地球大气层时，轨道器的外蒙皮表面将受到 317～1652℃的高温。过去的宇宙飞船再入一次后就弃之不用了。而航天飞机却要求至少可以重复使用 100 次。这就必须研制特种的耐热材料，同时还必须有很好的隔热性能，以保护乘员和设备的安全。这正是航天飞机的发射日期一再推迟的一个主要原因。当然，在这次发射之前这个问题已经解决了。你看，那载誉归来的轨道器，进入了稠密大气层，像一个火球向地球冲来，它的速度渐渐降低，最后它像普通飞机一样控制机翼、水平飞行、放下着陆架，完成无推力滑行着陆。

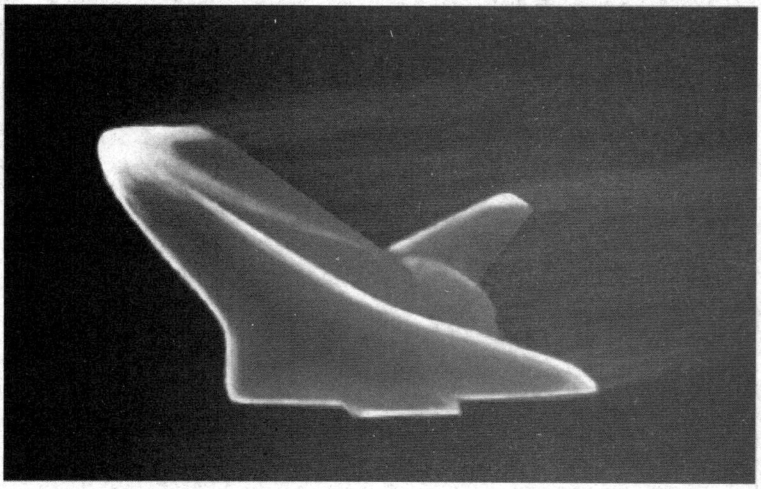

**归心似箭** 载誉归来的轨道器，进入大气层，像一个火球向地球冲来。

**即将着陆** 你看，航天飞机像普通飞机一样控制机翼、水平飞行、放下着陆架，完成无推力滑行着陆。

航天飞机轨道器平安地回来了！迎接它的不仅是欢呼、鲜花和赞誉，还有进行地面冷却、维修、拖拽和进行安全检查的设施。乘员由专车接走。轨道器被送到专用的处理设施。经过90小时的安全、维修和检测，它又面目一新。再进行7小时的装配前的准备，包括收起着陆架、用起重机吊起转到垂直向上位置，就又可以送往装配大楼了。在那里等待它的有崭新的外挂燃料箱（原来那个为它上天服务的燃料箱被从空中抛弃后早已落在远离发射场约15000千米的海洋之中，一去不复返了），还有比它早回来好多天的固体火箭助推器。

读者一定还记得在50千米高空它们被抛下的事。不过，那时由于集中注视轨道器的飞行，没有顾上观看它们的行径。而那也是十分有趣的。当时前后各4台分离发动机被两个爆炸螺栓点火，以每台约10吨的强大推力，把它与轨道器和燃料箱分开。由于那时它的速度达每秒1300多米，使它还将继续高飞到67千米的高空，然后才开始下降。降到5.8千米高度时，突然头部的圆锥形的盖（称为整流罩）被抛掉，弹出一个降落小伞（称为导伞）；紧接着它又拉出一个阻力伞，使助推器开始减速。而后从头部又冒出3个主伞；在2.7千米处，它们呈半张开状；距地面1千米时，伞完全张开，使助推器最后减速。于是，在脱离轨道器3分钟之后，助推器便以每秒100米的速度溅落在离发射场300千米以外的汪洋之中。它头部装的电子仪器和呼救设备，使回收舰只能较顺利地找到它们。只见回收舰用一喷管插头给助推器充气，排出箭体中的海水，使它浮上水面，以便把它拽回基地。在进行修整和加装推进剂后，又准备再次应用了。

**载誉归来** 1981年4月14日，"哥伦比亚号"在加州爱德华空军基地着陆。这次航天飞机的首航共在天上待了2天6小时20分53秒。在这里经过适当检修之后，它将"搭乘"专机，运回肯尼迪航天中心的装配大楼，去与固体火箭助推器和外挂燃料箱会师、总装后，准备再次发射。

至此，航天飞机的三位一体(轨道器、固体火箭助推器、外挂燃料箱)又在装配大楼会师了。总装要经过38小时。而后，在发射前一天移至发射台。就这样，在着陆160小时之后，航天飞机又整装待发了。

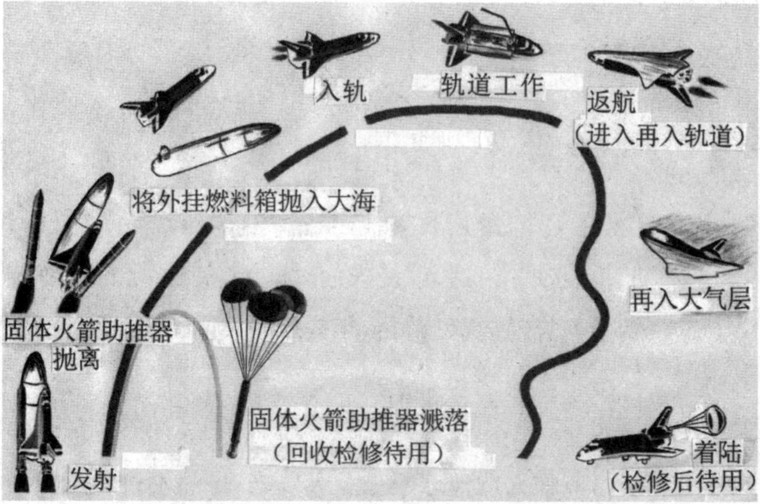


**神奇航程** 这是航天飞机的旅程示意图。

**如诗如画** 这是“哥伦比亚号”第5次遂行任务返家后,在加州爱德华空军基地傍湖停靠、怡然自得的情景。这一次它把两颗卫星带上了天:美国的SBS-3和加拿大的ANIK-C通信卫星。

# 天之骄子

像火箭一样垂直起飞、急速升空,像卫星一样轨道运转、遂行任务,像飞机一样水平着陆、反复使用。这,就是人们对航天飞机性能的简练描述。可是,要做到这一切谈何容易。真可谓:十年奋战耐人问,一射成名天下知……

## 兴师动众

自从1957年第一颗人造地球卫星上天以来,虽然不过24年的岁月,但是航天器却已经发射了2000多颗。它们大小有异、性能有别。轻者不过十来斤,重者可达上百吨。有作照相侦察的,有作导弹预警的;有用于通信的,有用于导航的;有探测气象的,有监视海洋的;有地球资源卫星,有载人宇宙飞船;有实验卫星拦截的,有进行宇宙探测的;有的飞往月球,有的飞向火星……五花八门,美不胜收。然而,它们都有一共同的靠山,那就是运载火箭。没有运载火箭的神威魔力,它们谁也别想驰骋蓝天。这些年来,人们在军用导弹技术的基础上,研制了适合各种要求的运载火箭。例如,美国的"先锋"、"红石"、"侦察兵"、"雷神"、"宇宙神"、"大力神"和"土星";苏联的"月球号"、"东方号"、"联盟号"、"金星号"、"宇宙号"和"质子号"等等。它们也有一个共同的特点,那就是只能使用一次。人们费尽苦心、消耗巨资、精研细作,到头来把一颗航天器送上太空后,自己或者跟在卫星之后做无用无害的枯燥飞行,或者栽下地来、没入滔滔的汪洋之中,实在可惜!触景生情,人们多想运载火箭能像飞机一样多次往返啊。于是,航天飞机(Space Shuttle,海外译为"太空梭")就自然而然地提到了议事日程上来。

想当初,一艘艘载人飞船也曾去而复返。例如美国的"水星号"、"双子星座号"和"阿波罗号",苏联的"东方号"、"上升号"、"联盟号"和"礼炮号"等等。可是,回来之后,也是不能再用了。而且,它们送上去的人,一个个都是训练有素、体格非凡，既经得起失重的飘浮，又经得起 6 ~ 9 倍地心引力过载的磨炼的专业宇航人员。但是这样的“金刚”往往又难于是精通其他科学技术的专家。人们多么想送更多的科学家和工程技术人员上天研究、操作和修理“人造天堂”啊。于是，人们希望航天飞机最大过载不超过地面引力的 3 倍，希望航天飞机上有接近地面的环境条件，以便驾驶员和乘员在机舱中舒适地操纵和工作。希望航天飞机既能像火箭那样威风凛凛地直冲霄汉，又能像飞机那样平平稳稳、舒舒服服地停到跑道之中。一句话，人们盼望中的航天飞机真应是：十八般武艺样样精通。还不仅此，暂且留一点到后面再加叙述吧。这里，还是先来谈谈为了研制这“天之骄子”，人们所受的“十年寒窗”之苦吧。

说起来，人们对这种航天器的向往岂止十年。即使不算上卫星上天之前那一段朦胧设想的岁月，至少也得从正式投资的 20 世纪 60 年代初期算起。那时，美国的几家超级大公司就开始投资进行探索性研究。差不多进行了十年的预研和酝酿，使憧憬中的新型“空间运输系统”(Space Transportation System，这是航天飞机正式的“学名”，简写为“STS”)逐步明朗，使需要和现实的可能逐步地统一起来，构成了今天人们看到的比较切合实际的方案。不过，正规说起来，人们还是只愿意说：人们为航天飞机干了十年。那就是从 70 年代才算起。1971 年 1 月 5 日，当时的美国总统尼克松在西部白宫发布声明，决定着手进行航天飞机的研制。这以后，美国航宇局才看准方向，下定决心，投资 50 多亿美元开始航天飞机的夺魁战斗。1972 年 7 月，航空航天局宣布选定位于加利福尼亚州的洛克韦尔国际公司的空间分部为航天飞机的主承包商，负责轨道器的研制和全系统的总装。于是，这个曾是“阿波罗”之家的地方，又一下子变成了航天飞机之家。而该公司的达因分部还负责航天飞机的主发动机的研制。一年后，航空航天局宣布确定马丁·玛丽埃塔公司为外挂燃料箱的承包商。又过了差不多一年，又宣布聚硫化学公司为固体火箭助推器的承包商。

与此同时，又组织一帮人对发射场地进行了一番勘察、分析和论证。

本来,美国空军就有两大发射基地:佛罗里达州的卡纳维拉尔角发射场和加利福尼亚的范登堡空军基地。美航空航天局似乎打算为它的新宝贝找一个更加理想的场地。可是,算来想去,还是跳不出旧框框。还是利用这两个基地的现有场地和设施改建最为省钱、省力、省时间。主意拿定,就大兴土木地开始了施工。把卡纳维拉尔角原来为发射"阿波罗"和"天空实验室"的第39号发射阵地,改为第一个航天飞机发射阵地,用于低倾角发射。把范登堡空军基地的第6号发射阵地,改为第二个航天飞机发射阵地,用于极地轨道发射。前者要求赶上原定1978年3月的试飞,而后者则计划1983年正式使用。

经费、研制单位和场地均已落实。看来,是万事齐备,只欠东风了。可是,却又是"好事多磨",计划一再拖延,发射8次延期;重量增加了两吨;经费也一再增加,最后接近100亿大关,几乎翻了一番。原打算"攻读"六年就毕业,谁知竟"十年寒窗"受熬煎,这却是为什么呢?

**航天飞机出发地** 这是肯尼迪航天中心第39号发射阵地,左前为"39A",右后为"39B"。

## 好 事 多 磨

说起来，计划的进展，在初期也颇为顺利，各分系统乃至辅助设备也都陆续研制出来。至 1975 年中，航空航天局宣布，在美国的 47 个州中有 3400 万人在为航天飞机而奔忙。到 1976 年 9 月 17 日，第一架试验用的航天飞机轨道器“企业号”（代号 101）已经制成，供人观瞻。而第二架正式工作用的轨道器“哥伦比亚号”（代号 102），也已在紧张装配之中。1977 年 1 月 31 日，“企业号”从洛克韦尔公司的棕榈谷工厂经陆路运抵加利福尼亚州爱德华空军基地的德赖登飞行研究中心。

半月之后，2 月 18 日，一架“波音 747”巨型客机停在德赖登飞行研究中心的跑道上。飞机已经发动，客舱里却空无一人，这是怎么回事？原来，这不是进行一般的客运，而是要驮一个特殊旅客上天。这“旅客”你道是谁？就是那举世闻名的“企业号”轨道器。只见它趴在“波音 747”飞机的背上，微微地翘着头，就像一只雏鹰，等待着在大鹰的保护下，一试双翅。这就是对轨道器进行载人和不载人的模拟飞行，看看它是否能真像飞机那样顺利地进场和着陆，平稳地停到跑道上。

**雏鹰试翅** 只见它趴在“波音 747”飞机的背上，微微地翘着头，就像一只雏鹰，等待着在大鹰的保护下，一试双翅。

飞越美国旧金山地标金门桥

飞越美国洛杉矶地标好莱坞

**好山好水好风光**　这是两幅有趣的画面，是“波音 747”航天飞机专用运输机，载着航天飞机飞越美国两个著名景点的照片。是科学、是历史，又是风景……

这样，从当年2月至11月共进行了17次，一切顺利。这以后，厄运就开始了；因为，当一切都制出之后，就必须在“一上”、“一下”两方面狠下功夫。而问题也就出在这两方面。

所谓“一上”，是指航天飞机上天。要上天就得靠发动机。航天飞机的3台主发动机，每台的功率是最大喷气发动机的10倍。向发动机燃烧室送燃料的泵的旋转速度，是迄今建造的最快的泵的两倍。燃料在燃烧室里燃烧的温度，比以往任何发动机的温度高1000℃。你想想，要求如此之高，谁能幻想一试就成呢？在发动机点火试验中发生过烧坏喷嘴，甚至爆炸。仅仅因为发动机过热就曾6次中断试验。因此，航空航天局原计划花5亿美元，而后来竟多花了10亿美元。而时间也是几个月、几个月地向后推，以便进行修改。

航天飞机主发动机在测试中失火

所谓“一下”，是指航天飞机返航。普通飞机的返航，人们已经司空见惯，没有多少新鲜之处。而航天飞机的返航却大不一般。航天飞机的轨道器在遨游太空之后，重返大气层时，它的飞行速度远远超过一般飞机，有时竟高达26倍音速。于是，与空气发生强烈摩擦，温度有时可以高达1260℃。这样的高温足以使轨道器在顷刻之间化为灰烬，因为轨道器的构架和蒙皮基本上都是铝制品，而它的熔点只不过660℃。何况它的强度早在达到此温度之前就不行了。通常规定轨道器蒙皮的温度不得超过176.7℃。至于舱内当然还得低，以保证仪器工作和航天员生活。为了防热，采取的办法是在轨道器蒙皮上贴上一层防热的硅酸盐瓦。这瓦是由低密度非晶硅增强纤维和硅粉末胶黏剂制成。它们具有惊人的绝热性能。例如，如果把这种瓦放在火炉中烧至白热发光时取出，那么不要两分钟，就能用手摸它的边沿而不致烫手。而这时它的中央可能还是白热的。为了给轨道器“哥伦比亚号”贴上这种防热瓦，在卡纳维拉尔角有1200名工人在紧张工作。他们每周只能贴750块。因为，这种瓦很脆、又很娇气，手指一碰就能出现几毫米深的凹坑。工人们戴着白手套，提心吊胆地干着这种“把鸡蛋粘在铁砧上”的活。而轨道器上却需要贴30873块瓦，而且每片瓦形状都是根据所贴的地方而特制的。所以，即使一切顺利，贴完这些瓦也得大半年。

然而，有道是“人忙马不快”，这种活容易出问题。在贴了许多之后，发现粘贴过程中有一半已粘的瓦失去了强度。只好又把它们揭下来，在瓦背面涂上一层液体玻璃以恢复其强度。经过这样一番折腾，又耽误了好几个月。

事情还不止此。还有两件令人担心的事紧压轨道器研制者的心间。一是发射过程中防热瓦的损坏问题，二是飞行期间防热瓦的损坏问题。

前面已经提到，轨道器是挂在外挂燃料箱上的。燃料箱的液氧和液氢温度极低，就可能使箱上结冰，而发射时的振动会把冰震裂。如果它们掉到防热瓦上，那娇嫩的东西是一定会坏的。怎么办？工程师们打算在燃料箱上装一个防止结冰的加热头锥，而这又是原计划之外的工作。

航天飞机的绝热瓦

轨道器在飞行期间，要是防热瓦损坏，它照样不敢返航，否则就有危险。这就需要解决在太空中修理、更换防热瓦的问题。为此航宇局又花了210万美元研制了一套太空修理工具，航天员穿上宇航服用它在轨道上更换防热瓦。

就这样来回折腾，发射日期就一拖再拖：从1978年春拖到了1981年春。而它的负责官员则自我解嘲说："如果按时发射，但是失败了，那也不光彩。"

可是，现在已够不光彩了，因为自从这航天飞机开始研制之日起，美国航空航天局就大肆吹嘘。而到了1979年秋，它已招揽了许多主顾。把1981年至1984年间头38次飞行的舱位都全部售完。顾客们早就心急如焚地在等待着"本领高超"的航天飞机装载着自己的货物和乘客，上天一游了。可是，这黄道吉日却一推再推。

就这样，一直拖到1980年底，才算有了点眉目。11月23日航天飞机的几员大将总算都进入肯尼迪航天中心的装配大楼，进行垂直总装了。12月底它才慢腾腾地被拖到第39A号发射台上。然后，又经过几个月的精心打扮，才在众目睽睽之下，姗姗起程了。

## 太空舒志

虽然,航天飞机的发射日期一再推迟,但是它的发射总还是件震惊世界的大事。在“哥伦比亚号”轨道器之后,美国人还将制出“挑战者号”、“发现者号”、“亚特兰蒂斯号”和“奋进号”。它们的货舱将为太空带去更多的“宾客”,使已经繁星万点的太空,增添无限的春色。

人们对于航天飞机寄予无限的希望。这句话,并不过分。因为20多年来人们对太空飞行的种种烦恼体会太深了。在前面我们已经说过一些,在这里结合着航天飞机的空间应用,还可以了解得更多。

回想起过去的年月,人们把一个个卫星或飞船用运载火箭送上蓝天,所花的代价是极其巨大的。有一个形象的比喻:在20世纪60年代初,把每千克有效载荷送上天,其费用相当于1千克钻石;而到了70年代,由于技术的改进,而使成本有所降低,但是仍然相当于1千克黄金:如今人们希望,当航天飞机成为像民航班机一样往返于太空之时,能把每千克有效载荷的运费,降到相当于1千克白银。虽然,这对于地面运输来讲仍是不可想象的;但是对于太空旅行来说,在目前人们已经求之不得了。这样便宜的运费,怎能不吸引众多的顾客。这些顾客中,既有外国政府,又有本国企业;既有民用科研的公开任务,又有军用的秘密使命。

在初期的航天飞机民用发射中,人们听得最多的就是“空间实验室”(Spacelab)。这个计划是在美国航空航天局参与下,主要由欧洲空间局组织研制的。参加的国家有联邦德国、意大利、法国、英国、比利时、丹麦、西班牙、荷兰、瑞士和奥地利。在航天飞机初期的38次航班中,就有12次是为空间实验室。为了适应多种实验目的,这个空间实验室是设计成模块化的结构。有两种基本的模块,一种是可加压的密封舱,可以供宇航的专家、学者在其中工作和实验,它的自保持环境控制系统可以提供像地面实验室那样的工作条件。这种模块式的舱每块长2.7米,直径4.1米。另一种是U形台,它是一种不加压的模块。可以将一些观察和测量仪器装在其上,直接暴露于空间。而U形台封闭的下层，则用来装U形台和实验仪器运转所必需的电源设备。这种模块式U形台每个长2.9米，最多可以装5节，总长达14.5米。加压实验舱和U形台适当的组合，就成了一个实用的空间实验室，它装在航天飞机的货舱(有效载荷舱)中，运到太空中执行任务。通常工作7天，必要时可以延长至30天。它由1~4名有效载荷专家管理。任务完成后随轨道器一起返回地面。拆卸设备，检修仪器，处理实验结果，准备下次再干。

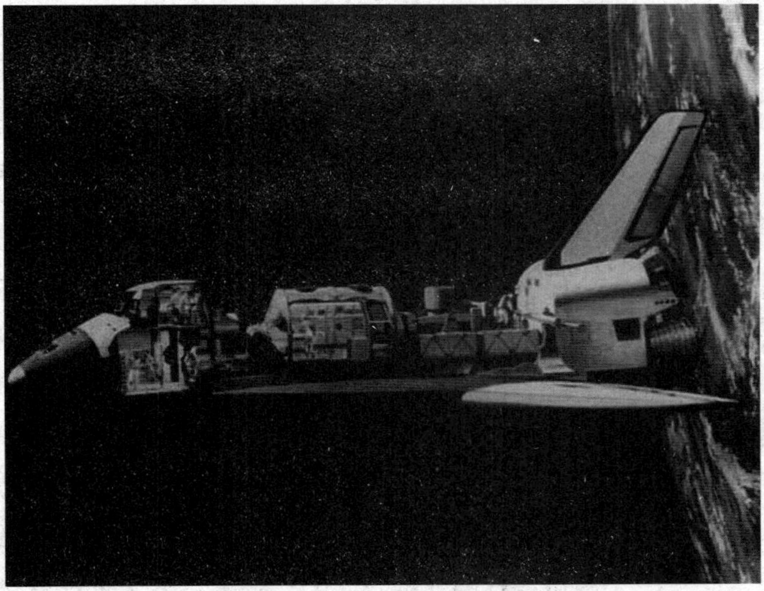

**空间实验室** 1983年11月28日"空间实验室1号"乘"哥伦比亚号"航天飞机上天，开始了人们梦寐以求的第一次试验。遗憾的是，由于欧美之间在空间实验室权益方面争议很大，致使这一宏伟计划一共只搭载过5个空间实验室上天(其中欧空局3个、德国2个)，整个计划就夭折了。加之这计划还有一个弱点：它不是上天之后留在天上，而是随航天飞机的轨道器同时返回，等于轨道器要"陪着"它做实验，这也十分不便。于是，若干年后欧美又重新合作建造长留天际的"国际空间站"了。

航天飞机的另一个令人感兴趣的"旅客"，就是大型空间望远镜。天文望远镜这本来并不是什么新鲜东西。多少年来，人们利用它站在我们地球上去观察茫茫无际的宇宙；可是，大气层挡住了我们的视线。科学家和天文爱好者们只能从光学波段这一狭窄的“窗口”仰望蓝天。只是宇宙纪元开始之后，人们才得以实现飞出地球去，在太空中建立天文观测台。可是第一颗这样的轨道天文台，才工作一天就因为电源失灵而寿终正寝，白白浪费了1.5亿美元。航天飞机的问世，给人们以巨大的鼓舞。天文学家们盼望着能把一架大型的空间望远镜送入太空。为此，美国航空航天局投资3.5亿美元进行这一研制工作，计划在1983年底，用航天飞机把它送到500千米高、倾角为28.8度的轨道上，工作10～15年；它能靠航天飞机进行维修和更换零、部件，甚至回收大修后再送上去。这个空间望远镜由于高高在上，因此比地面上的望远镜要高明得多。人们把它同目前地面最大的望远镜——美国加利福尼亚州帕洛玛山天文台的海尔望远镜作了一简单比较，海尔望远镜的孔径达5米，能观测20亿光年远的天体，而空间望远镜孔径不到它的一半（2.4米），却可观测140亿光年远的天体，它的分辨率比地面的高10倍。海尔望远镜只能观测到23等的暗星，这样的暗星的亮度大致相当于3千米外一支蜡烛的亮度。而空间望远镜却可以观测29等星这样暗的目标，这相当于从250千米高空看地球上一支蜡烛的光。更诱人之处是，它有比地面望远镜宽得多的观察波段：包括近紫外线、可见光和近

**哈勃空间望远镜**　经过十几年的努力，1990年4月24日，美国人终于用“发现者号”航天飞机，把重达11吨的哈勃空间望远镜送到569千米高的绕地飞行轨道，去窥视天外“仙境”。从此，它将源源不断地带给人类许多意外的惊喜和千奇百怪的宇宙景象。

红外线波段（115～1010 纳米）。人们期待着用如此高超的工具去探得更多的宇宙之谜。1980 年初，这个研制中的宝贝，被正式命名为“哈勃空间望远镜”（Hubble Space Telescope），用以纪念在 20 世纪初发现宇宙膨胀的天文学家哈勃。

**无限风光在天边**　哈勃空间望远镜得到数据后，经过数据中继卫星传到位于美国新墨西哥州白沙市的卫星地面站，接着由该站传至马里兰州格林贝特市的戈达德太空飞行中心，再由该中心传至马里兰州巴尔迪摩市的空间望远镜研究所，最后才可能与大众见面。这幅图像是距地球 2800 万光年的星系，被命名为“宽边帽星系”，你看像不像？

**天边的仙境**　这是 1994 年 2 月 8 日美国《世界新闻》周刊发表的一张哈勃空间望远镜拍到的图像，有人说这就是“天国”，你信吗？

**加油！** 哈勃空间望远镜上天之后进行了多次维护和升级(更换设备)以改进其性能，这是1999年12月进行第3次维修时，航天员正在把它“接回”航天飞机。这次为它更换了陀螺仪、绝热毯、传感器和计算机等设备。

航天飞机的军事应用是保密甚严的，在航空航天局发布的有效载荷清单中用一个隐蔽词“国防部有效载荷”来概括。但是从国防部打算租用四架中的两架来看，便知所望甚奢了。人们议论得最多的就是军事监视卫星的发射。美国人希望用这种太空哨兵来监视潜在对手的洲际弹道导弹、舰船、飞机甚至坦克的一举一动。

其实，有了航天飞机不仅可以部署轨道飞行器，把它们送上轨道，还可以对它们进行维修和回收；对于敌方的卫星还可进行“捕获”，对它进行“搜身”和“策反”的工作，甚至把它带回基地，进行仔细的分析。此外，航天飞机不仅能把侦察卫星送上天，而且自己就能作为一种侦察平台或载人的太空侦察站。还可以载上核弹，进行战略轰炸，又可以作为一个太空战斗基地，对敌人的卫星和洲际导弹实施拦截，以及进行空间营救等。

至于其民用的前景那就更加广泛了，它可以在太空中建造大型航天基地；可以作为发射宇宙探测器的太空基地；可以利用它开展各种空间边沿科学的研究；建立先进的资源探测和环境监视系统；组装太空电站；建立特大型的通信卫星，使任何人从任何地方就可以用像手表一样大小的无线电台相互通话……

总之，在不少人的眼里，有了航天飞机，就英雄有用武之地了。人们在规划着、设想着，盼望着航天飞机为未来的空间运输事业建立更大的功勋。从这个意义上说，人们认为：未来的空间将是航天飞机时代。

（原载《茫茫宇宙觅知音》第1版，1983年1月）

# 新武器的幽灵

## 幽灵缥缈

朋友，你也许看惯了舞台上的刀光剑影；听惯了飞机的呼啸和大炮的轰鸣。可是，你可曾想象过未来的战争情景？了解过下一代武器的新闻？如果你没有的话，那么，请你往下看吧……

### 神秘的闪光

“嘀……嘀……”

一阵急促的铃声，惊动了美国防空司令部的值班军官。他紧张地抓起电话耳机。

“哈罗，我是控制中心的监测员。我们在印度洋上空的‘647’预警卫星的红外探测器，受到来自苏联西部的强红外闪光的干扰，不能正常工作。”

“天哪！这种事终于发生了。”值班军官喃喃自语着，放下那个传来不幸消息的耳机，他斜眼注视了一下电子日历，上面显示着：

1975：10：18

接着，他按下另一部电话的按钮。于是，这件事就在美国有关部门内秘密地传开了。

有道是："福无双至，祸不单行。"一个月以后，两颗美国卫星又经历了类似的遭遇。它们是美国空军分别于 1973 年 8 月 21 日和 1975 年 3 月 9 日发射的数据中继卫星的样星。在它们沿自己的大椭圆形轨道运行、途经苏联上空时，用于姿态控制的红外水平仪受到了来自苏联的红外辐射干扰。这事发生在 11 月 17、18 日两天。

接踵而来的"噩耗"，自然会惊动消息灵通的新闻界。于是，"苏联使用了反卫星激光武器"的风声，传遍全美。

可是，过了些日子，当时的美国国防部长拉姆斯菲尔德却予以否定。他在一次记者招待会上说："我看到了报纸上关于激光活动的报道，经过调查，没有情报能证实报纸上所传的这项揣测消息。"

于是，风向产生逆转，有人提出了种种解释。其一是说，神秘的闪光是苏联天然气管道破裂失火所致。其二是说，事件发生在猎户座流星群和狮子座流星群这两个重要流星群出现期间，而它们有红外探测器可以探测到的红外辐射。其三是说，11 月中旬，正是太阳黑子活动强烈的时期，它有可能在靠近地球的空间产生软 X 射线，而这是会影响红外探测器的。总之，又是一片众说纷纭。

那么，是不是人们又都相信这些解释了呢？也不尽然。有人说，神秘的闪光的能量值，比洲际弹道导弹发射时测得的光强，比森林火灾、火山爆发之类自然光源发出的光强，要强 1000 倍。那天然气管道破裂造成的失火，会有那么大的能量吗？要知道它是不能像激光那样聚焦成极窄的光束的呀！更何况美国卫星设计时在探测器上都是加了滤光镜的，它对自然火光并不敏感。"647"卫星上的红外探测器是由美国航空喷气通用公司提供的，它设计成在 2.7 微米波长附近灵敏度最高，而这个波长与氟化氢化学激光器的辐射波长大致相同。这点破绽就颇为令人回味。又有人说，那样的流星群每月都要发生，为什么过去就没有观测到强红外辐射呢？还有人说，1975 年 8 月太阳黑子的活动比 11 月份还强，为什么 8 月份却没有记录到那样强的红外辐射呢？况且，11 月中旬的事件发生之时，并没有强烈的太阳黑子活动呀！这样一来，风向又变了。

真是“事出有因，查无实据”。因为，美国人无法到苏联去查，而苏联人又不参加议论。

然而，你不要看美国官方不承认受到激光照射，但他们心里是明白的。不论苏联还是美国都在秘密地进行高能激光武器的研制。而在对苏联水平的估计上，美国人的心情是矛盾的。一会儿说，跟自己不相上下，只是在达到的功率方面稍稍领先；一会儿又说，苏联已遥遥领先；一会儿又说，苏联要达到与美国同等的水平还相当困难。到1980年5月22日，他们又为这混乱的估计理出了一个新的头绪。那天，美国负责公共事务的助理国防部长兼五角大楼发言人托马斯·罗斯，在华盛顿举行的新闻发布会上宣称：中央情报局和其他一些收集情报的部门，上周向卡特总统联合呈送了一份“国家情报估计报告”。这个报告断定，苏联正在研制一种能够用来摧毁美国卫星的激光武器系统。

事实上，这是美国与苏联之间一场发展新一代武器的军备竞赛。苏联人偷偷地干着，美国人却大喊大叫地议论。这项情报估计又火上加油，使得美国政府内部和国会就美国发展激光武器的计划是否足以适应需要展开了辩论。结果是美国政府决心再拿出大约两亿美元来加速激光武器的发展。

## 诱人的魅力

为什么激光武器的发展如此惹人注目呢？下面就来简要地谈谈这个问题。

光，具有杀伤能力，这在我国古代的神话传说和武侠小说中是屡见不鲜的。“伸手一扬，一道白光，百步之外，取人首级。”这一类描述，历来就被认为是荒诞不经之谈。虽然后来在科学幻想作品中也有“魔光”、“死光”之说，但是一直没有人讲起怎样得到它。只是到了1960年这种局面才发生了变化，因为当年7月，美国加州休斯飞机公司的科学家梅曼宣布研制成世界上第一台红宝石激光器。

激光与普通的光不同，有着“三高”的特点，即高单色性、高方向性和高亮度性。

大家知道，太阳光能够分解成红、橙、黄、绿、青、蓝、紫七种颜色的光。所以，人们常把太阳光称为复色光，而把分解后的七种光称为单色光。从波的角度来看，颜色的不同意味着波长的不同。但是，这些单色光其实并不是单一波长的光，而是有一个波长范围，所以，它还能分解。不过，分解后不是一段连续的色带，而是一条条的亮线，通常称为谱线。单色光的波长范围就叫做单色光的谱线宽度。谱线宽度越窄，说明单色性越好。在普通光源中，单色性最好的是同位素氪（$^{86}Kr$）灯，它的谱线宽度约为5‰埃（1埃为一亿分之一厘米）。粗看起来，这是相当小的了，可是比起激光却还是小巫见大巫。例如氦氖气体激光器产生的激光谱线宽度却只有千万分之一埃。也就是说，它的单色性比氪灯提高了几十万倍。这是因为激光中所有的光子都是由同样的光子激发出来的。它们的振动和传播情况都完全一致，因而具有极好的相干性。在激光器中又使它们只能往一个方向辐射，散开的角度只有几分，甚至可以小到1秒。这样的光束照射出去，在1千米处，照射面积的直径只有10厘米；10千米处，只有1米左右；甚至照到离地球38万千米远的月球上，光斑的直径也只有3千米左右。

**梅曼** 1960年5月16日，休斯公司科学家梅曼制成世界上第一台红宝石激光器。当时并未引起轰动，直到半年后（7月7日）他在纽约曼哈顿的会议上展示了这一成果，《纽约时报》才率先披露了这一消息。而这张照片则是1983年5月16日照的。

大家都有这样的经验，用放大镜头使阳光聚焦，可以把纸片烧一个洞。其原因就是把分散的能量聚集到一处，使单位面积上的能量很大。同样，如此高度集束的激光,能量必然高度集中。所以它有高亮度性。举例来说,在日常生活中我们认为太阳是非常亮的,而一台红宝石巨脉冲激光器却可以比太阳还亮200亿倍!说到这里,有人也许会觉得奇怪,哪里有那样大的能源来供给呢?其实,这是一个误解。激光束能比太阳还亮,并不是因为它的总能量比太阳还大,而是由于它的能量非常集中。比如,一台红宝石激光器发出的脉冲射束,也许可穿透一张0.33厘米厚的钢板,但其总能量甚至不足以煮熟一个鸡蛋!

正是由于激光有这样突出的优点,使得它问世以来,不仅在民用上广为应用,而且在军事上也引起高度重视。人们期望着它能像幻想中的"死光"那样,所向披靡。于是,一场研制、发展高能激光武器的竞赛开始了。

## 棘手的课题

枪炮的作用是靠发射出子弹、炮弹来杀伤敌人、摧毁装备。而子弹、炮弹都是以一定的速度飞行的,约每秒几百米。这在日常生活中,算是很快的了。但是,激光武器发出的却是一种特殊的"子弹"——光子,它是以光速飞行,每秒30万千米,这就是说相当于每秒钟能绕地球七圈半的速度,这是任何武器所无法比拟的。因此,它一旦瞄准,几乎不要什么时间就能摧毁目标。它既可以追上飞行中的卫星,也可以来得及拦截突然袭击来的导弹,比普通的拦截火箭要快5万倍。这样也就不需要考虑射击的提前量,而这种提前量对普通的反导弹拦截却是绝对需要的。例如美国的"卫兵"系统斯帕坦导弹的提前射击时间为8分钟。这里节省的时间可用在对目标进行测量和识别。再加上它射向目标可以在极小的面积上、在极短的时间里集中超过核武器100万倍的能量,又能极灵活的改变射击方向,还没有放射性污染,这样惊人的效能无疑是有吸引力的。怎么能不使那些日夜向往压倒对方的军事决策者们朝思暮想呢?难怪美国海军战略系统工程办公室的一位官员这样评价道:"这种高能激光像当初的原子弹一样,会给武器系统带来革命性的变化,这种变化可能会改变目前的作战概念和战术。”而美国国防研究工程署署长柯里的结论是：“预料制造武器的技术将发生革命性的变化，这种变化中最革命性的变化是激光！”

这是苏联人想象的用车载激光武器打空中目标的示意图

这是美国人想象的用机载激光武器拦截导弹的示意图

可是，话又说回来，实际上要得到这样的革命性变化，也并不容易。粗说起来至少也得过上四“关”：

第一关，就是激光的产生问题。即要研制高能激光器件，它要能在极短的时间内输出极高的功率。

第二关，就是要解决捕获目标、精确地跟踪目标和制导激光武器对准目标的问题。试想想，敌人何时发射导弹是不得而知的。它的导弹突然发射了，就必须有非常敏感的探测器发现它，并且要有非常准确的制导系统，来控制和引导自己的激光武器，当洲际弹道导弹按其程序弹道飞行时，将能量突然照射在它的上面。与此相比，对付卫星就稍微容易一些，因为它的轨道比较容易测得。即使如此，这样的搜索、定向与跟踪系统也是远远超过目前一般武器所采用的水平。

第三关，是激光的大气传输问题。设在地面、舰上或飞机上的激光武器，它的射束要穿过弥漫的大气，对它是会产生一系列影响的。十多年前，人们认为激光武器的最大障碍是获得足够高的能量，现在这个问题正在得到解决，而高能激光的大气传输却上升为主要矛盾了。

最后一关，是一个更为理论、也更为实际的问题，这就是激光与目标材料（人们常称为“靶材”，即激光武器的靶子的材料）的相互作用，也就是破坏机理问题。研究在激光束的作用下，目标是如何被破坏的，这也是一个过程十分复杂、涉及的学科十分广泛的问题。

就是这些问题在过去十几年中使美、苏的科学家们伤透了脑筋，而且这一过程还得持续相当一段时间。那么，他们在过这“四关”中已经走过了哪些路程？得出了什么样的结论？有哪些欢欣和忧伤？这就是下一章将要向读者说明的问题。

## 似真似幻

激光问世20年来，人们听过了对它的赞歌阵阵，看过了它显示出的妙用百般。它以诱人的魅力登上了民用的舞台，又正以惊人的步伐迈入军用的阵地。现实提醒着人们：那“死光”的幽灵正在悄悄地溜出科学幻想的殿堂，杀气腾腾地来到人间……

## 火力侦察

士兵手中的新型激光枪

是的，它来了！你也许并没有听到那隆隆的炮声，甚至也没有看到那闪闪的光亮。但是，下面却是活生生的现实。

一队全副戎装的士兵，护卫着装载核材料的车辆在一条公路上行驶。突然，他们受到一股敌人的伏击。于是激烈地交起火来。只见双方都头戴钢盔，身穿特殊的军装。手中那支枪更是稀罕少见，射击中既看不见后坐力引起的震颤，也嗅不到火药发出的硝烟。只听得低沉的嘟嘟响和尖厉的叽叽声汇成一片。

这是在拍电影么？不是。是在进行一次特殊的演习，他们手中那支枪，就是一支激光枪（“M−16”激光束枪）。它射出的是来无踪、去无影，而又无声无息的激光束，可以使人在不知不觉间“中弹身亡”。不过在这里不用担心，它是为训练而制造的，激光能量的强度比造成眼睛损伤所需的强度都还要低 100 倍。这种训练用的枪，在射击时，激光器射出不可见的光脉冲，射程约为 460 米。参加训练的士兵的钢盔和防护衣中有电子仪器可检测射击的效果，击中时发出尖厉的声音，从旁擦过时则发出低沉的声音。这个训练是在美国的新墨西哥州的一个称为阿尔布凯克地方南面的公路上进行的。

这个阿尔布凯克可不是一个普通的地区，在它近旁就有一个名为凯特兰的空军基地。那里地势开阔，周围又荒无人烟，是一个理想的秘密武器试验地。美国空军已经在那儿经营了多年。当激光的研究显露出锋芒之后，1968 年，美国人制定了一个发展激光武器的绝密计划，取名“第八张牌”。而凯特兰也就被选中为试验的大本营。

在这个大本营里，就不是试验前面谈到的激光枪之类的小玩意，而是大家伙了。例如，1972年曾报道说，在那里曾用功率为6万瓦的气动激光点燃过两英里以外的木板。这种激光器是由阿符科埃弗雷特实验室制造的，工作于10.6微米波段。为了使激光束能准确地击中目标，需要很好的跟踪瞄准系统。当时也曾试验过其准确度，在跟踪瞄准系统的引导下，激光束打中了一英里外安装在20英尺高木杆顶端像扑克牌那样大小的靶面。1973年，又在该基地的桑迪亚光学靶场，击毁了一架靶机。

激光是怎样击毁目标的呢？这就是人们还在加紧探索的所谓激光的破坏机理问题。经过大量的实验和理论分析，目前比较公认的主要是两个方面，即对靶材的穿孔破坏和层裂破坏。穿孔作用的道理同工业上用激光打孔的道理一样，所不同的只是作为武器需要越过遥远的距离，才作用到靶材上。穿孔的过程是这样的，当功率密度极高的激光束照射到靶材上时，该点的靶材表面就急剧熔化，进而迅速汽化蒸发。由于整个过程发生在一个约为千分之几秒的瞬间，因此就好像是产生了一个微型的爆炸，气化的物质以比声速还快的速度喷射出来，它的反冲力在靶材内部形成一个方向性很强的冲击波，在这个冲击波的作用下，在靶材上就打出了一个孔。这种效能是连续激光或长持续时间激光所产生的。在实战条件下，人们追求的目标之一，就是利用它把目标的重要部位击穿，而达到摧毁的目的。

在实战中，人们追求的另一个目标就是，利用短脉冲、高能量激光产生的层裂作用来摧毁靶材。其作用机理是这样的：受强脉冲激光束照射的靶材，由于吸收了激光的一部分能量而温度极高，足以使靶材表层的原子电离成正、负离子，它们数量相等，因此称为等离子体；这个等离子体像云层一样“飘浮”在表层附近；当这些处于高温高压状态的等离子云快速膨胀而从靶面向外“喷射”时，在极短时间内给靶材以反冲力，形成应力波，向深处传播；待到达靶背面时，这个波会发生反射；反射波与直射波相互作用，如果产生的单位面积上的力大于靶材的动断裂强度，靶材将被拉断；而应力波在这个断面又产生反射，再发生类似作用，引起新的断裂；如此多次断裂，就称为层裂破坏。

以上所说的是高能激光束的机械破坏作用。除此之外，它还有光电破坏作用。一种可能是前面说到的靶材表面的等离子体云，它吸收激光能量后，温度会升高到可能产生紫外线或X射线；这些穿透力极强的射线，即可能造成目标结构的破坏，也可能使它内部的电子元件损坏。当然，如果高能激光束直接照射到了侦察卫星的光学或光电探测器上，也必然会使它效能降低或损坏。1975 年美国人怀疑的正是苏联人是否用了高能激光武器来达到这种目的。因为，他们自己也做过类似的实验，那还是在激光问世不久的时候。20 世纪 60 年代初，美国空军研制了一种小功率激光雷达，用来探测过顶的苏联卫星是否带有侦察照相机。这是利用雷达所发射的激光束，在侦察照相机的光学镜头上会产生反射，根据这个反射就可以判定照相机的存在。当然，这样小的功率并不足以造成破坏。苏联 1975 年的辐射（如果真是人为的话）却要强得多，而且据说有一次的持续时间竟长达 4 小时，而这是目前美国人还没有做到的。这就是他们何以如此紧张的原因。他们在想，“我们早就登上了研制这种秘密武器的艰辛征途，怎么还是让俄国佬抢到前面去了呢？！”

## 艰辛征途

的确，美国人为发展高能激光武器是大大地兴师动众了。仅据初步统计，从 1968—1979 年末，它已花了 12.7 亿美元，而到 1985 年还打算再花 10 亿美元。它的陆、海、空三军和国防高级研究计划局都在积极地抓紧激光武器的研制。陆军的高能激光研究办公室设在亚拉巴马州的红石兵工厂。它的试验台是一辆经过改装的水陆两用履带车，上面装的是放电二氧化碳激光器。有报道说，在 1976 年美国陆军就在红石兵工厂试验用激光武器摧毁了一些靶机和直升机。不过它用的激光器功率比较低，而且目标也多为慢速飞行体。

美国陆军的战术高能激光炮（上图）及其相控阵制导雷达（下图）

比较起来，美国海军就要先进一些。海军的高能激光研究工作，是由华盛顿的海军高能激光工程计划部主管的。据报道，1978年海军和国防高级研究计划局（它也在华盛顿设有激光部）联合主办了一次激光束打击高速飞行体的试验。所用的激光器是美国的汤姆逊·拉莫·伍德里奇公司研制的氟化氘化学激光器，工作于3.8微米波段。瞄准和跟踪系统是由休斯公司提供的。攻击的目标是美国"陶"式反坦克导弹。这种导弹也是休斯公司制造，用来装备坦克和直升机的，全长1.12米，直径14厘米，最大速度为 0.8 倍音速。试验是在南加利福尼亚州圣胡安的卡皮斯特拉诺附近的、汤姆逊·拉莫·伍德里奇公司的试验场地进行的。激光器的功率比陆军的试验要大10倍左右。

海基激光武器示意图

陆军和海军所致力发展的主要是用于战术目的的激光武器，例如车载的、舰载的、地面的，甚至人员携带的，可以用来使敌方人员致盲、光电设备失效，或者攻打坦克、飞机、战术导弹和巡航导弹。而相比之下，空军雄心则要大得多，它不仅发展机载的战术激光武器，还发展反卫星、反洲际导弹的战略激光武器。

**美国的“波音NKC-135”机载激光武器实验室** 它的机顶隆起部分前面是望远镜，后面是雷达。其下方机舱中即为高能激光武器（是几百千瓦级的二氧化碳激光器）。而操纵、实验人员和有关仪器则在后部机舱中。从1974—1985年的11年间，为美军机载高能激光武器实验立下汗马功劳。在实验过程中，它摧毁过5枚“AIM-9B”响尾蛇空对空导弹和一架海军的“BQM-34A”靶机。1985年5月退役，现存于美国“国家空军博物馆”中。

为了系统地进行试验,美国空军把一架"波音NKC-135"喷气式飞机,改装成机载激光武器实验室。上面装备着联合技术公司普拉特和惠特尼分部研制的高功率气动激光器和休斯公司的跟踪瞄准系统。

**苏联的"A-60"机载激光武器实验室** 苏联也没有闲着,这是苏联别耶夫设计局用"伊尔-76MD"运输机改装的激光武器实验室,那大大的鼻子里就是装的高能激光武器。1981年8月19日第一次试飞。

在第一、二轮实验中证明了机载高能激光武器是可以精确地进行瞄准的。第三轮实验在1980年进行,根据美国空军部长汉斯·M·马克透露,这轮试验是为了验证高能激光武器的杀伤力及其有效性,试验会用激光射击空对空或空对地导弹。

在战略激光武器方面,美国空军也是早有图谋。还在1962年它就安排了两个"黑"项目:一个是研究星载反洲际导弹的激光武器的"黑桃"计划;另一个是研究反卫星激光武器的"黑眼"工程。

1974年在圣地亚哥举行了一次绝密会议。在会上,美国负责激光武器发展的国防研究工程署,要求有关公司进行方案论证和研制原型武器。还决定建造一个新的国家激光武器试验设施。所选定的地址是凯特兰空军基地南面的一个更大的军事基地——白沙导弹靶场。这个靶场,始建于1945年,已经有30多年的历史了。它是美国内陆最大的导弹和火箭试验中心。这里有着从事新武器试验的一整套设备,选择它作为激光武器的试验中心,就使三军有了一个完备的综合试验基地,从而加速激光武器研究的进程。

尽管如此，发展激光武器的征途还是十分艰辛的。十多年来，人们为此研制了气动激光器、放电激光器和化学激光器。它们都在不同程度上做了试验。而另外一些可供激光武器选用的激光器，如自由电子激光器、准分子激光器和X射线激光器等也都在探索之中。人们曾经认为激光武器的最大障碍是获得足够高的能量，但现在这个问题正在得到解决。而高能激光在大气中传输却成了重大难题。大气对高能激光传输的影响主要有四个方面：

其一是，大气中悬浮微粒（如烟、雾、雨、雪、水滴、尘埃等）的存在，会使一部分光能向四面八方散开，从而减弱了原来传输方向的光能。

其二是，大气的吸收作用，主要是二氧化碳和水蒸气的吸收，这种吸收并不是一视同仁，而是对一些特定的波长产生共振，从而消耗光能。例如水蒸气对1.1微米、2.3微米、6.3微米的波长吸收最严重。

其三是，大气湍流引起的光束展宽效应。这是由于大气各点的密度不规则的起伏，造成激光通路上折射率变化，从而使光束散开。同时，光束通路上空气会被加热，也会使折射率变化，产生所谓“热晕”效应，使光束散焦。

其四是，所谓等离子体阻塞效应。就是前面曾提到的在靶材表面附近区域形成等离子云，它将吸收激光的能量，使它部分或全部不能达到靶面。就像一扇“盾牌”，把靶子保护起来，阻挡了激光的照射。你看看，激光在它射向目标的征途中，真是困难重重啊！正是

产生高能真不易，大气传输却更难。
要想死光成现实，还得等上多少年？



## 武库新花

但是，人们并不悲观，普遍认为就在20世纪80年代的武器库中，这种超级武器就会出现。美国空军部长马克向国会报告说：“飞机运载的高能

激光武器系统的出现，可能为期不远了。”下图即为一例。

**美国的“YAL-1”机载激光武器系统** 它是“NKC-135”机载激光武器实验室的、21世纪的武器级“接班人”，由“波音747-400F”改装而成，飞机的大鼻子就是激光炮塔（据称，它是当今世界最大的移动式炮塔）。从1996年开始美国空军和波音公司、洛克希德·马丁公司和诺斯罗普·格鲁曼公司合作，开始预研。使用兆瓦级化学氧碘激光器（COIL）。2001年正式上马，打算如果成功先造7架，分别用于中东和亚洲两个潜在威胁区。这一干就是10年，共投入了56亿美元。实验是在加州的爱德华空军基地进行。实验中，既打过飞机，也打过战车，2010年还用它拦截过弹道导弹，据称效果均令人满意。

洛克希德等四家公司的代表则说，星载的全球高能激光反导系统能在近期内完成。至于那些小打小闹的激光枪则已经是现实了。例如美国的汤姆逊·拉莫·伍德里奇公司研制的一种激光枪已经在英国取得专利权。它主要是由一个轻便的化学激光器组成，可以像枪一样发射出连续的激光，可以装在卡车、舰船和飞机上，对人员起致盲作用。据介绍，普通的化学激光器会产生剧毒的高温气体，这既会对使用者本身产生致命的作用，也易于被敌方的红外探测器发现。而这个专利所制成的激光器却没有这种危险。这是由于它用一个供药筒产生化学激光，而又用一个吸气筒吸收有毒气体和热。

其工作过程大致说来是这样的：在供药筒中分别装有氢或氘和氟、氯、溴或碘的化合物。一勾扳机，引起反应，产生卤素原子，它们随着空气流入激光腔，在那里与氢或氘化合，生成卤化物，在几秒钟内发射出波长约为

2～4微米的激光。同时，反应所产生的毒气，由吸气筒吸收，放出的大部分热也被吸收。于是，既不放出伤害本人的毒气，又不放出易被对方探测的热来。扔掉使用过的药筒，装上新药筒，又可以再射击。

海军的动作也不慢，下图是他们的试验。

**美军"杜威号"驱逐舰上的舰载高能激光系统** 2013年4月8日，美国《防务新闻》报道，美军用它进行了一次试验，成功击毁一架无人机。

**靶机着火** 这是无人机被击中起火，而后坠入海中。

**特写镜头**　这就是那台激光系统,它包括固态激光器及其控制系统、冷却系统和供电机组。安装在“杜威号”的直升机甲板上。

**即将列装**　这次试验成功使海军大受鼓舞,于是海军作战部长宣称:2014年将正式为“庞塞号”船坞登陆舰装备一套舰载固态激光武器系统,并配属给在中东地区执勤的第五舰队。你看,就是“庞塞号”,其满载排水量为16591吨。据称,该激光武器系统将占用其船尾的、可起降两架大型直升机的甲板空间,可见这第一套实用系统是多么庞大!

人们对于把激光武器装在卫星上,以攻击洲际导弹和卫星,寄予极大的希望。因为在那里,太空的近似真空为激光束的无衰减传输提供了方便的条件。在洛克希德公司、汤姆逊·拉莫·伍德里奇公司、帕肯·埃尔默公司和查尔斯·斯塔克·德雷珀公司的怂恿下,1979年12月12日美国参议员瓦洛甫向国会提出发展一个由18颗带高能激光器的卫星组成的武器系统,用来防范苏联弹道导弹的侵袭。每颗卫星装有一台5兆瓦的激光器,一块4米反射镜,一台瞄准跟踪仪以及目标探测设备和指令控制设备。每台激光器可以发射大约1000次,射程略小于5000千米。这18颗全副武装的卫星分布在3条极地轨道上,每个轨道6颗。这样一种布局便可以把全球都置于它的势力范围之内。据瓦洛甫说,“它可以抵御全部苏联重型导弹、大约300枚其他洲际弹道导弹、几乎全部潜艇发射的弹道导弹以及全部远程轰炸机和巡航导弹运载工具”。他补充说:“这一估计的前提是,苏联在15分钟内在全球范围内启动它的全部战略设施。”

好家伙,照瓦洛甫这样说来,只要部署好这样一个系统,美国人就可以“高枕无忧”了!

其实,这也不过是一种自我安慰罢了。因为,用美国人自己的话来说,“也许他们已经发现了某些我们还不知道的东西,或许由于某些我们还不清楚的原因他们已经决定加速前进”。据估计苏联每年花在激光武器上的钱大约是10亿美元。他们已经发展并试验了取名“杀猎犬”的空基激光反卫星系统。美国人曾经观察到苏联的反卫星拦截试验中一些令人生疑的迹象。例如,1977年5月19日苏联发射了一个编号为“宇宙909号”的卫星,其轨道是近地点991千米,远地点2112千米,据分析这是一颗作为被攻击目标的靶星。而后,苏联又发射了“宇宙918”号,作为杀伤卫星,去袭

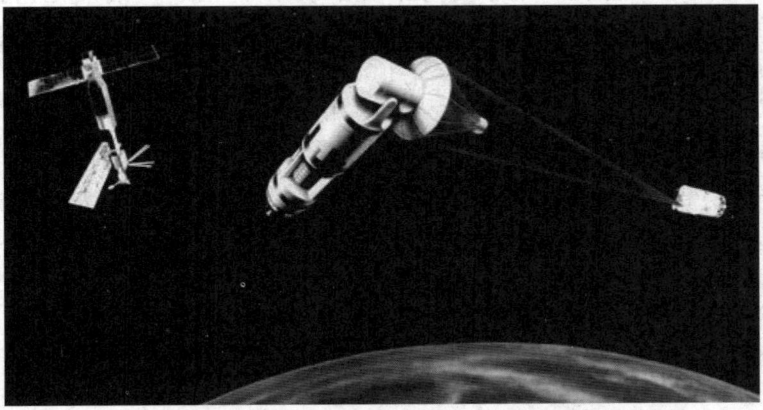

这是美国人想象的用天基激光武器系统(中)打卫星的示意图

击靶星。但是它的轨道却很低(近地点131千米,远地点也只有265千米)。两者轨道相差这样远,如何进行拦截呢?西方的观察家认为,如果不是试验失败,那就是试用了激光武器。

**这是苏联人想象的用陆基和天基激光武器系统打卫星的示意图** 在这里更加热闹,上面是天基激光器直接打卫星;下面是陆基激光器射向太空的反射镜后再射向卫星。

正如英国著名的武器杂志《詹氏武器年鉴》中评论所说:"美苏间的超级科学竞争,首先是实现激光武器的竞争。"这就难怪美国人一面大喊大叫苏联激光武器的威胁,一面又加速自己的研制,因为他们实在害怕对方超过自己。为此,还于1978年专门在国防部内成立了一个称为定向能束技术局的机构。它管的就是那些可以向特定的目标方向定向地、集束地发射能量的武器。激光武器当然是这样的武器。那么,它为什么不就叫高能激光武器局呢?原来除了激光武器能产生定向能束外,还有其他的装置,也同样可以产生定向能束。例如,所谓粒子束武器就是堪与激光武器并驾齐驱的一种。那么,粒子束武器又是什么样的东西呢?苏联和美国在这一领域里又在进行着怎样的竞赛呢?正是

死光武器已出现,粒子能束有何难?
欲知幽灵种种事,请君继续往下看。

# 魑魅闪现

朋友,你也许听惯了对电子、原子的描述,看惯了对质子、离子的形容。又小又轻,这就是人们共同的结论。可是,有一位情报官员却透过这些“微不足道”的粒子,看到了又一种新武器的幽灵……

## 奇怪的基地

他是谁?

他是乔治·基根。

他是干什么的?

美国空军副参谋长兼情报部部长。

他发现了什么?

说起来就话长了。要搞清这件事的来龙去脉,我们得稍稍谈远一点。那还是第二次世界大战刚结束不久的1946年初,在美国南加利福尼亚州的道格拉斯航空公司,成立了一个技术专家小组,名为“兰德设计小组”。目的是对如今人们已经司空见惯的东西——人造地球卫星的发射可行性进行技术分析。这在当时真可以说是想入非非。因为,不但谁也没有见到过,甚至没有什么人听到过这种神秘的东西。可是,当年5年2日,他们就提出了一篇长达342页的报告。结论是:“现代技术的发展已使设计人造地球卫星飞行器有了可能。”

1947年2月1日,他们又送上了两份秘密报告,一份是《卫星火箭的气动力、燃气动力和传热问题》;另一份是《卫星发射场的研究》。1948年,这个小组独立出来,“兰德公司”成立了。这个如今已载誉全球的公司所生产的,不是一台台机器,而是一份份论证和分析的文件。一句话,它实际上是一个“智库”。

1951年4月，他们又提出了几份更为"机密"的报告，一篇是《利用卫星进行侦察》；另一篇是《气象侦察卫星的可行性探索》。这一下可惊动了情报界。从此，兰德公司在中央情报局的直接领导下，开始进行一种崭新的侦察工具——侦察卫星的秘密设计研究。当时给这个项目取的代号是："反馈计划"。根据这个计划，他们又写出了一系列机密报告，从而使一个新的间谍工具的形象极其诱人地呈现在人们的憧憬之中。事实上，随着他们书面方案的进展，一个正式的战略卫星侦察系统的任务，在中央情报局的倡议下，由美国空军向各工业公司提出，并于1956年6月30日与洛克希德公司签订了合同。该工程的官方代号是"WS—117L"，而公司自己采用的代号是"斑鹬鸟"，外号又称"老大哥"。

一开始，这项工程进行得十分谨慎而神秘。美国国防部甚至禁止在任何公开场所谈论"空间"这个词。

可是，1957年10月4日，当全世界都听到了苏联第一颗人造地球卫星的"嘀嘀"声之后，禁令却不解自废了。10天后，美国《航空周刊》杂志上居然登出了这样的消息：

美国空军正在突击研制"斑鹬鸟"空间飞行器，苏联卫星的成功将给洛克希德公司的侦察卫星计划带来新的刺激。

一下子，就把买主与卖主、代号与用途都捅出来了。事实上，美国当局的确加快了步伐，一个半月后就把给洛克希德的经费翻了四番。人们急着要看到侦察卫星这个超级间谍送回的宝贵情报。喜欢大吵大嚷的美国国会议员们更是沉不住气了，他们向当时美国空军主管导弹和空间事务的施里弗将军急匆匆地问道："侦察卫星何时可以使用？"

而得到的回答是，"明年(1959年)春天！"

就这样，美国的间谍卫星问世了。至今它已经在空中游荡了20多年。至于它经常给它的主子汇报一些新鲜的消息，那更是司空见惯了。特别是作为美国空军情报部门首脑的基根少将，更是如此。由美国空军所发射的一颗颗照相侦察卫星、早期预警卫星、核爆炸探测卫星和电子侦察卫星，极其频繁地给他带来了核武器研制、新基地建设、导弹发射井变更和军事部署调整等的种种情报。也许，有人会认为处于这样千头万绪的情报包围之中的人，已经会对这一切变得麻木迟钝了。可是，这个谍报老手却不然。这十几年来，他在注意着一系列变化的同时，还一直注视着苏联一个奇怪的基地，思考着："他们在干什么？！"

1967年，卫星照片向基根展现了一幅奇境：在苏联中亚细亚的塞米巴拉金斯克城南50多千米处，有一个奇怪的基地。它有一个宽61米、长214米的中心建筑物，其墙壁就有3米厚，全钢筋水泥结构。从卫星照片上还看到两个直径为18米的大钢球，彼此用管子连接，附近还有许多装液氢的车辆。

**塞米巴拉金斯克**　在中亚细亚，苏联的哈萨克加盟共和国境内。苏联解体后，它归属哈萨克斯坦疆域。它附近的广大区域，就是苏联的核试验基地（这也是美国人一直盯住它的原因）。从1949年8月29日首次核试验，至1989年10月19日最后一次核试验，40年间，苏联在该地区进行过几百次核试验。1991年8月29日哈萨克斯坦首任总统纳扎巴耶夫下令关闭了该试验场。美国人认为如果用核聚变来产生粒子束武器所需的高能，则苏联人在这一地区试验的可能性最大。此图是该市机场及其邻域的卫星图片。

这在基根的脑海里画了一个大问号："？"。于是下令严密监视。此后又经常发现在该地区上空的大气中探测到热辐射和放射性微粒。如此，十年又匆匆地过去了，基根头脑里的问号终于被一系列沉重的情报所拉直，成了一个惊叹号："！"。

1977年3月，基根对他手头由各条渠道来的情报进行了综合分析，向美国中央情报局写了一份秘密报告，认为塞米巴拉金斯克是苏联的一个新武器试验基地。而这种新武器就是所谓"粒子能束武器"，简称"粒子武器"。

## 惊人的武器

顾名思义，粒子能束武器就是以"粒子"作为子弹、集束射向目标的武器。不过这"粒子"不是人们日常看得见、摸得着的颗粒，更不是步枪的子弹、大炮的炮弹之类的大东西，而是原子大小或电子、质子和离子这一类亚原子大小的微观粒子。也许，听了这，人们会哑然失笑，谁不知道子弹、炮弹个子越大威力越强？而那样小的粒子又何足道哉？能起什么作用？

非也，君不知这粒子能束武器所发出的粒子却非同等闲，它们是在粒子加速器中被加速到接近光速的玩意儿，因此具有很高的能量，与激光能束相似，它可以把目标的关键部位烧一个洞或烧裂；对迎面袭来的导弹，它还可以点燃它的战斗部；可以熔化或破坏内部的电子元件，使导弹失效、使卫星失灵。还有一种说法是：地球外层空间，有一个由原子粒子构成的强烈的辐射带。它是美国科学家詹姆士·范·艾伦发现的，就称为"范艾伦带"。而地球的阴影区还有一个长达数万千米的带电的"尾巴"。当洲际导弹和卫星等飞过这一区域时，就会带上静电。这种带静电的物体与带异性电荷的粒子能束发生作用时，就会产生强烈的放电现象（这就像两个带异性电荷的云层放电，形成闪电一样），从而摧毁洲际导弹和卫星。加之，这种武器速度快、精度高、能量大，又能灵活改变方向、多次重复射击。所以，真叫迷信战略武器威慑力量的人们垂涎三尺。

这种新武器简单说来由高能能源、粒子产生装置和粒子加速器三个部分组成：高能能源把巨大的能量提供给粒子产生装置，产生的粒子由喷嘴喷出，进入一个特殊的粒子加速器加速，最后射出高能、高速的粒子束。

它的工作程序是这样的：由精密的预警、跟踪装置探测目标，并在可能杂有诱饵或干扰的环境中识别目标。再由瞄准装置引导粒子能束瞄准目标和跟踪咬住目标，发射粒子束并使它经过辽阔的空间打到目标上，判定是否击中目标。如果击中，那就要判定损坏情况，看看是否击中要害。如果没有击中，那就要测出粒子束偏离目标的方位和脱靶量。用脱靶量来校正粒子束的瞄准，再次向目标发射粒子束。根据射击结果确定目标损坏情况或脱靶量。如此反复直到目标被摧毁为止。

用高能粒子束武器攻击的示意图



## 艰难的课题

但是，将粒子加速到接近光速并聚焦成密集的束流，还要准确地瞄准和跟踪目标，再穿过辽阔的空间击中目标，将它摧毁，要做到这一切也是说起来容易，做起来难。虽然不是高不可攀，但是却也得"过五关"才行。

第一关，就是强大的电磁能源问题。大家都知道，像子弹和炮弹这样的武器，都是靠炸药猛然爆炸产生巨大的推力，将弹丸射出。与此相似，粒子束武器也是以突发的脉冲形式工作的。它需要符合要求的脉冲电源，这种电源能在一瞬间产生高能，并可进行快速地贮存、转换和释放。这个问题难到什么程度，只要举个数字便可以看出来。例如，要把导弹弹体烧一个洞，需要能量为3000万焦耳、脉冲宽度为百万分之一秒的脉冲电源。这个数字，对有些人说来也许还不够形象，但是如果我们说它相当于1.5万个发电量为200万千瓦的发电站的总功率时，人们就会瞠目结舌了！由此可知要求之高。这样的要求目前认为只有靠核裂变或核聚变才能达到。

第二关，则是高能粒子加速器的问题。要使质量很轻的粒子获得足以摧毁目标的动能，唯一的办法就是使它具有很高的速度。而要做到这点就只有靠粒子加速器。说起加速器，有点原子核物理常识的人都不生疏。但是目前用于科学研究的加速器，并不能满足粒子能束武器的要求。因为它们有的产生的粒子束能量高、流强却弱；而有的却相反，产生的粒子束流强强、能量却低。要达到粒子束武器的能量又要高、流强又要强的要求，必须研制新的加速器才行。

产生高能粒子束的实验用直线加速器

第三关，是粒子束的瞄准和对目标的跟踪问题。首先应当有预警系统和跟踪系统来完成发现、报警、捕获和跟踪目标的任务。其次则要求有指挥各部分统一行动和控制引导粒子束武器瞄准并射击目标的高效能指挥、控制系统。试想想，远在百里、千里之外的目标，张角极小，运动又快，而粒子束又必须有千分之几米的精度来击中目标，其要求之高也就可想而知了。

第四关，是要解决粒子束的传输问题。以地面为基地的粒子能束武器，它的粒子一射出来就会碰到比比皆是的空气。这空气可不是好惹的。粒子束与它相碰，不仅会使能量急剧衰减，而且会使粒子束扩散。有人作了计算指出，由于这些影响，在距加速器400米的地方，粒子束中粒子的动能只有原来的30%左右；而到1000米的地方，竟只剩下6%了。削弱到如此程度，哪里还有杀伤力呢？幸好还有其他的效应使这种矛盾得到缓解。那就是粒子束损失的能量会使它周围的空气升温、升压和膨胀；同时，粒子与空气分子的碰撞又会使空气电离。结果为自己"杀"出一条通道，即在粒子束的周围会形成一个高温电离空气通道。它不仅减少了后续粒子与空气的碰撞机会，而且电离产生的与粒子异性的电荷会减弱粒子束因自身电荷相斥所引起的扩散，从而降低能量损失。相反，如果不在大气中，而是在太空近似真空的环境中传输，那么扩散就特别严重。而且，地球磁场对带电粒子束的影响很大，将使粒子束剧烈偏转。因此，人们通常认为带电粒子射束武器正好与高能激光武器相反，不适用于外层空间。那么，怎样才能制成适用于卫星载的粒子能束武器呢？有人建议用中性粒子束，这样一来粒子间本身没有斥力，二来地球磁场也就没有影响了。一种议论较多的方案是用氢原子束。形成过程是，先在加速器中加速负氢离子，而后去掉附加的电子而成为中性氢原子，射出加速器。虽然，中性粒子在外层空间传输也会扩散，但是这种扩散就要小多了。例如，如果在加速器出口处氢原子束的直径是2厘米，那么传输1000千米后扩大为20米。总之，就像激光的传输一样，粒子束的传输也是一大难题。美国曾经主管这一领域的国防部次长帮办戴维斯博士说:"把粒子束射到目标,无论在物理上和工程上都是一个非常不确定的领域。现在既没有迹象表明,在大气中或者在外层空间能够按照一个可控制的路线传输粒子束;也没有理论证明,粒子束不能在大气或外层空间传输。因此,我们正在强调粒子束的传输试验,并把它作为我们计划中的一个重要部分。"

研究粒子能束武器的最后一关,就是搞清粒子束对目标的破坏机理,即目标是怎样被破坏的?效果如何?受哪些因素控制?这样才有利于对粒子束武器提出恰当的要求,以指导研制。而这既需要理论分析,也需要大量的试验观察。

看了这一切,有人会提出这样的问题:既然搞粒子能束武器如此艰难,那么搞它值得吗?会不会得不偿失呢?这也正是在美国高层科研或武器发展领导人、科技舆论界中争论了许久的一个问题。在下一章中我们就将介绍这场大辩论及其结果,介绍粒子能束武器如今的发展态势。

# 亦幻亦真

粒子能束武器的幽灵若隐若现。有人说它已经存在,有人说它正在试验,有人说它即将问世,有人说它还得多年。情况到底如何?一般人觉得这问题神秘莫测,科学界也觉得论据难全,而那些消息灵通的人士之间则展开了一场争论……

## 公开争论秘密问题

这个题目,看起来矛盾。既然是秘密,何以又公开争论?但这却是事实。试想想,对于粒子能束武器这样一种"未来"的武器系统,谁愿意泄漏风声呢?可是,1977年以来在美国却掀起了一场闹剧。

这事还得从卫星侦察发现的奇怪基地和基根少将的秘密报告谈起。

前面已经说到，基根认为苏联的塞米巴拉金斯克的奇怪基地是为发展粒子束武器而建立的。那大大的钢球则是用于获得巨大的脉冲能源的小型核爆炸装置，据说能释放出相当于100万吨黄色炸药的能量，形成高温等离子体，通过磁流体发电机，发出高压脉冲电流。再用巨型电容器贮能，经过高压开关放电。而后由通量压缩器和电子注入器把脉冲高电压转换成电子束，再经过高频功率源加速后以接近光速的速度进入集团加速器。在这里高速电子流与质子加速器来的质子相遇，经过集团加速后，以质子流的形式从磁透镜射出。

基根少将根据他对已掌握材料的分析，于1977年3月向美国中央情报局写了一份秘密报告。报告中分析了苏联的情况，并尖锐地指出美国在粒子能束武器这一领域内可能比苏联落后了5～10年。可是中央情报局的原子情报处却有自己的看法。曾任美国总统科学顾问的加温以及麻省理工学院的物理学家约翰·帕门托兰和科斯特·奇皮斯也不同意基根的观点。这些“反对派”认为，粒子能束武器有那样多的技术难关，不论是美国还是苏联谁也没有本事在短期内啃下这块硬骨头。甚至，即使能搞出来，结果如何也值得怀疑。

于是基根辛辛苦苦写的报告，便如石沉大海，非但没有呈给卡特总统，甚至也没有拿给总统的国家安全事务助理布热津斯基博士研究。一句话，卡壳了。

可是，像基根这样的人物也并不是孤掌难鸣的。他有着一批少壮派科学家支持，还得到美国《航空和空间技术周刊》杂志编辑部的赞同。于是他们开始“进攻”了。由于秘密途径走不通，他们就干脆捅到社会上。1977年3—5月间，《航空和空间技术周刊》杂志先后发表《俄国威胁的新估计》、《苏联加速研究能束武器》、和《能束武器评述》等文章。这一下就惊动了白宫和五角大楼。5月30日该杂志就这一情况作了报道，题目是“布朗谈能束武器”。国防部长竟然亲自出马，在大庭广众之下议论起这个曾经是极其保密的问题来了。从此，这一新武器的幽灵就在世界上游荡开了。苏联人装作模棱两可，美国人却大肆评论起来了。文章、消息大量出笼，报道着苏联的情况，描述着美国的动态。也许有人觉得"美国人太傻了，怎么把这样机密的事也拿出来讨论"。其实，这也是美国人所迷信的"威慑"手法之一，目的是让对方知道：你搞的我知道，你干的我也在干，不是"独家经营"，你吓不了我。另外，在那些连篇累牍的报道中也是虚虚实实。有的是真，有的是诈；有的是真刀真枪，有的是火力侦察。所以，对于下面将引用的材料，奉劝读者脑子里也要多一根弦，不可不信，也不可全信，不妨研究研究吧。

## 令人不安的迹象

有道是："无风不起浪。"

美国人认为，粒子能束武器中的超高压输电线和强电磁场中的导线都要通过大密度电流，因而必须处于电阻极小的超导电状态。而超导只有在极低的温度下才行，这就需要制冷。他们解释说，那奇怪的基地上的液氢就是用来制冷的。果然不出所料，从1975年以来，已经7次探测到在这个基地上空大气层中有氢云出现。美国人还说，他们探听到苏联试验了一种可以叫"4.7"的加速器。这"4.7"是指它的四项主要技术指标都达到了7次方的高水平，即$10^7$电子伏特、$10^7$安培、$10^7$焦耳、$10^7$分之一秒。试验是在苏联高尔基城附近的萨洛夫地区进行的，那里也可能是苏联的又一个研究中心。此外，美国人还盯着另外一个地方，那就是里海附近的哈萨克地区的阿齐根试验场。它受苏联防空军管辖。美国人认为这是苏联粒子能束武器已经接近部署阶段的迹象。还有，据说苏联已经利用载人的"联盟号"飞船、"礼炮号"空间轨道站以及不载人的"宇宙号"卫星，进行了8次粒子能束的传输试验。这种在电离层和外层空间进行的试验，绝不是像苏联自己公开宣布的那样，是什么为了"研究电离层和磁层"，而很可能是他们粒子能束武器的反卫星计划的一部分。

在克服粒子能束武器的一个个技术难关上，美国人还了解到一些更具体的、令人不安的迹象，说明自己真有差距。下面是透露的几个例子：1975年夏访问美国的苏联物理学家鲁达柯夫透露，他能把激光射束和电子射束变换成软X射线，以压缩低能量级的聚变燃料。美国人认为，这是通过聚变产生脉冲功率为粒子能束武器提供能量的关键突破。在贮能技术上，美国人认为苏联已经用压力达100个大气压的加压水作介质的水电容器来贮存能量，而这比美国人贮能密度的水平要高40倍。在加速器上，美国人了解到苏联在1974年就试验了目前认为最有希望的自共振加速器，而美国却到1978年才试验。在电子喷射技术上，从1975年起，苏联同法国联合进行了电子射束传播试验，试验用的是苏联的电子射束加速器和法国的探空火箭。公开宣布的目的是研究电离层和磁层，但是谁又能说这不就是在进行粒子能束武器试验呢？起初美国人还将信将疑。可是当他们在苏联新西伯利亚的一个高能物理所里，发现一种完全可以用作电子喷射器的设备时，他们的侥幸心理破灭了。据说苏联人不仅让他们看了，而且十分大方地同意把这个设备卖给美国供商业使用。这一下美国人惊异地发现，自己在这个领域里又差不多落后了10年！

曾经对基根观点抱怀疑态度的美国国防部，如今在这样一些迹象面前沉不住气了。于是，在1978年9月宣布成立了一个专家组，由53名著名科技人员组成，决心搞清这些迹象的含义。几个月后他们给国防部写了一份报告，说苏联确有一个发展粒子能束武器的庞大计划；在这一领域内苏联已经领先5～7年；美国需要加强这一工作。

有情报说，苏联已经干了20年，耗资达30亿美元。据估计，已有2000名第一流学者和350个实验室在从事与此有关的研究工作。

通过争论、研究和评审，使美国人得出了他们曾经不愿意得出的结论：苏联可能在1980—1983年间搞出陆基质子能束武器；1983—1986年间可能搞出机载质子能束武器；1986—1989年间就可能搞出星载中性粒子能束武器。一句话，他们估计到80年代末，苏联的粒子能束武器也许要过关了！

**粒子能束武器试验设施示意图** 图中A为永磁爆炸发电机组，B为屏蔽墙，C为备份发电机组，D为粒子束注入器，E为磁铁，F为粒子束喷嘴，G为电源开关。

**永磁爆炸发电机** 它是将爆炸的化学能转换为电能。图中A为永磁爆炸发电机，H为带启动器的水泥台。

面对这样尖锐的挑战，美国人感觉到他们寄托在一、两件新武器上的、脆弱的"战略平衡"就要遭到破坏。不能容忍这个"粒子能束差距"的存在。于是一面小声地呼喊着："上帝啊，保佑我吧！"一面调整着自己的部署，急起直追。

## 跷跷板又动了起来

使美国人感到痛心的是，在粒子束武器的探索中，西方起步得并不晚。早在20世纪40年代中期，英国就率先探索过这一领域，但是由于输出不够而放弃了。而美国从1958年起又搞了一个电子能束武器计划，名曰“跷跷板计划”。后来因为技术困难而于1973年宣告停止。以后，美国陆、海、空三军虽然也零零碎碎地搞过一些研究，但是却由于相互分散，思想不统一而捏不成拳头。

后悔有什么用呢，关键是要干。于是美国人在全面总结了这20年的沧桑之后，重新振作起来。用一个未透露姓名的美国官员的话来说就是：“美国已经从粒子能束武器能否实现的怀疑态度，改变到要在一定的时间内搞出粒子束武器和高能激光武器的积极态度。”

怎见得呢？其主要迹象有三：

其一是，统一领导，协调规划。在1978年底，美国国防部成立了定向能束技术局，统筹粒子能束武器、激光武器和微波武器的发展。这些武器的特点都是能量定向辐射，因此就合并到一起领导，由当时的国防部次长帮办露斯·戴维斯博士主管。他的观点十分明确：“粒子能束技术是第二次世界大战以来在技术上的一项根本变革；从武器观点来看，它可能导致一场大的轰动，可能使美国的战略发生根本性的改变。”定向能束技术局把原来由三军和高级研究计划局分散进行的项目进行了调整，制定了一个从1981年开始的历时五年的计划。投资3.15亿美元，来过五大技术关。然后，还打算再用六七年时间，花7.6亿美元来从事四种不同类型的原型粒子能束武器系统的研究。其中三种是利用电子束或质子束摧毁大气层内的目标。而第四种则是以空间为基地的远程中性粒子能束武器。美国人打算在上述计划实施一段后，还要在国防部内专门成立粒子能束技术局，来加强管理。

其二是，明确重点，提倡军事部门与其他技术部门合作。海军着重研究电子束的传输和先进技术加速器。主要任务称为“椅子遗产”计划。目的是发展舰载反巡航导弹的电子能束武器。1979年众议院军事委员会要求把该任务转归国防高级研究计划局管理，以建成50兆电子伏特的先进技术加速器；并在1982年后期进行针对各类目标的粒子能束传输试验。投资0.57亿美元。据说，研究一段时间之后还要再交还海军。美国的粒子能束武器研究的另一个重点是陆军的“神圣之火”计划。它是准备用于宇宙飞船上的中性粒子能束武器。这项研究是在新墨西哥州的洛斯·阿拉莫斯科学实验研究中心进行的。计划三五年内把一个实验系统送上天。陆军还在搞的另一个项目是陆基反弹道导弹的粒子能束武器。它是由得克萨斯州的豪斯汀研究中心进行研究，使用自共振加速器。强调一旦实验成功，就移交工业公司制造。在加速器的研究中，国防部和能源部密切合作，据说，目前所用的加速器大都是来自能源部。

其三是，强调工程实践，规定武器范畴。美国国防部在推行粒子能束武器的研究计划时，特别强调工业界和工程师的早日介入。表明它的目标是实用的武器系统。这方面还表现在它已经明确地规定了武器范畴，即：

近程粒子能束武器：射程约1千米，在稠密的大气层内工作，利用粒子能束的辐射锥摧毁目标。它对瞄准和跟踪的要求较低，但是却要求有重量轻、体积小而发射率高的能源系统，要求射束能量高。

中程粒子能束武器：射程约5千米，也在大气层内工作。它要求有聚焦很好且能精确瞄准的粒子束，和发射率高、功率强的脉冲能源。它可以摧毁加固的核弹头之类的目标，要求有精密的瞄准和跟踪系统。

远程粒子能束武器：射程约10千米，要有聚焦很好的射束和极高的脉冲功率，每个脉冲有很高的流强。它是在大气层内摧毁目标，要求有先进的瞄准和跟踪系统。

星载反弹道导弹的远程中性粒子能束武器：射程几百千米，要求有体积小、重量轻、燃料容量大的能源系统和非常精密的瞄准、跟踪系统。

**大兴土木** 2008年12月16日,一座新的粒子束实验室,在美国新墨西哥州凯特兰空军基地东边的桑迪亚国家实验室破土动工。这是该实验室的外观示意图。据称,这个建筑物中将有6台加速器,进行轻、重粒子束的实验研究。

由此可见,美国人打算"后来居上",为自己订了这样具体的奋斗目标。尽管如此努力,但是要这一切成为现实,要使粒子能束武器真正成为实战的工具,那还是遥远的事情。根据戴维斯的估计,要到20世纪90年代末,在美国的武器库中,才可能有粒子能束武器。而苏联人据说也快不了好多。正是

粒子武器技术难,朝思暮想也枉然。

要想用它去打仗,还得等上多少年?

(原载《知识就是力量》1981年第1、2、3、4期)

# 电磁波谱之战

人喊马嘶，鼓号齐鸣，刀光剑影，列队布阵的古代战争已经过去；箭弹齐发，硝烟弥漫，战鹰翱翔，车舰驰骋的现代战争还在进行；可是，未来的战场是什么样的情景呢？

## 热热闹闹的过去

1945年8月，当美国把它的第一批原子弹投向广岛、长崎之时，人们对核威力的认识才从理性走向感性。透过蘑菇状的烟云，人们认识到：仅仅用机械爆炸的当量来描述核弹的威力，已远远不够了。区别于普通的炸弹，它不仅仅有冲击波和弹片的硬杀伤，而更重要的，它有光辐射、电磁脉冲、放射性沾染等，即它们有明显的电磁杀伤和破坏威力。这才是它最本质的特点。

正是这些综合威力，使得超级大国拿起了核讹诈这把双刃剑，既气势汹汹地用它恐吓对方，又胆战心惊地害怕毁灭的厄运落到自己头上。于是演出了既竞相发展、又进行核裁军谈判的双簧闹剧。

从军事技术的角度来看，核弹的电磁杀伤作用是人们对电磁能量的被动的、无主控能力的利用。

与之相反，在过去的岁月里，人们却是那样主动、精心策划地利用着电磁波。被称为“战争之神”的雷达就是一例。利用发射电磁波而又接收和处理从目标反射(散射)回来的电磁波,人们制成了各种各样的雷达,用它们探测、跟踪目标,为飞机导航,为导弹制导等等;而基于电磁原理的电子计算机和指挥、控制和通信($C^3$)系统,则给战场带来了巨大变革。

**庞然大物** 美军在凯特兰空军基地搭建了一个据称是"世界上最大的木头架子",为的是试验飞机(台上放的)对电磁脉冲的抵抗力。图右边是测试用的天线。

常言道:"道高一尺、魔高一丈。"针对这些电子系统,人们发展了电磁干扰技术,于是一场持久、日益激烈的竞赛展开了:侦察、反侦察,干扰、抗干扰,这种电磁波领域里矛与盾的对抗,就是电子战。

然而,当这种"斗智"的竞赛仍效果不佳时,人们又回到"斗力"的角逐之中。研制了反辐射导弹,用它们来消灭电子系统。这就在电子战领域内又增加了一对新的矛盾:摧毁和反摧毁。

但是,摧毁电子装备只是军事科技专家们的一个新突破,而军事战略家们需要的是更强大、更全面的威慑能力。

## 神神秘秘的现在

"一级战备!"

美国战略空军司令部接到了这样的命令。于是，一部分装载着炸弹的轰炸机飞上蓝天，另一部分轰炸机也整装待发。这是美国战略轰炸机部队在20世纪60年代曾度过的一段真实而不平凡的岁月。

他们之所以如此惶惶不安，是因为美国的军事战略家们被一种“导弹来袭”的恐惧折磨着。在他们脑海里经常出现这样的幻觉：一枚枚巨大的导弹正耸立在苏联战略火箭部队的发射场上，它们的顶部装载着威力强大的氢弹头，发射后30分钟内，将击中华盛顿、纽约以及美国其他城市和基地。

恐惧症并不是美国的“专利”，苏联人也经常担心美国的9689枚战略核武器和10000多枚战术核武器的打击。

“天哪！”就是在这样的你惊我怕，谁也不安的气氛中，一系列任务书摆到了军事科技专家们的桌子上。归纳起来就是要“三管齐下”，确保平安：

其一是，研制发现敌方导弹部署的侦察系统；

其二是，研制探测敌方导弹来袭的预警系统；

其三是，研制对抗敌方导弹攻击的反导系统。

于是，各种飞机、卫星、大型地面（包括海上）设施纷纷出笼。近二三十年人们就在这样紧张研制、试验中度过了。然而以上措施只不过摆出了一副不怕挨打、有能力还手的架势。这难道不太被动了吗？于是战略家们又提出一个更为主动的计划，人们开始为未来奔忙。

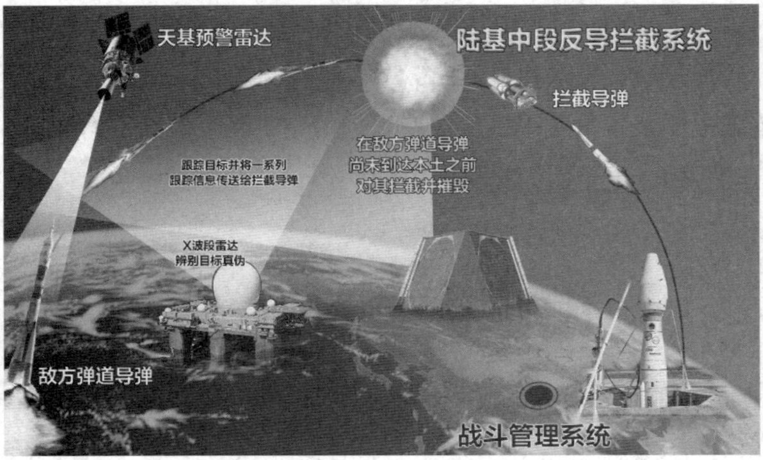


**陆基中段反导示意图**

2013年1月27日热闹非凡。因为这一天，中国在境内成功进行了陆基中段反导拦截技术试验；无独有偶，就在当天，美国也从加州范登堡基地试射了一枚拦截弹，在完成预定动作后，飞向太空。于是在全球引起了对陆基中段反导的热议。

**美军的陆基中段反导拦截弹(GBI)** 这是美国陆基中段防御系统(GMD,原名国家导弹防御系统 NMD)的主力,它是一种动能拦截弹,系由助推火箭和作为弹头的动能杀伤飞行器(英文缩写为 KKV)组成。美军也装备了用动能拦截弹的短程战术反导系统,例如经常见报的“宙斯盾”导弹防御系统的“标准-3”(SM-3)海基拦截弹和“爱国者-3”(PAC-3)拦截弹。

# 明明白白的未来

1983 年 3 月 23 日美国总统里根正式宣布了美国“星球大战”计划,即战略防御倡议(SDI)。

**1983 年 3 月 23 日美国总统里根宣布了“战略防御倡议”**

这个计划的核心就是要在太空部署多层弹道导弹防御网。其技术手段包括在太空和地面部署高能定向武器（如微波、激光、粒子束）、动能武器或常规打击武器，以便对敌方战略核武器（来袭的洲际弹道导弹）来袭的各个阶段进行多层次拦截。

首选方案是将来袭导弹消灭在起始的助推段的武器系统。

众所周知洲际导弹的发射远在“天边”，要能在刚一发射就把它消灭，这样的武器系统必须：一是要高，二是要快，三是要准。“高”要高到能“看见”导弹起飞，“快”要快到能立即将导弹消灭在起飞途中，“准”要准到千百里之外击中那高速飞行的目标。

试想想，导弹从发射到飞抵目标只需30多分钟的时间，要完成“拦截和击毁”的任务，谈何容易！更何况还要争取在助推段这样几分钟内来完成，就更不容易了。那么为什么要选在助推段呢？主要原因是火箭这时正处在燃烧时刻，目标易于捕捉，而且不能进行假弹掩护，还可利用火箭的喷焰来引爆；如果是多弹头导弹，又可在各弹头分离之前一举全歼。可是，这时导弹远在对方上空，这就要求对其实施拦截的武器系统必须设置在卫星之类的航天器上。

再想想，导弹以几倍于声速在跑，卫星又以超过第一宇宙速度（7.9千米/秒）的高速在飞，在双方如此高速运动的情况下，要快速、准确地发现、捕捉、跟踪、瞄准和击中目标，更是难上加难了。

所以，“星球大战”是一项说起来壮观、干起来难的庞大计划。一切都要在“高、快、准”三个字上下功夫，而且还要可靠。所以，除了卫星技术发展已比较成熟之外，人们一方面要研制发现、捕捉、跟踪和识别真假目标的监测系统；另一方面把主要精力放在能够摧毁洲际导弹的武器系统的研制上，而这又包括新武器本身及其高精度引导瞄准系统。

人们希望这个武器系统能指到哪里打到哪里。换句话说它既能快速地变换方位，又能高速地飞至目标。于是专家们自然想到了电磁能束。电磁波、电磁粒子能够集束，这在雷达、激光、电子器件的研制中是早已证明了的，不过现在要的不是那种能量很弱的射束，而是要高能射束，例如需要几十至几百兆瓦级的功率，才能作为武器。目前正沿着三个方向研制这类武器，即微波能束武器、激光能束武器和粒子能束武器。这也就是美国打算花上几百亿美元高价来实现的“星球大战”计划的关键所在。苏联呢，也早已开始了这类新武器研制的工作，如今在美国“星球大战”计划的威迫之下，它也在加大投资、加速努力干自己的“星球大战”计划。对于这些细节留给其他文章去描述吧。在这里只需提醒读者注意：如果把上节提到过的电子战称为软电子战的话，而这里就可称为硬电子战了。用能束武器的电磁杀伤能力去摧毁洲际导弹，从而也就摧毁了它的核弹头的电磁杀伤能力。

我们来归纳一下，下面是一幅电磁波谱图。

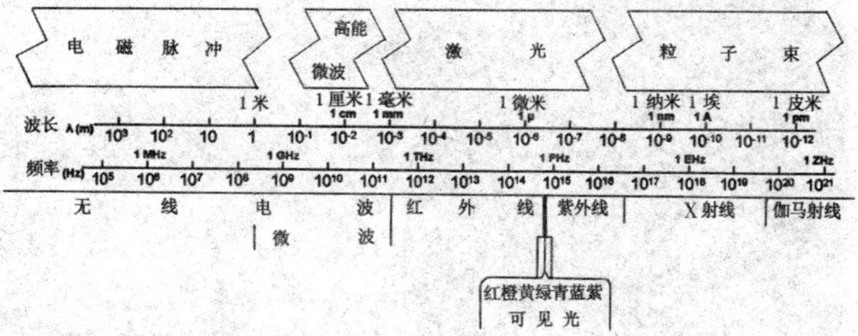


**电磁波谱图———张现实的军事装备图** 在图的正中，同时用波长和频率刻度标出电磁波谱；下方注明相应的波段名称，由此可以引申出有关的军事用途；上方则标出新概念武器所属的相应波谱范畴。

在这个图中，我们简要地标出了它的波段划分和相应的用途。从军事技术的角度来看这张图，人们不难发现：它竟然是一张现实的军事装备图。难道你能举出哪样人们天天在介绍、评论甚至梦寐以求的武器不在其上吗？试想想：核弹靠什么显威？导弹（包括其他制导武器）靠什么制导？$C^3$是什么样的系统？电子战在哪里对抗？还有本文尚未涉及的战场机器人、隐形武器（即飞机、舰船、车辆等的电磁隐形）、电磁动能炮等等，这些同样耗资巨大、竞相发展的系统，谁能和电磁波谱分开？而能束武器则压根儿就是硬电子战的范畴。

因此,尽管在各种书刊中对未来武器和战场的描述千头万绪、角度各异,但就其主要趋势和地位而言,我们现在却可以把它们归结为一句话,那就是:

未来军事技术的主攻方向是电磁武器;未来的战场是软硬电子战争奇斗艳的战场。正是

观察于屏幕之上,运筹于电脑之中,
攻敌于无形之内,决胜于千里之外。

沿着这个思路去规划和计划军事技术的主攻课题,达到保存自己、消灭敌人的目的,这就是我们的结论。就是这样一个明明白白的未来。

**美国人的电磁动能炮示意图**

(原载《军事世界》杂志 1989 年 2 月号)

# 尾声(外二篇)

## 圆　缘

到此，我的这本科普作品选集已经结尾。然而，文已完，情未了。于是，欣然命笔，与“前奏”相呼应，“谱”写了这段“尾声”。

在此，要“弹”给读者听的是一段“弦外之音”，但却是一段“心音”。它，与“序”、“前奏”以及随后的“跋”，组成了一个“大合唱”。这里，要向读者传递一个信息：多少年来，我也在茫茫宇宙中寻觅知音，这个“大合唱”演奏的就是寻觅的结果。这里，不仅有陈芳烈用"序"倾述的友情，而且有汤寿根、尹传红一老、一少道出的缘分，还有这些文中提到姓名的(或者未提姓名却已点到的)许许多多旧友新知们的真情厚谊。正是在这些情、这些缘的鼓励和鞭策下，才使我这封笔多年的科普“老兵”和“海外游子”重归我所热爱的中国科普界，重拾荒笔，梳理旧曲、再谱新调。

因此，《茫茫宇宙觅知音》新版出版之时，也就成了一次与中国科普界、出版界的朋友们共“唱”茫茫宇宙觅知音之机。

希望读者与作者、编者一起共赏之。

谢谢大家！

# 跨越三十年的缘分

尹传红

2009 年 9 月尹传红(右)与甘本祓于北京

2009 年国庆前，在一个科普界人士聚会的宴席上，主持人汤寿根先生兴奋而又神秘地宣示："给大家一个惊喜，我们的一位老朋友回来了，请他讲几句吧。"

这时，一位两鬓斑白、儒雅潇洒的古稀老人起身向大家鞠了一躬，一口四川口音也随之"流"出："我是甘本祓，大家可能不记得我了。过去我也写过一些科普读物，20 多年前去了美国。由于工作繁忙，封笔多年，也与老友们疏于联系，这次回国找到科普作协，今天又见到各位旧友新知，算是重新归队吧……"

掌声响起、老先生落座之时，我按捺不住激动的心情，端起酒杯，快步向坐在我对面的老前辈走去，急切地对他说道："甘老师，我还记得您！我小时候读过您写的书：《生活在电波之中》和《今天的科学》。还有您发表在

《知识就是力量》上的两篇很有影响的文章:《茫茫宇宙觅知音》和《谁是电波报春人》。"

老人家睁大了眼睛,十分惊讶:"是吗? 那时候你在哪里? 多大年纪?"我告诉他,当时我在柳州,念小学五年级,11岁。《生活在电波之中》第一版距今已有30年整,也正好是我们俩之间的"岁差"! 我说,我还记得,《今天的科学》是分几辑出的,一个名叫练军的同学得知我只有第一辑,就表示愿意把他有的第二辑送我。至今我还记得那天中午放学后,我在他家门外边等着他拿书时的情形。

与甘老师重续"前缘",我倍感亲切、温馨。几年来,我们鸿雁传书、沟通频繁,成了忘年交。其间,经我向担任"少儿科普名人名著书系"编委会主任之一的叶永烈先生推荐,甘老师的《生活在电波之中》新版很快得以面世。这个新版本相比我在1979年读到、列入"少年百科丛书"的第一版,增厚足有两倍还多。作者"宝刀不老"、激情再现,不仅将原书的基本知识作了扩展和延伸,而且加了许多这30年间发展起来的新领域所涉及的内容。

在该书"序曲"中,甘老师写了这样一段话:"感谢尹传红先生,是他告诉我少时曾是《生活在电波之中》的小'粉丝',才鼓起了我续修该书的热情。"而我,则把这看作是对自己当年所受教益的一种自然"回报"。说来我该感谢、感激、感恩他老人家才是啊!

只可惜,我当年的珍藏如今已不知去向。然而,它朴实、简洁的封面形象,在我脑海里依旧留存有深刻的印记。更难忘,"开头的话"起始那几句散文诗般的话语:

> 我们的眼睛能看见东西,是光波的作用。
>
> 我们的耳朵能听见声音,是声波的作用。

有一种波,我们既看不见,也听不到,但是它像空气一样,弥漫在我们周围,无时无刻不在为我们服务。

……可以毫不夸张地说，我们虽然不熟悉它，但是我们生活在它之中。

甘老师告诉我，《生活在电波之中》第一版第一次印刷32万册，以后又多次印刷再版，累计印数超过了500万册。不过，他并没有因此而发大财。创作此书之前，他在大学里已教了20年的电磁场理论和微波技术课程，教材和专业著作也出了好几本，但那时还没有真正涉足科普。

1979年春，中国少年儿童出版社的编辑找上门来，希望他为“少年百科丛书”写一本介绍电波的书。他对我回忆说：“我想应该毫无问题，就答应了。谁知一提起笔来，却是问题一大堆：怎么把抽象的问题形象化，怎么把高深的理论通俗化，怎么把用微积分、数学物理方程表达的问题，用语言来表述，而又能保持概念正确。甚至，怎么开头，怎么连贯，怎么结尾都是问题。”

为写这本书，让电波这个看不见、摸不着的事物，活生生地出现在少年读者面前，甘老师当年反复地想、反复地改，绞尽脑汁，下足了通俗化的工夫。比如讲到电波的波形，他写了几段“给电波画像”：

我们可以根据电力线和磁力线的概念，给它画个像。画出来的像是这样的：电力线套着磁力线，磁力线再套电力线，这样一圈一圈地套下去，电波也就越传越远了。

这样的力线图可真像一环套一环的铁链子。电场和磁场则像一对不可分离的孪生兄弟，手挽着手奔驰向前。

也有另一种画法，就是画一圈圈的同心圆。就像把石头扔进水里激起了一圈圈水波那样。圈圈越来越大，就表示电波传向了远方……

还有一种画法，就是沿着水平方向，画一根有起有伏、起伏交替、连绵不断的线，就像绳子被抖动的形状……

后来，《中学生》杂志专门把这一节内容抽出来选登，《少年科普佳作选》也将它收入其中。如果不努力探索，是达不到这样好的效果的。那些年里，甘老师写的许多科普书和科普文章，一直都秉承这种不断探索的精神。20世纪80年代，他在《知识就是力量》杂志连续发表《茫茫宇宙觅知音》、《谁是电波报春人》等许多长篇系列文章，备受瞩目，名动一时。

在甘老师看来，科普是教育的延伸，是科研的牵线人；专业创作和科普创作，正是当年的他提高学术水平、飞向更高境界的两只翅膀。他认为写科普不能板起面孔"讲课"，应该用严肃的态度、生动的语言、恰当的比喻、必要而准确的数据来揭示所介绍的科技问题的精髓。这样才能使科普作品论之有物、看之有趣、听之有理、思之有获。

如今，七十有六的甘老师又焕发了科普的热情，仍在辛勤地笔耕，今年将接连有数部科普新作问世。

最后不妨再说一件亦甚为有缘的事儿：2012年2月3日，我参加《科技导报》杂志社新春联谊会时，邻座老友、科学普及出版社副总编杨虚杰（她曾在本报工作过）随口问我最近在读什么书，我当即从提包里拿出新版《生活在电波之中》递过去。她扫了一眼封面，说："甘本祓，这个名字挺熟，这本书的初版我也有点儿印象。"然后她就很有兴致地翻开书看。

不多会儿，只听虚杰惊叹："哎呀，这个作者的女儿甘雯，是我的中学同学呢！"我说："不会是同名同姓吧？"虚杰道："北京二十中的，绝对不会错！当年她亲口跟我说过，她有个姐姐，叫甘露，书中'序曲'里也提到了。"

得知事情原委，同桌的科普社另一位副总编许英感慨："这个世界真小啊！"同样惊喜的我，随即写信向甘老师报告此一新缘，两位"失散"了30年的老同学也得以重新联系。

大半年过后，甘老师再度回国，带来《航母来了：从珍珠港到东京湾》和《硅谷轶事：浪涌山景城》两部书稿。当他就出版事宜与我商议时，我们不约而同想到了虚杰，想用此为那段缘分添彩。苏青社长看过经虚杰送呈的书稿，颇感兴趣，很快决策科普社全接，并指定虚杰做《航母来了》一书责编，特邀我参与编辑工作。随后，甘老师受聘为科普社"高级学术顾问"，他又特邀我为他的新著撰写序言，记录我们之间跨越了30年岁月的缘分。

因缘而起的一个“合作”又开始了……

（本文原载2013年3月29日《中国科学报》，
本文作者系《科技日报》主任编辑，中国科普
作家协会常务理事、副秘书长）

# 咫尺天涯皆有缘

汤寿根

2009年10月汤寿根（右）与甘本祓于北京

甘本祓先生30多年前的成名之作《生活在电波中》（中国少年儿童出版社，1979年11月）再版了（湖北少年儿童出版社，2011年1月）！说是“再版”，其实不够贴切，因为原书仅有八万六千字，新版增加了《电波的趣事奇闻》，后续部分倒有19.5万字，称之为“新版”较为合适。

《新版》似乎发出了一个讯号：侨居美国20多年的科普作家甘本祓将

重归“故里”——祖国的科普创作界，再度耕耘于神州科苑。

甘本祓是一位专家型科普作家。1937年出生于四川成都，微波技术专家，高级工程师。1959年大学无线通信专业毕业后，曾任电子工业部微波通信和卫星通信办公室负责人。后赴美国硅谷工作20多年。他热心科普事业，曾先后担任中国电子学会和中国计算机学会的普及委员会副主任，曾参加1979年第一届中国科普作协代表大会和1984年第二届科普作协代表大会主席团，并任工交科普委员会委员。

多年来，他创作的科普图书和散文，总计已超过1000万字，广受读者喜爱，并多次获奖。例如：原著《生活在电波之中》获“电子科普优秀作品奖”、“少年百科丛书优秀读物奖”，《今天的科学》获“少年百科丛书优秀读物奖”；他擅长写作科学散文，如《茫茫宇宙觅知音》获“第二届全国优秀科普作品一等奖”，《谁是电波报春人》获“世界通信年全国通信优秀作品奖”等等。

我和甘本祓结缘于1980—1983年，我在中国科普作协会刊《科普创作》杂志社任编辑部主任期间。我为他写的散文《谁是电波报春人》、《茫茫宇宙觅知音》优美的文笔和诗人的情怀所感染。从此，我牢牢记住了“甘本祓”这个名字。一别二十余年，不知音信，突然，他运用娴熟的“电波”搜索技术，出现在我面前。知音重逢，其乐何如！一杯清茗，促膝长谈，说不尽的话题、叙不完的旧谊。由此，虽然相隔一个地球，若以“电波”为媒，仍能以夜当昼、并肩抵足，“天涯若比邻”了。

几个月前，收到了他的新版《生活在电波之中》，陆续读完了后续部分的20万字，掩卷静思，感慨良多。

在《生活在电波之中》新版中，我看到了他一颗拳拳赤子之心。他身处异邦，心系华夏，“秀才不出门，尽知天下事”，在信息技术发达的今日，已是不争的事实。他关注着祖国改革开放以来天翻地覆的变化。他热爱祖国的今天，热爱祖国的未来——少年朋友们！请看，他在后记中写道：“我只是在这里写了关于（我国）通信、广播电视的数据。由它们的拥有量从没有或极少有，从落后于非洲国家，到有或都有，到跃居全球第一。这是一个质的飞跃。从电波应用的这一个侧面，映射了中华民族伟大复兴的步伐。”短短几句话却震动了我！“不识庐山真面目，只缘身在此山中”。或许，我过于看重了开放的艰辛、改革的坎坷，以及工业文明所带来的弊病，从而淡视了神州大地已经呈现的繁荣景象。在新版书中，他运用优美的散文诗似的笔触，谈天说地、旁征博引，将电波技术的基本知识、最新发展向少年朋友娓娓道来；仿佛他就坐在您的对面，亲切地、风趣地讲述着种种有关“电波”的饶有兴味的故事。他在《引子》的最后，深情地说：“本书以电波的基本知识为经，以电波的趣事奇闻为纬，编织出一幅精彩画卷。奉献给您——祖国的花朵、未来的骨干。”

在新版书中，他将科学与人文自然地融合在一起。例如，在“让电波传遍全球”这一章中，他讲述了中国人自力更生的“飞天科技史”，包括了实验卫星、遥感卫星、返回式卫星、气象卫星、资源卫星，一直谈到了“皮卫星”——大学研制的微小卫星，以及可以让青少年参加实验活动的“希望一号”小卫星。在解释一些电磁的计量单位时，他穿插介绍了这些单位的来源，例如：安培、伏特、高斯、韦伯、特斯拉等科学家的科研史。后人为了纪念他们的功勋，就用他们的名字作为电磁的单位。

在新版书中，他叙事、行文疏密有致，该忽略的、粗放的，一两笔就带过了，而细致之处可学习到某些重要的简便的计算方法（地磁要素、卫星轨道），甚至查阅一些数据，如太阳每秒钟辐射了1亿亿吨标准煤的能量，而分给地球的仅22亿分之一，就这么一丁点儿却相当于500万吨煤，1小时就相当于180亿吨煤！而人类到目前为止，仍将其中的绝大部分白白浪费了！

纵观全书，他在字里行间透露出对电波、地球、祖国深沉的爱：他将祖国的今天与明天、将电波与亲情紧密地联系起来了！

“我曾经追随先辈的足迹，去探索浩瀚的宇宙，却没有发现哪一个星球最像您；我曾经放开思维的缰绳，去搜寻美好的词句，却不能描述出您那神奇的魅力；……我听见您慈祥的声音，向子孙们叮咛：让可见光为你们照明，让紫外线为你们杀菌，让红外线为你们送暖，让无线电为你们传讯……您就是抚育我们人类的慈母，我衷心地感谢您——伟大的地球母亲……”

请允许我唱一首歌《好人一生平安》，作为本文之结束：

有过多少往事，仿佛就在眼前/有过多少朋友，仿佛还在身旁/也曾心意沉沉，相逢是苦是甜/如今举杯祝愿，好人一生平安！/谁能与我共醉，相知年年岁岁/咫尺天涯皆有缘，此情温暖人间！

（本文原载《大众科技报》2012年2月27日，
本文作者为中国科普作家协会原副理事长）

# 跋

## 我的科普缘

午梦千山，窗阴一箭，犹拾秃笔话当年……

半个多世纪前，我在大学教书。忙于教学和科研，写的都是讲义、教材、专业书和学术论文，没有写过科普作品，但却喜欢看科普文章。“文革”前的科普杂志《无线电》、《知识就是力量》，我是期期必看，其他还有《科学大众》、《航空知识》也常看。科普书则看得不多，由于是学无线电专业，看的也是该专业方面的，例如《无线电爱好者读本》。至于科幻书，当时西方的很少，主要是苏联的，对苏联航天之父齐奥尔科夫斯基的作品印象比较深刻，例如《在月球上》、《在地球之外》等。

我与科普结缘，则是从20世纪70年代后期才开始。

“文革”后，中国电子学会重新恢复活动，由电子工业部孙俊人副部长主持学会工作，他很重视业余无线电活动和科普工作，亲自兼任学会普及委员会主任。要开展具体工作时，他想起了我这个学生（他是我的大学老师），把我召去，让我担任普委会副主任。在广泛地征求了许多专家、学者意见的基础上，我和学会秘书处的宁云鹤归纳了大家的意见，将普委会重点抓两项普及业余无线电活动的措施上报孙老师，并得了他的大力支持：

一个是，由电子学会出面联系电子工厂处理元器件供广大无线电爱好者邮购装机之用。

另一个是，组织编写三套普及无线电技术的丛书，即“无线电爱好者丛书”，由人民邮电出版社出版；“电子应用技术丛书”，由科学普及出版社出版；“电子学基础知识丛书”由科学出版社出版。那时还没有电子工业出版社（它是1982年才成立的）。电子方面的书多为人民邮电出版社和国防工业出版社出版。

当时，社会上对普及无线电电子学知识的书籍需求呼声很高。因为“文革”那十年真的把文化和科学“革”得差不多了，知识断了档，广大无线电爱好者的相关读物缺口很大。因此，我们组织了一个很强的“编委会”班子，请清华大学的孟昭英教授任主编，编委都是中国各大学和研究机构中老一代无线电电子学专家，他们是：冯秉铨、杜连耀、毕德显、吴朔平、叶培大、任郎、吴鸿适、童志鹏、陶拭、顾德仁、王守觉、张恩虬、邱绪环、何国伟、秦诒纯、陈芳允、周炯槃、周锡龄、王玉珠。由我担任学术秘书，负责常务工作。还同时邀请了林为干和黄宏嘉两位教授，但因他们当时实在太忙，又都人在外地（一个在成都、一个在上海），所以他们推辞了。

作为晚辈，我非常佩服这些老前辈们对科普工作的重视和治学的严谨。其中，我印象最深的是清华大学的孟昭英教授和华南工学院（现名华南理工大学）的冯秉铨教授，因为那段时间我与他们交往较多。按说，他们对我说来，都是“师父”级人物，那时我才40多岁，而他们已届古稀，但我与他们成了忘年之交。我在学术上向他们请教，他们在科普上与我商量。孟老担任丛书主编，他那时教学和科研都很忙，但每次开编委会前，他都要预先同我商量；而冯老则亲自执笔为“电子应用技术丛书”写开篇之作：《今日电子学》。而这既是他的第一本科普书，也是他的最后一部学术著作，就在他把该书的最后一部分寄给我之后不久，他就与世长辞了。为了纪念他，我代表丛书编委会为该书写了序，在结尾处我怀着对冯老的敬仰和怀念写道：“广大读者从这本书里看到的，不仅是电子科学技术五彩缤纷的美景，艰辛曲折的发展历程，令人神往的未来，而且还看到了冯老渊博精深的知识，看到了期待着年轻一代迅速成长和伟大祖国早日实现‘四化’的一颗火热的心。”

正是老一辈这种尊重科普工作，认真而积极地从事科普创作的态度，为我树立了榜样。加上我当时负责中国电子学会，后来又兼管中国计算机学会的科普工作，自然也就有了写科普文章的念头和责任感。

我因编写专业书和教材，与出版社联系本来就不少，在负责这三套丛书的编写后，接触就更多、更广了。于是，写科普书和文章的稿约也就来了。最先找我的是两个单位：

一个就是中国少年儿童出版社。当时，该社在编辑“少年百科丛书”的周以谟，约我写一本有关电子技术的书，我想我在大学教了20年“电磁场理论”、“电波传播”、“天线”和“微波技术”的课，写一本“电波”方面的科普书，应该是没有问题吧，于是就答应下来。谁知写起来远不是那么回事，比写专业书难多了。正如我在《生活在电波之中》的新版（收入《少儿科普名人名著书系》，湖北少年儿童出版社，2011年1月）中所说的：

> “我那时真不知道该怎么不用公式把电波形象地写出来。因为在大学讲课时，我必须一黑板、一黑板地演绎公式。用‘矢量、标量、张量’来代表物理量，用‘梯度、散度、旋度’去描写电磁场。俄国著名的科学家和教育学家罗蒙洛索夫有一句名言：‘数学是物理的眼睛。’意思是说：人靠眼睛才能看清世间万物，而物理必须靠数学这个‘眼睛’，才能把万物的道理讲清楚。电波也是麦克斯韦从对他的著名数学物理方程——‘麦克斯韦方程’的推理中预言出来的。那么，如何把‘波动方程’和‘边界条件’略掉，把‘洛仑兹力’和‘波印亭矢量’藏住，把‘狭义相对论’也统统收起来……一句话，既要撇开那些明察秋毫的‘眼睛’，又要让电波活生生地出现在少年朋友的面前，是我必须攻克的最大难关。我反复思索、多次修改，度过了许多不眠之夜。老实说，写起‘汉密尔顿算子’、‘麦克斯韦方程’来，我得心应手。但提起只写文字、不写公式的笔来，却重如千斤。当我终于在国庆30周年前交出《生活在电波

之中》的初稿时，我真的如释重负。但是却给当时在中国少年儿童出版社当编辑的周以谟压上了重担。可以想象他审编起来多么费力。他几乎是让我进修了一堂如何给少年儿童写文章的课。这位亦师亦友的老大哥，我一直记得他同我讨论书稿时的音容笑貌。2009年，国庆60周年，我回到北京，有幸与他重逢，大家都垂垂老矣。回首往事，却备感欣慰。因为，我们总算合力为少年朋友敲开了电波这扇神秘的大门。”

古人曰：“世无英雄，遂使竖子成名。”令我意外的是，这本书居然广受欢迎，得了几次奖，先后印了上百万册，在我国台湾也出版了，选入他们的“青少年百科丛书”中。

另一个就是中央人民广播电台（当时，电视既不普及，节目也很单调，主要是播新闻、放电影。广播的主角还是电声广播）。当时在中央人民广播电台科技组工作的姜聚杰，约我为中央台的《科学知识》节目写稿。我为他们写的第一篇就是《神秘的战争》，是介绍电子战的，由于稿件较长，是分两天广播的。也许是中央台故意安排，正好选在中国电子学会“文革”恢复活动后、第一次在大连开学术年会期间播出（1979年7月），而大会秘书组又正好分工让我接待与会的中央和地方媒体的记者们、负责会议宣传工作（用现在的流行词就是“新闻发言人”）。这一来，我这个刚出道的所谓“科普作家”的头衔，就让这些媒体记者们闹哄哄地“坐实”了。

会后，除了继续给中央台写广播稿外，其他报刊的稿约也纷至沓来。由于我主要还得忙我的专业工作，这就让我真有点忙不过来了。这中间，最积极的要数王天一先生主编的《知识就是力量》杂志，他们直接从中央人民广播电台科技组拿走我的稿子，就登出来了。然后再让责任编辑赵震东向我约新稿。用的居然是这样的口气：“下期的那两个版面就留给你了，如果你的稿件不来，就得‘开天窗’了。”

其实，在那时，对于《知识就是力量》，我是“情有独钟”的。因为正如前面提到的,“文革”前,从它创刊号开始,我就每期必读,用现在的话来说,就是它的“粉丝”。当时,它是在苏联的同名杂志帮助下,以翻译该刊文章为主创办的。在全国为数不多的科普杂志中,可以说是“独占鳌头”。不仅是打着中国科协、总工会和共青团中央合办的牌子,又是周恩来总理题写的刊名,而且还有国外的新东西(那时中国比较闭塞,大多新东西只能从“苏联老大哥”那里来),当然,关键还是内容非常新颖诱人。“文革”中被迫停刊。“文革”后,也是最早复刊的科普杂志之一。没有想到的是,我却从读者变成了作者,他们还为我的那些短篇出了专辑,书名是用得了“优秀科普一等奖”的文章命名,即《茫茫宇宙觅知音》。于是,更进一步,我被该杂志聘为兼职的编委、常务编委,编委会副主任委员。当时那个编委会,可谓“阵营庞大”,由中国科协书记处书记高潮任主任委员,副主任委员中还有:共青团中央书记处书记李源潮、总工会书记处书记李雪莹、科普出版社社长岳家俊。编委中更是各路人马齐聚,邮电部的陈芳烈,航天部的朱毅麟、郝应其,科协的柴淑敏、李元、齐仲,光明日报的朱志尧,广播电台的莫恭敏等等。杂志的影响也很大,发行量达几十万册。

如此一来,其他报刊也“仿效”起来,认为这是约我写稿、审稿的“好办法”。于是,我又多了不少报、刊的编委、特邀通讯编委之类的头衔。例如《无线电》、《电子世界》、《国际新技术》、《信息世界》、《中国科技报》、《中国电子报》等等,还有一些内部刊物也来约稿。可以说,几乎囊括了20世纪80年代所有与电子技术直接有关的报、刊。虽然是“盛名之下,其实难副”,但这也就“逼”我努力写作,在20世纪80年代初、中期,似乎成了一个“高产”的科普作者,常常一年中,同时写着几本书,同时为不同的期刊写着短文。被中国电子学会授以“电子科学技术普及积极分子”称号。

当初我写科普时,亲朋好友和同事知己中也不乏反对者,他们认为我正值搞专业的黄金年华,又已经在学术上有了自己的专长。当时,除了本职工作外,不少研究所、大学请我去讲学,去参加科研成果或新产品鉴定会;还有好几个学会(例如中国电子学会、中国计算机学会、中国宇航学会、中国通信学会、中国仪器仪表学会等)有关专业委员会的学术活动,以及参加一些行业标准的制定工作。他们说:就算还有精力和时间,不如继续进行专业创作,何必“浪费”时间去写科普呢?

当然,我非常理解和感谢他们对我的爱护心情。但我并不赞同他们的观点。我喜欢专业写作,也写过不少专业书和学术论文。但我同样喜欢写科普文章,我认为两者是一脉相承的,不仅都是创造性的工作,而且都有利于我专业水平和学术修养的提高。而且,根据我切身的体会,对专业工作者而言,在进行科普创作时,除了同样能提高写作能力之外,至少还有三个额外收获。

其一是,思路更广了。这是因为,在通俗解说专题的过程中,必须尽可能回避专业术语和公式,而采用旁征博引的方式或有趣的方式来说明问题,这就使专业人员更广地去搜寻例证,搜寻与读者日常生活的联系,搜寻其他学科相关的或相似的问题。这样思路就广了,这就有利于专业工作者知识面和钻研思路的扩展,甚至为自己找出新的、交叉科学的研究课题来,进而去创新,去发明。

其二是,对专业问题想得更深了。这是因为,为了写出非本专业人士能懂的文章,就自然地“迫”使专业人员主动地站在外行的角度来看问题、想问题和提问题,然后又自己去解答问题。这就像我当年在大学教书时,学生的提问常常把我“考”住,能启发我对该问题更深入地钻研,这就是“教学相长”。写科普也是这样,当你“像”外行那样,去多问几个“是什么?”“为什么?”之后,对专业问题就想得更深了。甚至能启发出更深的突破点,进而在对该专业课题的理解上更上一个台阶。

其三是,与外专业人士和传媒界人士的接触多了、广了。这不像搞专业交流,常常只接触同行。“三人行必有吾师”、“他山之石可以攻玉”,从非本专业人士、从传媒界“消息灵通”人士那里,能学到许多自己不懂的、不知道或知之甚少的学问和知识,既开阔思路、又拓展钻研领域,甚至碰撞出新的学术火花来。

一句话，我深深地体会到，科普创作对我的专业水平是起促进作用的，能得到进行专业创作得不到的东西。专业创作和科普创作，是我提高学术水平、飞向更高境界的两只翅膀。

可以这样说，20世纪70年代后期和80年代，正是这两者的结合，使我在专业创作和科普创作都是“大丰收”。那期间，我除了电磁理论和微波的教学外，科研主要是参加三个方面的工作：我国第一批微波噪声标准的制订；第一代微波接力通信系统和实验通信卫星的研制；以及遥感技术等。

与这些相配合，我既写了不少专业书和学术论文，也写了不少科普书和科普文章。举些例子。

专业方面，由我牵头、我与教研组的同事合编了一套教材，还参加编、译了一些专业参考书。例如，《电磁场与微波传输线》、《微波网络元件与天线》，以及《微波传输线手册》和《卫星通信技术》（人民邮电出版社）；《现代微波滤波器的结构与设计》、《微波单晶铁氧体磁调滤波器》和《微波噪声源》（科学出版社）等等。

与之相应，科普方面，我写了《生活在电波之中》（中国少年儿童出版社）；为中央人民广播电台的“科学知识”节目，写了《微波漫谈》的讲座；参加了《日用科技手册》（中国青年出版社）和《世界机电公司手册》（科学普及出版社）的编写；还写了《来自大气层的警报》和《微波可怕吗——介绍微波的防护知识》（《科普文集》）等等。

参加国内外学术活动或出国考察后，除了写专业报告外，还相应地写一些科普作品，介绍有关知识。专业方面，为一些学术会议写了主题报告。例如，《微波噪声技术进展》、《微波标准噪声源》、《接收放大系统噪声性能的定量描述》和《低噪声微波放大器的噪声性能》等。与之相应，科普方面，写了《微波噪声技术简介》（《无线电技术》杂志）、《我国微波混频器的发展概况》和《我国微波噪声源发展概况》（《电子工业技术动态》杂志），以及《谁是电波报春人》（《知识就是力量》杂志）等。

1985年我以中国预测研究会副秘书长的名义随中国科协的代表团去

东京，参加“第 14 届国际预测会议”，在会上作了一个学术报告。与会的都是一些国际知名的预测学家，大家谈的都是未来的科技和社会问题。回国后正好浙江少年儿童出版社要我为他们的“少年新技术丛书”写本书。那个年代，正是大讲“第三次浪潮”、“新技术革命”、举世憧憬“信息社会”的高潮，于是“心血来潮”，结合出国的见闻，就写了一本《信息社会向你招手》。算是我写“科幻”的试探之作吧。反应倒还可以，第一次印了 13000 本，3 个月后又加印 50000 本，还被国家教委、文化部和共青团中央选为“1986 年全国红领巾读书读报奖章活动”的推荐图书。但我在该书中，也未敢放开思维的缰绳，让它自由的驰骋。现在回头去看，书上的有些“幻想”已经实现，有些尚需努力。

又如，赴欧洲参加通讯方面的学术活动后，写了《前进吧，通信》（《中国电子报》）、《青春的事业：献给世界通信年》和《电子的挑战》（《知识就是力量》连载）；赴日参加学术活动后，写了《旅日科普随笔》（《知识就是力量》连载）和《载歌载舞》（《国际新技术》杂志）。

再如，作为我研究遥感技术的“副产品”，在参加中国宇航学会的遥感专业学术会后，应有关出版社之约，为了介绍这门新兴技术，我写了两本科普书：一本是介绍军事航空航天遥感的《“超级间谍”之谜》（科学普及出版社）；另一本是介绍民用卫星遥感的《给地球照相》（浙江少年儿童出版社）。

另外，结合我的专业爱好，还写了一些科普书和文章。例如，《先进的电子对抗系统》（国防工业出版社）；《今天的科学》（中国少年儿童出版社）；《深空谍影》（《航空知识》杂志）；《电磁波谱之战》（《军事世界》杂志）；《新武器的幽灵》和《茫茫宇宙觅知音》（《知识就是力量》杂志）等等。

在这样的交叉写作中，既提高了我的专业水平，也提高了我的文学修养；同时，还增强了我更清晰地解说专业问题的能力，这对教学和学术交流都有正面的促进作用。

还要特别提到的是，正是由于进行科普创作，使我有缘在科普界、出版界和新闻界交了不少朋友，特别是从中国科普作协一成立，我就得以参加活动，又结识了许多各行各业的专家、学者和科普工作者，这些新老朋友，给了我许许多多帮助、启迪、教育和鞭策。这些缘分，使我受益匪浅、终生难忘！因此，我要借此机会，向这些老友们深深地鞠躬，献上我由衷地感谢和祝福！

我的科普创作过程，直到后来我出了国，才停了下来。那是因为工作需要，我出国了。说来也很遗憾，走时还欠了几笔“文债”：在专业创作上，我承担编写的教材《宽带微波器件》和专著《微波噪声技术》都只写了个开头，就搁下了；而在科普创作上，答应为科学普及出版社主编一套“21 世纪热门话题丛书”（提纲和选题都已拟好），以及答应为（上海）少年儿童出版社写《科学家谈 21 世纪》的稿子，也只开了个头就作罢了。出国后，与国内媒体、出版社和科普界接触很少了，又加上本身事务繁忙，也抽不出时间和精力进行业余创作。因此，也就封笔了，这一晃就是 20 多年。

退休以后，在老友新朋们的鼓励之下，特别是妻子和女儿的支持之下，才又重拾荒笔。

本来，我认为，科普界早就把我忘了，于是我给“中国科普作家协会”秘书处写了一封信 “投石问路”。不意，很快收到了副秘书长孟雄的一封电邮，他的热情和尽职给了我极深的印象。

2009 年 9 月，我回到北京，见到了孟雄，我们一见如故、成了好朋友。他不仅给我介绍了近年来国内科普界的盛况，而且告诉我：“明天上午 10 点，在浙江大厦二楼的张生记餐厅，正好有一个科普界老友们的小型聚会，你去一趟，定能见到一些老友。”

于是，他当即拿起手机、拨通了聚会召集人、中国科普作协原副理事长汤寿根的电话：

“汤老，我是小孟，你猜我现在与谁在一起？”

“会是谁呢？你提示一下。”

“一位你们的老朋友，姓甘。”

“啊，我知道：甘本祓。我正在编《建国 60 年优秀科普散文选》，选了他两篇文章《茫茫宇宙觅知音》和《谁是电波报春人》,正愁找不到他呢……”

孟雄随即把手机递给我,于是我与老汤热情地交谈起来,并约定第二天见面。

次日,一众老友喜相聚。除老汤外,还有章道义、张开逊、李元、余俊雄、赵之、郑延慧、陈祖甲、陶世龙、朱毅麟、刘仁庆、林之光、谢础、孟东明、李毓佩等人。多年不见,我真的即席向老友们深深地鞠了一躬、寒暄几句、道声“久违”。大家惊喜之余,自是叹华发俱生,忆别时情长。会中,还有幸结实了刘泽林等科普界新秀。其中有一个插曲令我备感亲切:

我话音刚落,一位中年作家端起酒杯向我敬酒,对我说:

“甘老师,我还记得您!我小时候读过您写的书:《生活在电波之中》、《今天的科学》。还有您发表在《知识就是力量》上的两篇很有影响的文章:《茫茫宇宙觅知音》和《谁是电波报春人》。”

“那时你在哪里?多大年纪?”

“当时我在柳州,念小学五年级,11 岁。算是您的‘小粉丝’……”

于是,我又多了个忘年之交。他就是《科技日报》主任编辑、中国科普作家协会常务理事兼副秘书长尹传红。

正是通过他告诉正在主编《少儿科普名人名著书系》的叶永烈我的行踪,叶永烈又把我推荐给湖北少年儿童出版社的副社长何龙,于是《生活在电波之中》新版得以在 2011 年问世。

这两年,在老友汤寿根的热情邀约下,我又参加了由他和沙锦飞主编的《新视角科普系列丛书》和《绿色召唤丛书》编委会,除了一些老友之外,又有缘结识一些科普界的新秀,看到国内科普界欣欣向荣的景象,令我欣慰,使我振奋。

也正是在旧友新知们的带动和鼓励之下,又煽旺了我科普创作的热情。于是,我重拾荒笔、奋力耕耘。

2012 年 9 月,我再度回国,带去两部新著《硅谷轶事:浪涌山景城》和《航母来了:从珍珠港到东京湾》。承蒙科学普及出版社社长苏青和总编辑颜实垂青，当即安排出版。而尤其令我惊喜的是，他们指定的责任编辑竟是我二女儿甘雯的同班同学、现任该社副总编辑的杨虚杰。这又是一段有趣的科普缘。

而这次回国还有两段奇缘：一个就是“前奏”中提到的与老友陈芳烈的重逢。并在他的热情安排下，又与电子工业出版社恢复了联系。想当初，30 年前该社一成立，就曾聘请我做“学术顾问”。遗憾的是，我后来就出国了，也没“顾”得上“问”。如今在老陈的安排下又恢复了联系；另一个令我惊喜的是与老友松鹰也重新联系上了。而且他居然还是在我的故乡成都定居。作为世界华人科普协会理事长的他，邀请我担任“世界华人科普奖”评委，盛情难却，又见评委中老友甚多，也就欣然应承与老友们共襄盛举了。

真是“无巧不成书”。还有一件在我回京前未曾想到的事，2012 年 10 月 8 日，竟然巧遇科普界老友新朋的盛大集会：中国科普作家协会第六次全国会员代表大会。不是代表的我，被特邀赴会，又承蒙抬爱，大会授予我“荣誉理事”终身荣誉称号。

就这样，我这个科普老“兵”又正式归队了，我与科普界又得以重续前缘！如今，年已七十有七的我，决心用“老牛不怕夕阳晚，不用扬鞭自奋蹄”来激励自己，争取为祖国的科普事业、建设文化强国略尽绵力。与全体中华儿女一起，共圆“中国梦”。

甘本祓

2014 年 3 月 6 日

于美国硅谷寓所

# 鸣　谢

当本书出版之际，我要感谢何龙先生和书系编委会的垂青，使本书能以入选。

要感谢高然、谭学军以及其他我尚不知名的湖北科学技术出版社的同仁们，由于他们的辛勤工作，才使本书得以顺利出版。特别是高然编辑，正是他的宝贵意见，才使本书在体例上更趋完善。

同时，要借此机会感谢陈芳烈和赵震东两位老友，是他们的鼓励，才使这本书得以“新生”。特别是芳烈兄在“序”中的鞭策，更激励我奋笔耕耘。

当然，还要感谢汤寿根和尹传红，正是他们的妙笔生花，才使本书有个“圆缘”的句号。

总之，我认为本书是大家共同努力的结果。所以，我在此深深地向以上各位鞠上一躬。

谢谢了，朋友们！

甘本祓

2014年3月6日

于美国硅谷寓所